拉格朗日元与离散元耦合连续-非连续方法研究

The Combined Lagrangian-Discrete Element Method

王学滨 著

科学出版社

北 京

内 容 简 介

本书介绍了作者团队近 10 年来发展的拉格朗日元与离散元耦合连续-非连续方法的基本原理和实现流程,通过大量算例和细致结果分析,展现了该方法求解连续介质向非连续介质转化问题的巨大潜力,这对于有关灾害的机理分析和预防大有裨益。

本书可供从事岩石力学、工程力学、计算力学、土木工程、岩土工程、采矿工程、安全工程等研究和应用的科研人员参考。

图书在版编目(CIP)数据

拉格朗日元与离散元耦合连续-非连续方法研究＝The Combined Lagrangian-Discrete Element Method / 王学滨著. 一北京:科学出版社,2021.3
ISBN 978-7-03-068279-6

Ⅰ. ①拉… Ⅱ. ①王… Ⅲ. ①拉格朗日量 ②离散系统-耦合 Ⅳ. ①O4

中国版本图书馆CIP数据核字(2021)第040469号

责任编辑:刘翠娜 杨 探 / 责任校对:王萌萌
责任印制:吴兆东 / 封面设计:无极书装

科学出版社出版
北京东黄城根北街 16 号
邮政编码:100717
http://www.sciencep.com
北京凌奇印刷有限责任公司 印刷
科学出版社发行 各地新华书店经销
＊
2021 年 3 月第 一 版 开本:720×1000 1/16
2024 年 2 月第四次印刷 印张:15
字数:303 000
定价:118.00 元
(如有印装质量问题,我社负责调换)

序

近 30 年来，随着计算机软、硬件的飞速发展，数值模拟方法在采矿工程中的成功应用极大地促进了行业的科技进步，为保障安全生产做出了很大贡献。正如国际著名岩石力学专家 Hoek 博士所指出的，数值模拟是研究岩体在复杂应力状态下力学响应特征的一个强有力的工具。以煤炭开采为例，通过数值模拟方法，可以在煤层开采之前进行开采方法优化模拟，从而避免那些可能导致严重动力灾害的开采方法；也可以在煤层开采阶段，结合井下观测数据来不断完善计算模型，从而模拟采动应力场、裂隙场和瓦斯压力场的时空演化过程，指导安全开采；还可以在冲击地压或煤与瓦斯突出特、重大事故发生后，迅速建立计算模型来分析灾害发生过程，评估抢险方案和协助制定最佳抢险方案。总之，数值模拟方法已成为岩石工程和采矿工程领域常用甚至必备的手段，其中有代表性的数值模拟方法是有限元、拉格朗日元、离散元和非连续变形分析等。

目前，广泛采用的一些数值模拟方法多由一些通用的商用软件（如 FLAC、UDEC 等）提供，但针对一些特定的问题如煤矿开采中的冲击地压分析仍有相当的局限性。同时，随着工程应用的需要，数值模拟方法自身也在不断完善和革新。比如连续-非连续方法应运而生，该方法兼具有限元、拉格朗日元等连续方法和离散元、非连续变形分析等各自的优势，适于模拟连续介质部分或全部向非连续介质转化过程或非连续介质进一步演化过程，应用领域十分广阔。国际上有代表性的连续-非连续方法是有限元与离散元耦合方法；国内如中国科学院力学研究所、中国科学院武汉岩土力学研究所、清华大学、武汉大学、北京工业大学等单位的诸多学者也在关注和探索各具特色的连续-非连续数值模拟方法，用于固体开裂和流-固耦合问题研究。

近 20 年来，本书作者一直从事岩土材料破坏及稳定性等基础性难题的数值模拟研究。作者在中国矿业大学（北京）从事博士后研究工作期间（2012～2015 年），较为深入地开展了连续-非连续方法研究，提出了拉格朗日元与离散元耦合新型连续-非连续方法。在该方法中，拉格朗日元方法被用于求解弹性体的变形问题，离散元方法被用于求解接触和摩擦问题，虚拟裂纹模型和强度理论被用于求解开裂问题，带领团队自主编写了 10 万余行程序。我欣喜地看到，该方法已经适于固体介质拟静力和动力计算，可用于不同尺度完整的连续介质向破碎、分离的非连续介质过渡演化模拟，可呈现各种应力、裂纹和能量释放等量的时空分布规律，如能得到商业投资，将有美好的应用前景。

　　我很高兴拜读了这本汇聚了作者团队近 10 年研究成果的学术专著。这本专著章节安排颇具匠心，内容较为丰富和全面。首先，第一篇中，在第 1 章，详细介绍了连续-非连续方法的主要内容和主要流派，同时介绍了作者团队早期的研究进展。第 2 章详细介绍了自主开发的连续-非连续方法的多个模块，其中充满了许多深刻的思考。在第一篇随后的章节中，通过模拟一些简单实验（例如，单轴拉伸、紧凑拉伸及三点弯等），模拟分析了矩形洞室围岩和简单采场模型的变形-开裂-垮塌过程，十分注重对有关计算结果的检验。在第二篇，介绍了作者团队近期的研究进展，对巴西圆盘岩样劈裂、双层叠梁、静水压力条件下圆形洞室围岩、直剪岩样、简化采场模型的周期垮落和真实采场模型的变形-开裂-运动过程进行了模拟，进一步验证了作者提出的连续-非连续数值模拟方法，其中有些观点具有相当的深度和新意。当然，本书作者团队发展的连续-非连续方法仍需要进一步完善，例如关于计算速度，关于流-固耦合和三维问题，等等。

　　宝剑锋从磨砺出，梅花香自苦寒来。我衷心祝贺该书的付梓问世，相信国内外该领域的科研人员将从书中受益。

2020 年 6 月

前　言

在科学研究和各种工程领域，数值模拟研究应用十分广泛，并发挥着越来越重要甚至不可替代的作用。数值模拟研究可以节省人力和物力，可以进行正演和反演，可以复现过去和预测未来，可以模拟当前技术条件下难以开展的实验，可以检验有关的假说，可以阐明复杂现象的发生机理和过程，等等。而且，在数值模拟研究中，加载条件和边界条件修改方便，有关物理量和力学量提取方便，参数敏感性研究便于实施，等等。数值模拟研究不仅能单独发挥作用，还能与其他研究手段相配合，从而发挥更重要的作用。例如，数值模拟研究可以配合实验研究，从而节省费用和时间；数值模拟研究能启发科技人员安排重要的创新实验；数值模拟研究能启发科技人员寻求相应问题的理论解。

本书阐述了一种自主开发的拉格朗日元与离散元耦合连续-非连续方法。此类方法适于模拟连续介质向非连续介质转化和非连续介质进一步演化，在岩土力学与工程、固体力学、地震科学和地质科学等领域有十分广阔的应用前景，众多地质灾害的发生在本质上都是连续介质向非连续介质转化和非连续介质进一步演化，很少看到地质灾害发生前后都是连续介质的情形。此外，该方法在材料科学、机械工程和车辆工程等领域也有一定的应用潜力。一般认为，地质体材料比金属材料要复杂，通过将适用于地质体材料的屈服准则适当简化，便可得到适用于金属材料的屈服准则。当然，地质类材料与金属材料还有诸多不同，在上述简化的同时，还需要考虑引入新的因素。

国内外不少研究人员在 20 年前甚至更早就开始关注连续-非连续方法研究，并不断取得突破性进展，有代表性的连续-非连续方法是有限元与离散元耦合方法、弹簧元与离散元耦合方法等。相比之下，本书作者在不断向这些先驱学习，以及对拉格朗日元方法深入了解的基础上，发展了拉格朗日元与离散元耦合连续-非连续方法。

本书内容分为两篇，第一篇包括第 1~8 章，第二篇包括第 9~17 章。第 1章绪论；第 2 章拉格朗日元与离散元耦合方法(子方法一)；第 3 章岩样单轴拉伸实验模拟；第 4 章岩样紧凑拉伸实验模拟；第 5 章预设 V 形缺口岩样单向拉伸实验模拟；第 6 章三点弯岩梁实验模拟；第 7 章恒速度条件下矩形洞室围岩的变形-开裂-垮塌过程模拟；第 8 章采动条件下有黏结水平岩层的变形-开裂-冒落过程模拟；第 9 章拉格朗日元与离散元耦合方法(子方法二)；第 10 章巴西圆盘岩样劈裂实验模拟；第 11 章三点弯双层叠梁实验模拟；第 12 章开采与均布载荷下无黏结双层叠梁的变形-开裂-垮落模拟；第 13 章不同加载速度下矩形洞室围岩的变形-开裂-运动过程模拟；第 14 章静水压力条件下洞室直径和卸荷时间对洞室围岩的变形-开裂-运动的影响模拟；第 15 章不同围压条件下洞室围岩的变形-开裂过程模拟；第 16 章岩样直接剪切实验和开裂亚失稳模拟；第 17 章采动条件下水平无黏结叠合岩层的变形-开裂-运动过程模拟。

本书作者开展连续-非连续方法研究始于 2012 年，2010 级固体力学专业硕士生伍小林在这方面有突出贡献。在这一阶段，采用 MATLAB 编程计算速度较慢。在印象中，计算采场岩层的变形-开裂-运动过程的一个算例通常需要一周以上时间。这一阶段的部分工作主要体现在本书作者的博士后出站报告（王学滨. 2015. 拉格朗日元方法、变形体离散元方法及虚拟裂纹模型耦合的连续-非连续介质力学分析方法[R]. 北京: 中国矿业大学（北京））中，从该报告中选择出一部分作为本书的第一篇。合作导师姜耀东教授给上述研究提供了诸多的支持和方便，对研究进行了耐心、细致、高屋建瓴而又很接地气的指导。姜老师高深的学术思想，宽广的知识体系，分析、解决问题的独特视角，严谨求实的工作作风，睿智、旷达、谦逊、和蔼、宽厚和提携后辈的长者风范等，都给本书作者留下了深刻印象，本书作者在此表示诚挚的感谢！2013 级固体力学专业硕士生郭翔采用 C++语言重新编写了程序，并在一些方面进行了修改与革新，使得计算速度有了明显提升，研究面貌焕然一新，研究成果才逐步涌现。

本书作者探索连续-非连续方法至今已有 8 年时间。第一篇相关文献（王学滨，姜耀东，吕家庆，等. 2014. 一种连续-非连续介质力学模型及初步应用[C]//中国岩石力学与工程学会. 全国岩石力学与工程学术大会——资源、能源与环境协调发展: 249-255.）发表于 2014 年。本书作者之所以对拉格朗日元方法较为了解，源于 2000 年被导师潘一山教授派往长江科学院岩基研究所，在盛谦和丁秀丽两位老师的指导下学习了 FLAC^{3D} 三个月，并应用于三峡船闸高陡边坡锚固机理研究。随后，通过对 FLAC^{3D} 的多年使用，本书作者积累了丰富的经验，因为通过多种二次开发也无法模拟一些关注的问题（例如，采场岩层的变形-开裂-运动过程模拟等），才萌生了以拉格朗日元方法为基础发展新型连续-非连续方法的想法。

本书作者对 FLAC^{3D} 的开发和应用主要包括两个阶段。在前一阶段，主要采用 FLAC^{3D} 的既有功能和少量的 FISH 语言编程以剪切带为研究对象开展研究，参见作者的硕士学位论文和博士学位论文。在后一阶段，主要采用 C++编程开发新的本构模型和大量的 FISH 语言编程（例如，统计声发射累积数和声发射率，统计弹性应变能释放的时空分布规律，统计剪切应变降的时空分布规律，引入非均质性，引入适于模拟断层黏滑过程的摩擦强化-摩擦弱化本构模型等），以断层、巷道围岩、采场岩层等为研究对象开展研究，参见作者发表的论文和出版的书籍（王学滨. 2017. 实验室尺度典型断层系统力学行为数值模拟[M]. 北京: 科学出版社）。

　　感谢国家自然科学基金面上项目(No.51374122 和 No.51574144)等的资助。感谢评审专家的宝贵意见和建议。

　　感谢博士生白雪元、马冰，硕士生郭长升、祝铭泽、刘桐辛、张博闻、田锋、岑子豪、余斌、刘天成、曹思雯、钱帅帅等为本书的成稿承担了大量细致、烦琐的工作。

　　本书是基于作者当前的水平对现有部分研究成果的总结，难免有些许不足，敬请读者批评指正。更多、更有意义和针对性的研究成果仍待进一步努力。

王学滨

2020 年 1 月

目　　录

第一篇

第1章 绪 论

1.1 背景和意义

尽管数值分析方法已取得了长足的进展，依然存在许多不足，不能对科学研究和生产实践起到更大的作用。张楚汉等(2008)指出了岩石和混凝土力学的8个前沿问题，其中第2个问题为岩石和混凝土连续与非连续介质统一，第5个问题为拓展连续-非连续介质力学模型。他们指出，岩石和混凝土连续与非连续介质统一仿真模型发展迄今，将以有限元方法和有限差分方法为主的连续介质模型和以离散元为主的非连续介质模型结合为一个统一的连续-非连续介质模型是国内外研究的重点方向。王来贵等(2011)指出，岩石破坏是一个复杂的非平衡和非线性的演化过程；以往数值分析的目的往往是得到一个满意的初始应力、变形或者最终受力结果，随着计算环境的改善和实际问题要求的提高，岩石开裂过程分析正在转向整个结构和演化过程的全景模拟，他们还指出，考虑拉、压性质不同和拉破坏形成非连续面的分析方法，不仅是突破描述岩石破坏方式的问题，更是认识岩石为什么会破坏和如何破坏的科学问题，是岩石力学工作者研究的关注热点。李世海等(2013)指出，连续-非连续模型主要的工作是将有限元方法和离散元方法融合；连续介质模型和非连续介质模型分别具有各自优势，那么将两种模型结合为统一的连续-离散模型则是国内外研究的热点。唐春安(2014)指出，基于细观损伤力学发展起来的数值方法，能很好地模拟岩石等脆性介质中细观裂纹的萌生、扩展和贯通过程，但难以实现结构面开裂和块体运动等规律的研究；目前我国岩土工程领域的岩石破坏过程分析方法和大尺度岩体工程结构的破坏分析方法还远不能满足我国重大岩体工程灾害分析的需要，亟须解决4个关键科学问题，其中第4个为岩体变形、破坏和运动全过程模拟方法，还指出，发展可靠、方便和实用的数值模拟算法，建立重大岩体工程的连续-非连续变形、细-宏观损伤演化全过程的灾害模拟软件和分析平台，是推动我国重大岩体工程灾害机理分析和预警方法研究的有效途径。

综上所述，连续-非连续方法研究是固体力学、岩土力学等领域的热点、前沿问题之一，该方法目前尚不成熟，亟待大力发展。

1.2　数值分析方法的分类和简介

目前，适用于岩土力学和工程的数值分析方法林林总总。常见的分析方法主要包括有限元方法、有限差分方法、离散元方法、非连续变形分析方法、边界元方法、无单元方法、流形元方法、刚体弹簧元方法和一些耦合方法等（Jing and Hudson，2002；杨庆生，2007；张楚汉等，2008；买买提明·艾尼和热合买提江·依明，2014）。这些方法有不同的分类方式，可被划分为网格方法、无网格方法和耦合方法（买买提明·艾尼和热合买提江·依明，2014），也可被划分为连续方法、非连续方法和连续-非连续方法（Jing and Hudson，2002；张楚汉等，2008）。

连续方法包括有限差分方法、有限元方法和边界元方法等。非连续方法包括离散元方法和非连续变形分析方法等。连续-非连续方法包括有限元与边界元耦合方法、有限元与有限差分耦合方法和边界元与有限差分耦合方法等。

有限差分方法是将控制偏微分方程转化成差分方程进行求解，而有限元方法和边界元方法是将其转化成积分方程进行求解（Peiró and Sherwin，2005；Lisjak et al.，2014a）。

有限差分方法是把连续的时间和空间离散成一些以节点表示的小区域，其中，代数方程被建立在节点上，并按时间和空间顺序逐步求解。有限差分方法有不同的差分格式：向前差分格式、向后差分格式和中心差分格式。若能直接由上一时步的结果推得下一时步的结果，则差分格式是显式的，反之，是隐式的。差分可以对时间进行差分，也可以对空间进行差分。有限元方法是以变分原理为基础，吸取了有限差分方法的思想，并与分片多项式插值相结合而发展起来的（王礼立，2005）。有限元方法将连续的空间剖分成有限个小区域（单元），由选定的形函数刻画这些小区域的位移分布，由此整个空间的位移分布被离散化，并通过求解一组方程进行未知量求解。对于动力问题，有限元方法往往借助有限差分方法来处理时间变量。

由于传统连续方法的应变软化本构模型中缺乏内部长度参数，其控制偏微分方程在数学上属于非适定问题，因而应变局部化问题难以被成功描述（王学滨和潘一山，2018）。连续方法的修改和完善是通过引入梯度依赖模型、微极模型、非局部理论、黏塑性模型、无网格方法、广义有限元方法和扩展有限元方法等实现的。广义有限元方法和扩展有限元方法均是在经典有限元公式中引入非多项式的形函数。扩展有限元方法（Belytschko et al.，2001）尽管能模拟开裂，但也属于连续方法范畴（Jing and Hudson，2002；Lisjak et al.，2014a）。在扩展有限元方法中，非连续性完全独立于计算网格，因此，开裂的模拟不必重新剖分网格（Lisjak et al.，

2014a)，这与传统断裂力学模拟方法不同(Steer et al.，2011)。但是，扩展有限元方法通常不能很好地处理多条任意分布裂纹的相互作用问题和大尺度流动问题(Karekal et al.，2011；Lisjak et al.，2014a)。

连续方法在处理岩体的非连续问题时功能受限。尽管可以在连续方法中通过引入界面单元来处理该问题，但由于欠缺接触和摩擦算法，连续方法一般仅能处理小变形问题(Cundall and Hart，1992)。

非连续方法在处理岩体的非连续问题时具有先天优势。介质被简化为颗粒或块体，它们可以是刚体或变形体。不像连续方法，一般只需要引入应力与应变之间的关系，非连续方法还需要引入颗粒或块体之间发生接触和摩擦的相互作用定律(Lisjak et al.，2014a)。

非连续方法的优势主要体现在下列两点：①描述颗粒或块体的有限位移和转动，包括完全破碎；②随着模拟的进行，自动检测新的接触(Cundall and Hart，1992)。

根据不同的求解策略，非连续方法可以被划分为两类(Jing and Stephansson，2007；Lisjak et al.，2014a)：离散元方法和非连续变形分析方法。一些离散元方法采用有限差分单元离散的时域显式积分方法求解运动方程，是有条件稳定的。在这方面，美国 Itasca 公司针对块体系统开发的 UDEC 和针对颗粒系统开发的 PFC 等软件最具代表性。非连续变形分析方法采用时域隐式积分方法进行求解，是无条件稳定的。

实际上，连续方法适于模拟连续介质的变形和破坏问题，仅能在一定程度上处理非连续问题。非连续方法尤其适于模拟颗粒或块体的运动和接触问题，对于应力和应变的描述较为粗糙。非连续方法的进一步发展使其具有了处理完整介质开裂和破碎的能力，特别是引入黏聚模型后可以允许裂纹产生。在此背景下，有限元与离散元耦合方法(一种连续-非连续方法)应运而生，兼具有限元方法和离散元方法的功能。

众所周知，当岩体中结构面众多、难以具体描述时，不宜采用非连续方法，宜采用均匀化技术和连续方法，但是强度等参数需要相应地降低。

目前，在网格方法中，主要采用两种介质离散方式：第一种是将介质离散成颗粒和杆件或二者的组合(张德海等，2005；徐爽等，2013)，第二种是将介质离散成完全占满介质所在空间的各种形状单元。第一种离散方式适于从细观角度解释介质的损伤和断裂机理。客观地讲，第一种离散方式的计算量特别大，需要未来高速大容量计算机的支撑才能分析工程实际问题。大量的研究表明，介质的宏观力学行为受到颗粒强度、尺寸、形状、排列方式、密实度和颗粒间的强度等因素的影响。在大量的研究中，限于当前计算机的计算能力，颗粒尺寸不得不被放大。第二种离散方式适于从宏观角度分析结构的力学行为。若将单元边长降低且考虑介质的非均质性，第二种离散方式也适于从细观角度解释介质的损伤和开裂机理。这方面的文献众多，有代表性的工作是在有限元方法、拉格朗日元方法、格构模型和细胞自动机模型等中引入介质强度等参数的非均质性(Tang and Kou，1998；Fang and Harrison，2002；Liu et al.，2004；Wang et al.，2013d)。Wang 等(2012，2013a，2013b)、王学滨等(王学滨等，2013，2014a，2014b，2014c；王学滨，2017)考虑了断层和岩石单元弹性模量、初始黏聚力及抗拉强度的非均质性，通过对 FLAC^{3D} 的多方面二次开发，研究了多种断层系统(例如，拉张、挤压雁列断层和 Z 字形断层等)的破坏前兆和能量释放规律。研究发现，可利用事件的频次-能量释放关系的斜率的绝对值的不同演变规律评价断层的不同应力状态；在挤压雁列区贯通过程中，剪应变降对岩石破坏具有更为灵敏的指示作用；可通过控制内摩擦角在黏着和滑动两阶段不同的演变规律实现断层黏滑过程的模拟，断层滑动过程中的大应力降根源于断层各局部区段滑动的协同化。

　　各种数值分析方法不仅在各自的适用领域中完善，也将触角不断伸展，它们既存在显著的差异，又有相互融合的一面。在一些功能强大的有限元商业软件中，已允许用户使用或定义非线性断裂力学模型，例如，虚拟裂纹模型(Camacho and Ortiz，1996；Wells and Sluys，2001；侯艳丽等，2006；琚宏昌和陈国荣，2008；颜天佑等，2009)，从而使单元沿边界或内部开裂成为可能。扩展有限元方法可在一定程度上处理开裂问题(庄苗等，2012；方修君等，2007a，2007b；霍中艳和郑东健，2010)。在 FLAC 和 FLAC^{3D} 中，用户可以通过设置界面单元，在一定程度上模拟接触和滑动问题，横跨界面单元的位移将出现非连续性。伍小林等(2011，2014)、王学滨等(2012b)和 Wang 等(2013c)曾采用 FLAC^{3D} 模拟颗粒体的复杂力学行为，将圆形颗粒、颗粒之间的界面和基体均离散成正方形单元，以从细观角度模拟巷道围岩的板裂化和分区破裂化现象。当然，离散元方法和非连续变形分析方法等非连续方法也能在一定程度上模拟连续介质的变形及开裂规律，在此不再赘述。

1.3　连续-非连续方法的主要内容

1.3.1　开裂模型

　　连续介质如何向非连续介质转化的模拟是连续-非连续方法的最重要特色。连续-非连续方法的优势之一是能处理开裂问题，具体包括如何开裂和开裂后如何处理两个环节。如何开裂问题即开裂判据和开裂方向的选择问题。开裂后如何处理问题即在开裂面的节点上如何施加黏聚力引起的法向力和切向力的问题。

1. 开裂判据

开裂判据包括应力、应变及能量等判据。相比之下，应力判据最为常用。常见的应力判据包括最大拉应力准则、二次组合应力准则、应力空间复合开裂面准则、等效应力密度因子准则和双线性拉剪分区开裂准则(带拉伸截断的莫尔-库仑准则)等(张楚汉等，2008)。事实上，岩石既可以发生拉裂，又可以发生剪裂。因此，最大拉应力准则过于片面，而有些开裂准则又过于复杂。相比之下，双线性拉剪分区开裂准则既全面，又简单，应用广泛。需要说明的是，本书中的开裂不是指真实裂纹的形成，而是指线弹性变形阶段的结束。因此，本书中的开裂和塑性力学中的屈服在概念上等同；在不同的应力空间中，开裂面与屈服面也等同。

2. 开裂方向

开裂方向的选择方法主要包括下列 6 种。

(1)预设允许开裂路径。该方法具有一个明显的缺点：裂纹只能沿着预设允许开裂路径扩展，因而预设允许开裂路径与实际开裂路径的吻合程度直接影响开裂过程模拟的精度(张楚汉等，2008)。在大量的工程问题中，由于结构的受力状态比较复杂，实际开裂路径往往难以准确预测(张楚汉等，2008)，甚至不可能预测。

(2)大量预设界面单元。该方法提供了可能的多条开裂路径，但不能很好地解决开裂路径对网格边界的依赖性并存在计算量大等问题(张楚汉等，2008)。有限的可能开裂路径不可能穷尽所有的实际开裂路径。

(3)网格重新剖分。该方法会存在新、旧网格间变量的映射和传递问题，计算量大(琚宏昌和陈国荣，2008；张楚汉等，2008)。

(4)单元任意开裂。一个四边形单元可被劈裂成两部分，其特例是沿其对角线或边界开裂。在开裂面附近，若对单元进行重新剖分，则该处理方式具有网格重新剖分方法的缺点。此外，狭长单元可能出现，这将导致显式计算时时间步长降低，从而影响计算效率。在扩展有限元方法中，单元的位移模式随着单元的开裂而升级，这将导致计算的复杂性。韩永臣等(2010)在基于块体细化的界面裂纹扩展方法研究方面进行了探索。

(5)四边形单元沿对角线开裂。该方法一般不会引起时间步长变化，在计算精度方面不如四边形单元任意开裂方法，但在计算效率方面优势显著，较为实用(常晓林等，2011)。王杰等(2013)在五面体单元内部开裂方法研究方面进行了探索。

(6)四边形单元沿单元边界开裂。该方法的缺点是可能导致锯齿形的开裂路径，计算精度低，适用面较窄，但该方法的计算效率较高，尤其适于主要裂纹正交或主要裂纹发生在一个方向上等问题的模拟，例如，可以用于模拟直接拉伸、直接剪切和三点弯梁等实验以及采动诱发水平岩层的裂纹扩展。水平岩层之间的离层在水平方向上扩展，而水平岩层的拉裂纹在垂直方向上扩展。

3. 开裂后节点力施加

法向力和切向力的施加方法包括下列 3 种。

(1) 分别规定开裂面的法向和切向应变软化关系，二者之间没有任何联系(Camacho and Ortiz, 1996)。这意味着要同时引入 I 型和 II 型断裂能。目前，II 型断裂能还很难从实验中获得，对于 II 型开裂的处理方法尚没有统一认识(张楚汉等，2008)。

(2) 只规定开裂面的法向应变软化关系，按照一定的原则或假定，相应地处理切向应变软化关系(Wells and Sluys, 2001)。这意味着只需要引入 I 型断裂能。该方法较为简便，获得了大量实验结果的支持：在拉应力和剪应力联合作用下，岩石和混凝土通常先以拉、剪复合方式起裂，而后裂纹扩展以拉裂为主(张楚汉等，2008)。

(3) 不规定任何应变软化关系。该方法适于模拟玻璃和陶瓷，而一般不适于模拟岩石和混凝土。该方法的数值解一般难以与岩石和混凝土的实验结果定量吻合。

1.3.2　接触和摩擦模型

连续-非连续方法的另一个优势是能处理接触和摩擦问题。接触和摩擦密不可分。在开裂之后，单元或节点的位移可能较大，从而可能产生接触关系。实际上，在开裂之前，由于变形较大或者受到冲击作用等原因，也需要处理接触和摩擦问题。有的连续-非连续方法并不完善，仅处理了开裂问题，未处理接触和摩擦问题。实际上，在裂纹看似逐渐张开的过程中，也可能产生接触关系，例如，在开裂瞬间，振荡可能导致单元之间发生嵌入。

在有限元方法中，常见的接触和摩擦算法包括罚函数方法、拉格朗日乘子法和数学规划方法等。在离散元方法中，接触和摩擦问题的处理一般包括两个环节(陈文胜等，2005)。其一为明确接触关系。为了提高接触关系检索的效率，先进行粗判，再进行细判，常见的接触关系检索方法包括直接法、射线法、公共面法和侵入边法等；其二为采用合适的接触本构关系计算接触力和摩擦力，随后，对有关的力的反作用力进行适当分配，一般采用一对切向和法向弹簧模拟颗粒或块体之间的接触本构关系，因此，需要引入两个刚度系数。李世海和汪远年(2004)研究了离散元方法计算参数的选取方法。为了避免引入这两个刚度系数，一些方法被相继提出。田振农等(2008)通过在变形块体之间设置节理单元实现力和位移的传递。节理单元具有一定的宽度。根据实际节理性质确定计算参数。单元之间的相对位置，即彼此之间的接触关系，在受力过程中保持不变，这要求块体位移不能过大。静态松弛界面单元方法以静态松弛拉格朗日元方法为基础，综合了连续方法与非连续方法的优点，几乎可以模拟非连续面的任何力学行为，同时，在求解时避免了使用刚度系数(陈文胜等，2000；李志雄等，2009)。

1.4 连续-非连续方法的主要流派

1.4.1 ELFEN 和 FDEM

ELFEN(Rockfield，2007)是一款连续-非连续商业软件。ELFEN 引入了一个有断裂力学特色的弹塑性耦合本构模型，能较好地模拟出连续介质向非连续介质的转化。ELFEN 功能强大，能对二维和三维模型进行显式和隐式求解，可模拟静载和动载，其中，裂纹既可以沿单元边界扩展，又可以穿过单元扩展。

在 ELFEN 中，插入的离散裂纹可转化成真实裂纹，节点分离方法被用于模拟连续介质向非连续介质转化，介质被离散成有限元。改进的莫尔-库仑弹塑性模型被用于模拟连续介质的开裂和与应变软化有关的开裂过程。断裂力学原理被用于模拟应变局部化。为了模拟拉裂，Rankine 旋转裂纹模型被引入。该旋转裂纹模型是以 I 型断裂为基础。一旦最大主应力达到抗拉强度，拉伸应变软化开始，最大主应力方向的弹性模量下降。当新的开裂面产生时，离散元方法被用于模拟接触相互作用。另外，为了模拟拉应力、压应力共存的情况，Rankine 旋转裂纹模型和各向同性的非相关联的莫尔-库仑准则被结合起来，即形成所谓的压裂模型。ELFEN 的计算代价高昂，在插入离散的裂纹时非适定问题可能出现(Klerck，2000；Owen et al.，2004)。

Elmo(2006)采用二维和三维 ELFEN 模拟了圆柱形和棱柱形岩样的单轴压缩实验，但没有呈现出真实的开裂过程和任何开裂面。

Cai(2008)采用 ELFEN 模拟了中间主应力对岩样力学行为的影响，模拟出的裂纹平行于最大主应力和中间主应力。

Hamdi 等(2014)采用三维 ELFEN 模拟了巴西圆盘岩样劈裂实验和岩样压缩实验，在巴西圆盘岩样中，开裂现象符合实际，而在单轴压缩岩样中开裂面不清晰，当围压增加时，脆-韧转化现象出现。

Mitelman 和 Elmo(2014)采用 ELFEN 模拟了爆炸诱发圆形巷道围岩的损伤过程。

冯帆等(2017)采用 ELFEN 模拟了不同预制裂纹位置、长度和倾角条件下含圆孔岩样的开裂过程，以研究高应力硬岩结构面的作用机理。

王永亮等(2018)采用 ELFEN 模拟了流体-固体-开裂耦合作用下单一多水平井分段体积压裂问题，通过裂纹尖端局部区域自适应网格重新剖分方法获得高精度应力解答，并用于有效描述裂纹扩展。

FDEM（finite-discrete element method）将有限元方法、离散元方法与断裂力学原理相结合。有限元方法被用于求解连续介质的应力和应变。离散元方法被用于求解动力、接触检测和接触相互作用。FDEM 适于模拟岩石类试样的应力-应变曲线。由于引入了断裂力学原理，FDEM 适于模拟拉裂和剪裂，可以全面考虑岩体尺度上的开裂和运动，应用前景广阔。FDEM 已被用于研究诸多岩石开裂问题，例如，岩石边坡和矿柱的开裂。最近，FDEM 已被嵌入 IRAZN 软件（Geomechanica Inc，2016），并被用于深入理解岩石类介质的开裂行为（Lollino and Andriani，2017）。

以开源软件包的方式，FDEM 已有多种版本，例如，Y2D、Y3D、YFDEM、Y-cgles、VGEST、Y-Geo 和 Y-nan 等（Latham et al.，2010；Rougier and Munjiza，2010；Mahabadi et al.，2012；Munjiza et al.，2012；Xu et al.，2013）。FDEM 商业应用的最成功范例是 ELFEN FDEM 软件包。

在 FDEM 最早期的版本中，"角对角"的接触力求解方法被采用。该方法可以精确地获得接触单元和靶单元的几何特性以及接触力沿单元边界的积分，但由于采用了解析方式，因而必然耗时。

随后，FDEM 采用了"角对边"的接触力求解方法。该方法十分快速，且和MRCK（Munjiza-Rougier-Carney-Knight）接触检测方法不冲突。MRCK 方法是为了改善 FDEM 接触检测性能而发展的接触检测方法，用于替代 Y2D 和 Y3D 中广泛采用的接触检测方法。在 MRCK 接触检测方法中，将物理空间（区别于实体区域）分解成相同大小的正方形胞元，接触检测问题被简化成接触单元和靶单元是否分享至少 1 个正方形胞元的问题。靶单元首先被映射到正方形胞元上，随后被排序，最后通过搜索链表进行接触检测。

在 FDEM 的最新版本中，接触力求解方法已被进一步简化为"角对点"。在该方法中，接触单元和靶单元仍发生相互作用，但是，靶单元已被离散成一系列分布在单元边界上的靶点，每个点被作为高斯积分点。点的数目取决于积分的精度。MRCK 接触检测方法被用于检测接触单元和靶点。仅当靶点位于接触单元内部时，接触力才被计算。

FDEM 的后继版本对前期版本的不足进行了修订，例如，Y-Code 的局限性体现在如下 8 个方面：①缺乏捕捉准静态摩擦的摩擦定律；②没有考虑介质的抗剪强度依赖于围压；③缺乏节理的抗剪强度和强度劣化模型；④缺乏冲击条件下能量耗散机理；⑤缺乏黏性边界；⑥缺乏图形用户界面；⑦不能考虑非均质性和构建层状岩样；⑧不能施加地应力。这些局限性在 Y-Geo 中得到了有效克服。Mahabadi 等（2012）采用 Y-Geo 模拟非均质巴西圆盘岩样劈裂实验和预存非连续面的陡崖的坠落过程，展示了该方法的能力，并指出 Y-Geo 受限于计算规模，并行版本值得发展。

在 FDEM(Munjiza et al.,1999;Munjiza and Andrews,2000)中,相互接触的三角形单元之间存在排斥力(接触力)和摩擦力。罚函数方法被用于确定排斥力:当两个三角形单元发生嵌入时,在两个单元之间的重合区将产生相互作用的分布力,该力依赖于重合区的形状和尺寸,法向刚度系数通过法向罚系数描述。在切向,库仑摩擦定律被用于计算摩擦力。当两个相互作用的单元之间的相对滑动达到一定量时,摩擦力开始发挥作用,这受切向刚度系数(切向罚系数)的影响。

在 FDEM(Lisjak et al.,2014a)中,在计算初始时,连续方法被用于描述介质的应力和变形;随着模拟的进行,一旦满足开裂准则,新的离散块体会产生。介质被离散成众多 3 节点三角形单元和 4 节点界面单元,这些界面单元被插入任意两个相邻的三角形单元的公共边上。在弹性变形阶段,三角形单元之间不允许发生嵌入,这通过引入罚函数方法实现。一旦应力超过了介质的抗拉强度、抗剪强度或拉剪复合强度,狭窄的界面单元位置将形成断裂过程区,此处将存在应变集中和应变软化。断裂过程区的力学行为由应力与裂纹的相对位移之间的关系决定。裂纹的相对位移包括法向和切向分量。对于 I 型裂纹,界面单元的力学行为依赖于抗拉强度和 I 型断裂能;对于 II 型裂纹,界面单元的力学行为依赖于抗剪强度和 II 型断裂能。除此之外,当以裂纹的相对位移的法向和切向分量分别作为水平和垂直坐标的点位于一个四分之一椭圆(由剪切条件下弹性阶段结束时的相对位移、剪切条件下应变软化阶段结束时的相对位移、拉伸条件下弹性阶段结束时的相对位移和拉伸条件下应变软化阶段结束时的相对位移共同确定)之内时,介质将发生拉剪复合开裂。在理论上,在达到介质强度之前,界面单元本该没有变形。在 FDEM 中,出于实际需要,3 个罚系数被引入:抗压刚度系数、抗拉刚度系数和抗剪刚度系数。通过极大提高这 3 个系数,界面的影响可降至最低。

邱流潮(2009)采用 FDEM 模拟了地震作用下某重力坝的开裂过程。

Vyazmensky 等(2010)采用 FDEM 模拟了不同开挖方式下某露天矿边坡的开裂过程。

Bagherzadeh-Khalkakhali 等(2011)采用 FDEM 模拟了堆石料颗粒的破碎过程。

Elmo 等(2013)、Havaej 等(2014)、Antolini 等(2016)和刘郴玲等(2018)采用 FDEM 模拟了边坡岩体的滑动和堆积过程,其中,刘郴玲等(2018)引入了重力增加方法。

Zhao 等(2014)采用 FDEM 模拟了水力压裂和有关的微震现象,并开发了一些后处理工具,例如,b 值、分形维数和微震群,用于解释数值解。该文献开发的针对 FDEM 的无参量微震群算法可以降低网格依赖性,以提取更符合实际的微震信息。

Lisjak 等(2014a)采用 FDEM 模拟了不同类型的地下结构开挖诱发的开裂过程,共考虑了三种情况。第一种情况是在均匀各向同性地层中开挖一个圆形竖井。

剪裂首先发生在开挖诱发的压应力集中程度最大的位置；随后，裂纹倾向于以对数螺线方式展布，这与有关的井壁突出实验结果相一致。第二种情况是在层状页岩中开挖一个巷道。层理诱发的各向异性对初始开裂位置和裂纹扩展方向均有显著的影响。由于沿着层理的强度低，页岩的开裂强度受到层理面与现场主应力方向之间的相对方位的影响。而且，初始剪裂沿着层理面扩展，诱发了垂直方向的拉应力，随后形成了次级拉裂纹。第三种情况是研究两个相邻的马蹄形洞室。对于垂直方向是最大主应力方向的情形，高应力会引起两洞室之间岩柱出现贯穿剪裂面，而静水压力条件下岩柱只发生轻微损坏。研究发现，为了避免出现相互连通的开挖扰动区，即使岩柱尚有承载能力，洞室间距也应大于洞室宽度的 2 倍。最后，考虑了洞室开挖顺序的影响，它不仅影响初始开裂，还影响最终开裂。

严成增等(2014a)意识到剖分的初始网格会对裂纹扩展形态产生较大的影响，同时，细密网格会影响计算效率，在 FDEM 中发展了一种对裂纹尖端附近单元进行劈裂的自适应分析方法，通过模拟巴西圆盘岩样劈裂实验，展示了该方法可在一定程度上克服裂纹扩展形态对初始网格的依赖性。

马刚等(2015)采用 FDEM 模拟了比例应变加载路径下密集颗粒集合体的力学行为。

Profit 等(2016)采用 FDEM 模拟了致密页岩储层的微震分布，用于预测水力压裂导致的裂纹扩展规律。

张芳等(2016)采用 FDEM 模拟了洞室衬砌的开裂过程。

Lisjak 等(2016)采用 FDEM 模拟了 Opalinus 黏土中微型巷道周围的开挖扰动区形成和力学愈合过程，考虑了下列两个问题：①土体对开挖过程的短期响应(开挖扰动区的形成)；②作为缓冲介质的饱和膨润土的膨胀使巷道表面径向应力增加而引起的开挖扰动区的力学愈合。

申振东等(2017)通过引入单一/弥散裂纹损伤模型，采用三维 FDEM 模拟了地震作用下某重力坝的开裂过程，并指出，对 37036 个四面体单元的耗时达 322.5h，因而算法优化和并行计算值得关注。

罗滔等(2017)强调在 FDEM 中需要对每个颗粒进行有限元网格剖分，将离散元方法与比例边界有限元方法结合起来，用于模拟颗粒破碎。在该方法中，每个颗粒既是一个离散单元，又是一个比例边界有限元方法框架下的多边形单元；比例边界有限元方法被用于分析每个颗粒的应力和应变；Hoek-Brown 准则被用于确定颗粒内部的开裂点，通过对开裂点进行直线拟合得到开裂路径。

黄绪武等(2017)将考虑了水会降低颗粒之间的摩擦系数和破碎强度的湿化模型引入 FDEM，通过模拟双轴压缩实验研究了湿化与否的堆石体试样力学行为的差异。

Lollino 和 Andriani(2017)采用 FDEM 模拟了浅埋地下洞室围岩和陡坡的开裂

过程，将当前计算结果与基于理想塑性模型的传统有限元结果进行了比较，呈现了软岩脆性对稳定性的影响。

王叶等(2017)采用 FDEM 模拟了某三维滑坡体的开裂、运动和堆积过程。

邓璇璇等(2018)将 Voronoi 图形网格剖分方法与 FDEM 相结合，研究了局部约束模式对单颗粒破碎强度的影响。

Ma 等(2018)采用 FDEM 模拟了均质圆球的冲击破碎过程。

陈兴等(2018)通过引入 Weibull 分布函数，采用 FDEM 模拟了非均质圆球的冲击破碎过程。

陈小婷和黄波林(2018)采用 FDEM 模拟了某危岩体的开裂和崩塌过程。

Mahabadi 等(2014)采用了三维 FDEM 模拟了巴西圆盘岩样劈裂实验以及岩样单轴、假三轴和真三轴压缩实验。在假三轴实验中，他们主要关注围压对力学行为和裂纹扩展的影响。在真三轴实验中，他们主要关注中间主应力对开裂方向的影响。该文献指出，两个有一定重叠的四面体单元之间的分布接触力依赖于重叠区域的形状和大小以及罚函数的值。此外，该文献介绍的接触检测和开裂准则与二维 FDEM 的并无差异。

Hamdi 等(2014)采用二维和三维 FEDM 方法模拟了岩样假三轴实验和巴西圆盘岩样劈裂实验，并进行了相应的比较。

Ma 等(2016)在 FDEM 的框架之内发展了三维不规则颗粒体开裂模型，研究了颗粒体的力学行为、能量转换和耗散行为。在该模型中，每个颗粒被离散成有限元。预先嵌入的无宽度黏聚界面单元被用于描述潜在开裂路径；带拉伸截断的莫尔-库仑准则被用于描述损伤开始；在黏聚界面单元中，渐进损伤被考虑。除此之外，其他要素均比常见的界面单元的简单，例如，峰后应变软化阶段的线性行为和对混合开裂模式的简化处理。

Liu(2013)和 Liu 等(2015a)对 Y-2D 和 Y-3D 进行了可视化，不仅使建模节省时间，而且使多种结果显示更加方便。

Liu 等(2015a，2015b)在他们自己对有限元方法研究和 Munjiza(2004)、Xiang 等(2009)的基础上，提出了一种有限元与离散元耦合方法。对于三维情形，他们将介质离散成 10 节点四面体单元，其位移分布呈非线性，其表面将成为曲面，这将使接触检测算法变得复杂，增加计算时间。随后，应变率效应又被考虑(Liu et al.，2016)。Liu 等(2016)首先为了校准提出的方法，模拟了岩样单轴压缩实验和巴西圆盘岩样劈裂实验；然后模拟了直接剪切条件下粗糙岩石节理凹凸体的劣化和断层泥的研磨过程，还考察了加载速率和凹凸体粗糙度的影响。

FDEM 多被用于纯粹力学问题模拟，少见被用于耦合问题模拟。连续-非连续方法的多场耦合分析是有广阔应用前景的发展方向。一些研究人员将 FDEM 与其他软件联合，或直接构建水-力耦合模型或热-力耦合模型(Lisjak et al.，2014a；Lei et al.，2015；Yan and Zheng，2016；Yan et al.，2016；Lisjak et al.，2017；Yan and Zheng，2017a，2017b，2017c）。

严成增和郑宏(2016)采用考虑流固耦合的 FDEM 模拟了多孔水力压裂问题。严成增等(2016)采用相同方法模拟了地应力对水力压裂的影响。在考虑流固耦合的 FDEM 中(严成增和郑宏，2016)，开裂的节理单元被作为流体流经的天然通道，节理单元两侧的三角形单元不透水；流体流动满足立方定律，在非稳态条件下计算。流体的压力会影响节理的张开和闭合，反过来，节理的张开和闭合又影响节理中流体的流动。

严成增等(2015)在 FDEM 中引入了一种新的爆破模型，通过算例展示了发展的方法用于爆破模拟的潜力。该模型考虑了在爆生气体作用下随着裂纹的扩展气体占据的体积不断增大，气压逐渐减小，同时，还考虑了气体进入与爆腔连通的裂纹引起的对裂纹的作用力。

严成增(2018)发展了考虑热-力耦合的 FDEM，通过算例展示了发展的方法用于热开裂模拟的潜力。在该方法中，首先，热传导方程被用于模拟温度分布；然后，计算温度引起的热应力。

Yan 等(2018)在 FDEM 的框架之内，发展了水-热耦合模型。该模型可以模拟任意断裂网络岩体中流体流动和热传导，具体包括 3 部分：岩石基体的热传导模型、裂纹中的热交换模型和裂纹表面流体与岩石的热交换模型。通过有解析解的3 个算例，该模型的正确性被验证，而且，该模型还被用于断裂网络岩体的水-热耦合问题的模拟。该模型拓展了 FDEM 的应用领域。

在连续-非连续方法中，为了使裂纹扩展路径与实际相符，细网格应被采用，或者单元劈裂方法应被引入，这将使计算效率下降。连续-非连续方法的局限性在于在串行 CPU(中央处理器)上大尺度问题难以被模拟。为此，高性能并行计算机的使用势在必行。有限元方法和离散元方法的并行方法已建立完备。然而，这些单独适用于有限元方法和离散元方法的并行方法并不直接适用于连续-非连续方法。连续-非连续并行方法还少见探索。

Munjiza 等(2012)介绍了 FDEM 广义并行方法。

D'Albano(2014)提出了基于静态区域分解的 FDEM 并行方法策略。

Zhang 等(2013a)利用 GPU(图形处理器)对 FDEM 进行并行。

严成增等(2014b)采用多核并行技术提出了 FDEM 并行方法，通过模拟陡崖的崩塌过程展示了该方法的有效性。

Lei 等(2014)通过使用虚拟并行机发展了独立于硬件的 FDEM 并行方法。

Lukas 等(2014)发展了基于动态区域分解的 FDEM 并行方法，涉及 FDEM 的所有方面；针对巴西圆盘岩样劈裂实验的模拟结果表明，加速比与处理器的数目成正比，当处理器的数目较大时，加速比增速变慢。

Liu 等(2015a)对有限元与离散元耦合方法的主要部分进行了评述，例如，接触检测、块体或颗粒之间的相互作用、变形、连续介质向非连续介质转化和时间积分方法。其中，连续介质向非连续介质转化被认为是关键部分。

Liu 等(2015a)指出了未来的有限元与离散元耦合方法的发展前景。第一，更加符合实际的连续介质向非连续介质转化方法应被发展，这是连续-非连续方法的关键部分。第二，岩石的动态强度应被考虑，其依赖于加载速率。第三，对于岩石爆破模拟而言，为了模拟流体驱动的开裂和破碎，更高级的计算流体动力学耦合方法应被发展。第四，中心差分方法要求时间步长必须小于临界时步，这可能使时间步长很小。为了提高大尺度问题的计算效率，CPU+GPU 的异构并行计算方法应被发展。

Mohammadnejad 等(2018)对计算岩石断裂力学进行了很好的评述。该文献旨在探索新、旧方法对于岩石断裂问题的适用性。数值分析方法发展的总体趋势是：岩石断裂研究首先从宏观尺度开始，然后拓展到细观和微观尺度，最终将宏观和微观尺度联合起来。耦合方法(例如，有限元与离散元耦合方法)和数值流形方法的发展可以克服连续方法和非连续方法的不足。耦合方法兼具上述两种方法的优势，具有模拟岩石开裂前、后力学行为的能力，并具有模拟裂纹启动、扩展和连续介质向非连续介质转化的能力。数值流形方法被用于处理刚体和接触检测问题时较为棘手，计算代价高昂。有限元与离散元耦合方法受到网格依赖性的制约，三维问题的计算量很大。多尺度耦合方法似乎是模拟开裂过程的强大工具，其在断裂力学领域已得到了许多关注，然而，计算代价仍旧高昂，仍需要进行许多探索。

1.4.2 CDEM

一些研究人员将弹簧元方法与离散元方法耦合在一起(冯春等，2010；Li et al.，2010；王杰等，2013)。弹簧元方法被用于计算单元的应力和位移。该方法针对连续问题的结果能与有限元方法的结果相一致(王杰等，2015)。在这些研究中，单元只有弹性变形，而在后继的将有限元方法与离散元方法耦合在一起的研究中，单元不仅有弹性变形，还有损伤和塑性变形。

王杰等(2015)建立了弹簧元与离散元耦合的连续-非连续方法。在计算单元的应力和变形时，他们将单元离散为一个弹簧系统。具体而言，弹簧系统由基本弹簧、泊松弹簧和纯剪弹簧组成。基本弹簧包括 1 个法向弹簧和 2 个切向弹簧。泊松弹簧和纯剪弹簧为非常规意义弹簧，分别被用于描述法向弹簧间相互作用和切向弹簧间相互作用。在更新单元节点坐标的情况下，块体的大位移和大转动可被计算出来。在模拟连续介质时，罚函数方法被用于避免块体单元之间的嵌入，以满足单元间的变形协调条件。带拉伸截断的莫尔-库仑准则被用于判断单元是否开裂和开裂方向。为了避免不规则单元导致的计算精度大为降低的现象，他们在三棱柱单元假定的 6 个内部面和 3 个边界面中选择与理论开裂方向最为接近的面作为实际开裂面，以允许单元沿内部和边界开裂，从而使该方法在裂纹扩展方向的选取上更为灵活。通过模拟三点弯梁、拉伸单切口平板等典型实验，所提出的方法在拟三维情形下的有效性被验证。

CDEM(continuum-discontinuum element method)是一种基于连续介质方法的离散元方法，其中，向前差分方法和动态松弛方法被用于求解方程，适于模拟地质体的开裂过程。该方法将有限元方法与离散元方法耦合在一起，时间步长较小，以确保收敛。由于基于小变形假定，虚假接触和块体嵌入在块体发生大位移和大转动时将发生。为了解决上述问题，Feng 等(2014)在 CDEM 中引入了半弹簧-半棱联合接触模型。根据该模型，6 个接触类型可被降到 2 个，即半弹簧靶面接触和半棱靶边接触。在该模型中，接触力可以直接被计算出来，不再需要接触类型信息，而且开裂判断简洁明了。通过一些简单的算例，他们验证了该模型的精度，而且还模拟了实际边坡的滑动过程。

在 CDEM 中，模型由块体和界面两部分构成(冯春等，2017)。块体由一个或多个有限元组成，以描述介质的弹性、塑性和损伤等行为；每个块体之间的公共边界即为界面，以描述介质的开裂、滑移和碰撞等行为。界面又包括真实界面和虚拟界面。不同介质的交界面、断层和节理等用前者描述。虚拟界面的作用在于连接两个块体并为裂纹扩展提供潜在通道。在有限元求解部分，增量方法被用于单元应力和节点力计算；当单元发生较大的平动和转动时，应变矩阵被更新。在离散元求解部分，半弹簧-半棱联合接触模型被采用，一方面被用于接触对的快速识别，另一方面被用于接触力的求解。接触对建立后，增量方法被用于界面上接触力计算。当界面发生拉裂时，法向接触力被修正，法向应变软化将发生；当界面发生剪裂时，切向接触力被修正，切向应变软化将发生。

李志刚等(2015)采用 CDEM 和块石随机生成算法，模拟了等应力和等位移两种加载方式下土石混合试样单轴压缩实验。

郑炳旭等(2015)采用 CDEM 模拟了炸药单耗对爆破块度分布曲线和破裂度的影响。

王理想等(2015)针对二维水力压裂问题，采用 CDEM 模拟了裂纹扩展过程。在该文献中，中心型有限体积方法被用于求解裂纹渗流，通过显式迭代方法，应力、裂纹扩展和渗流均被求得，通过相互之间数据交换得以实现流固耦合问题的求解。

潘鹏飞等(2016)采用 CDEM 中的朗道点火爆炸模型和带拉伸截断的莫尔-库仑应变软化模型，探讨了炮孔周边岩体损伤开裂程度与炮采的各预设参数之间的关系。

郭汝坤等(2016)采用 CDEM 模拟了牙轮钻单齿加载过程中岩石破碎体积和破碎坑的演变规律。

冯春等(2017)采用 CDEM 模拟了钻地弹侵彻过程中靶体的裂纹分布和侵彻速度对最终侵彻深度的影响,此外,还研究了钻地弹侵彻爆炸的双重效应。

Liu 等(2017)采用 CDEM 模拟了长壁开采中支架与上覆岩层之间的相互作用,获得了采高与支架支护阻力之间的关系。

耿智园等(2017)采用 CDEM 模拟了炮孔间排距和起爆延时等对采空区上覆岩层损伤开裂程度及采空区填充程度等的影响。

张耿城等(2018)采用 CDEM 模拟了逐孔起爆和排间顺序起爆两种方式下炮孔密集系数对爆破块度及块内损伤度的影响。

赵安平等(2018)采用 CDEM 研究了节理强度、刚度、间距和倾角等对爆破效果的影响。

张健萍和周东(2018)利用 CDEM 和蒙特卡罗方法研究了土石混合体边坡的可靠度。

冯春等(2019)采用 CDEM 模拟了某露天矿三维台阶的爆破过程,通过引入半弹簧-目标面和半棱-目标棱的联合接触算法模拟了破碎岩块的碰撞、飞散及堆积过程。

1.4.3 传统非连续方法的改进方法

PFC^{2D} 中的黏聚模型主要包括接触黏聚模型、平行黏聚模型、簇平行黏聚模型、等效晶质模型和平直节理模型等。利用这些模型,岩石从连续介质向非连续介质转化或非连续性进一步演化可以在一定程度上被模拟出来。陈鹏宇(2018)认为,平行黏聚模型存在压、拉强度比偏大的固有缺陷,因而不能正确模拟岩石的力学行为,建议采用平直节理模型。

Farahmand(2017)和 Vazaios 等(2018)在 UDEC(universal distinct element code)中引用黏聚模型。块体之间的黏聚力会以三种方式丧失:拉裂、剪裂和混合开裂。对于拉裂情形,块体之间的法向应力与法向位移之间的关系是非线性的,无论是在应力峰值之前还是之后。对于剪裂情形,处理方法是类似的。对于混合开裂情形,位移法向分量与切向分量之间的关系落入一个四分之一椭圆(由剪切条件下弹性阶段结束时的相对位移、应变软化阶段结束时的相对位移、拉伸条件下弹性阶段结束时的相对位移和应变软化阶段结束时的相对位移共同确定);在剪应力-法向应力平面上,初始剪裂面呈双线性,转折点发生在 30MPa;初始抗拉强度不为零;残余剪裂面呈线性,残余抗拉强度为零。该模型能较好地模拟硬岩的复杂开裂过程。

采用 DDA(discontinuous deformation analysis)方法模拟岩石开裂过程的基本原理(Lin et al., 1996; Ning et al., 2010; Jiao et al., 2012),即在块体中利用人工节理进行子块体剖分。人工节理被赋予较高的强度以模拟原始块体的应力和应变分布。在此基础上，莫尔-库仑准则和最大拉应力准则被用于是否开裂的判断。人工节理的概念首先是由 Ke 和 Goodman(1994)等提出的。夏才初和许崇帮(2010)将人工节理的力学参数的弱化规律和修正后的连续节理强度表达式引入 DDA 方法。Chen 和 Yuzo(1999)强调非连续区应具有一定的宽度。为了避免裂纹扩展路径的网格依赖性，Amadei 等(1994，1996)通过将块体离散成更小的规则子块体，采用增广拉格朗日方法处理接触问题，同时，确保块体之间的变形协调，通过引入莫尔-库仑准则作为开裂判据，并被用于计算开裂面的方位角，以此模拟块体和子块体的开裂过程。

焦玉勇等(2007)、张秀丽(2007)、Zhang 等(2008)、Jiao 等(2012)和马江锋等(2015)在 DDA 方法的基础上发展了针对岩石开裂的 DDARF 方法。在该方法中，计算区被离散成三角形块体，三角形块体的力学参数呈非均质性，三角形块体之间的黏聚力被考虑，带拉伸截断的莫尔-库仑准则被引入，裂纹可以沿块体边界和内部扩展。该方法在静、动载条件下岩石开裂过程模拟方面表现优良。

Mortazavi 和 Katsabanis(2001)及 Ning 等(2010，2011)采用 DDA 方法模拟了爆生气体压力作用下岩石的开裂和抛掷过程。

Zhao 等(2011)采用 DDA 方法模拟了爆炸应力波作用下有关参数对洞室掘进破岩效果的影响。由于块体间的接触应力随节理方向的变化而变化，因而模拟结果具有一定的网格依赖性。

倪克松和甯尤军(2014)在 DDA 方法的基础上提出了基于子块体单元应力的改进子块体开裂 DDA 方法，并通过 Hopkinson 层裂和双孔爆破算例展示了改进方法的正确性(甯尤军等，2015，2016)。

王士民等(2010)强调将 DDA 方法中子块体的真实节理边界视为非连续接触，而其余为连续接触，采用不同节理强度对其进行表征，并引入莫尔-库仑准则作为开裂判据。

DDA 方法与有限元方法的耦合始于 Shyu(1993)，在增强了块体变形描述能力和提高计算精度的同时，又保持了 DDA 方法的特色(大位移和大变形)。

Tian 等(2013)尝试在 DDA 方法中引入节点分离算法，以模拟完整块体的开裂过程。

方杰等(2016)将 DDA 方法与有限元方法耦合，将砌体结构的棱、柱、过梁和楼板等视为独立的弹性体。其中，弹性体之间接触界面的张开、闭合和滑动受 DDA 方法控制，弹性体之间的滑动受莫尔-库仑准则控制。他们通过防止弹性体之间的侵入校正系统的位移和应变的最小二乘拟合结果。他们构建的模型发挥了 DDA 方法和有限元方法的特长。

余德运等(2016)为了实现爆生气体对周围岩石的准确、持续加载，提出了基于流固耦合加载技术的 DDA 方法。

刘泉声等(2017)主要从块体内部应力、位移精度控制、块体间接触问题处理方法改进、人为参数合理选取、能量耗散机理考虑和人工边界改进等多个方面，对 DDA 方法精度改进方面的研究工作进行了归纳和分析，并展望了发展趋势。

郭双等(2018)基于子块体单元应力的改进子块体开裂 DDA 方法，分别考虑了爆生气体压力和爆炸应力波的爆炸载荷作用形式，对双向等值和不等值的应力条件下单孔爆破进行了数值模拟。

1.4.4 其他相关方法

在流形元方法(Shi，1996；杨永涛等，2014)中，连续和非连续问题的求解被建立在统一的理论框架之下，流形覆盖技术被用于将计算区剖分为数学网格和物理网格，数学网格被切割以实现物理网格分离，进而裂纹的启动和扩展得以被模拟。

近场动力学(peridynamics)方法是由 Silling(2000)提出的。该方法结合了分子动力学方法、无网格方法和有限元方法的优点。基于非局部作用思想，积分形式的运动方程被建立，以避免利用传统的局部微分方程求解非连续问题时遇到的奇异性，从而使该方法可以有效地模拟连续或非连续问题。该方法在模拟脆性介质的变形、损伤、裂纹起裂、稳定扩展直至失稳扩展全过程方面具有独特优势，还在不断发展和完善(Silling，2000；黄丹等，2010；Huang et al.，2015a，2015b；谷新保等，2016；顾鑫等，2016；黄丹等，2016；秦洪远等，2017a，2017b，2017c；李天一等，2018；钱剑等，2018；王涵等，2018)。该方法由于不需要引入任何外在强度准则就能模拟裂纹自动产生，确实给人耳目一新的感觉，这颠覆了传统观念。

RFPA(rock failure process analysis)方法能够模拟岩石渐进开裂直至失稳全过程(Tang，1997；Tang and Kaiser，1998)。该方法考虑了介质的非均质性，通过连续方法模拟非连续问题(唐春安等，2018)。

Tang 和 Lu(2013)将 DDA 方法与 RFPA 方法耦合在一起，模拟了岩质边坡从裂纹萌生、扩展直至主裂面贯通和随后坡体的整体滑动全过程。

为了避免扩展有限元方法的复杂计算过程，张振南和陈永泉(2009)与 Zhang 和 Chen(2009)提出了单元劈裂方法，以近似模拟裂纹的扩展过程。在该方法中，接触单元具有一定的宽度，切向刚度系数和法向刚度系数与节理宽度的比值被作为参量进行参数标定，面接触被简化为两点接触。由于节理宽度难以用常量描述，戚靖骅等(2010)在三节点节理单元的基础上构造了无宽度三节点节理单元。由于三节点节理单元与原三角形单元共享节点，因而在模拟裂纹扩展时在改进方法中网格重新剖分并不必要，计算效率较高。通过模拟两种加载方式下大理岩试样裂纹的扩展过程，他们展示了改进方法的有效性。

为了解决三角形单元劈裂后形成的两个块体的变形问题，Zhang 等(2013a，

2013b)在劈裂单元邻域内采用了最小二乘插值技术。为了解决单元劈裂方法中误差受单元边长影响的问题，张振南等(2013)引入了裂尖点单元。陈亚雄和张振南(2013)将具有黏聚强度的界面单元引入单元劈裂方法中，以有效地模拟节理岩体的渐进开裂过程。杨帆和张振南(2012)将莫尔-库仑准则作为单元开裂准则，模拟了不同围压条件下裂纹的扩展过程。

黄恺和张振南(2010)将单元劈裂方法推广至三维。在此基础上，王德咏等(2012)辅以增强虚内键模型，既避免了网格剖分方法的麻烦，又避免了引入开裂准则，通过模拟内嵌椭圆裂纹的扩展过程展示了该方法的有效性。

格构模型抛弃了连续性假定，采用一个离散体系代替连续介质，将宏观三维连续介质的开裂问题转化为一维键的开裂问题，既避免了引入连续介质开裂准则，又避免了处理连续介质向非连续介质的转化(姚远和张振南，2016)。

Gao 和 Klein(Gao and Klein，1998；Klein and Gao，1998)基于连续介质力学和离散化思想，提出了虚内键模型。该模型继承了分子动力学和连续介质力学的特点，适于模拟裂纹的扩展过程。在此基础上，研究人员提出了多维虚内键模型(Zhang and Ge，2005；张振南和葛修润，2007；张振南等，2008；张振南和葛修润，2012；Zhang and Gao，2012)、增强虚内键模型(姚远和张振南，2016)和离散虚内键模型(Zhang and Chen, 2014；Zhang et al.,2015a, 2015b；赵兵等，2018)，并开展了诸多的应用研究。王凯等(2014)为了模拟岩石的受压剪裂行为，引入了莫尔-库仑准则。为了克服多维虚内键模型所展现出的泊松比是 0.25 的局限性，Zhang 和 Chen(2014)与姚远和张振南(2016)发展了相关键元胞模型。在此基础上，Zhang 等(2015b)考虑了岩石的弹脆性特性。

丰彪(2013)在分析现有典型数值分析方法的基础上，提出了有限元与界面元时域耦合方法，并认为界面元方法在处理连续-非连续问题时具有独特优势，同时认为，无网格方法和流形元方法拥有解决连续-非连续问题的巨大潜力。

常晓林等(2011)和马刚等(2011)提出了离散元与黏聚模型耦合方法。在该方法中，块体之间通过弹簧和阻尼传递相互作用，块体被剖分成有限差分网格。在裂纹可能发生和扩展的部位，黏聚界面单元被布置，界面单元与周围的实体单元相连。在加载的初始阶段，界面单元保持线性行为；随着加载的进行，一旦界面单元的应力满足开裂准则，界面单元的刚度逐渐下降，承载能力降低，当刚度降低到 0 时，界面单元失效，真实裂纹出现。实体单元之间的界面单元无宽度。潜在开裂面有 8 个，以更准确地模拟开裂过程。该方法的实质是在实体单元之间，界面单元被插入，带拉伸截断的莫尔-库仑准则被作为界面的开裂准则，通过界面单元的起裂、扩展和失效，开裂过程得以被模拟。当界面出现损伤后，基于能量的复合损伤演化准则被引入，Ⅰ型和Ⅱ型断裂能同时需要被引入。

孙翔等(2013)采用有限元与离散元耦合方法，模拟了单向压缩条件下单一和雁形裂纹的扩展过程，其中，有限元方法被用于求解单元之间界面的相互作用。他们将单元之间界面的相互作用分为连接型和接触型。单元之间的作用力可被分为弹簧作用力和接触力。连续介质单元之间界面的相互作用类型为连接型，单元之间存在弹簧作用力。通过增加弹簧刚度以确保变形主要发生在单元内部，而非在单元之间的界面上，这类似于罚函数方法。通过弹簧断裂，单元分离被模拟，此时连接型变为接触型，单元之间界面的作用力为接触力。

刘传奇等(2016)在孙翔等(2013)提出的有限元与离散元耦合方法的基础上，建立了双重介质流动模型。他们将裂纹中的流体压力作为孔隙渗流的压力边界，孔隙流量的变化将使裂纹中的流体压力改变，以处理流体在孔隙和裂纹中的协调流动。他们将裂纹模型与流体流动模式相结合，建立了开裂-应力-渗流耦合模型，并模拟了水力压裂过程。他们还介绍了现有模型的不足，例如，采用数值分析方法模拟水力压裂时，最困难又无向可寻的问题是模拟时间与真实物理时间的匹配问题。在计算中，满足开裂判据时，非连续性被瞬时引入，而在实际压裂作业中，压裂时间以小时或天为尺度，动态松弛显式求解方法无法处理该问题，但不使用该方法又会引入其他问题。

Morris 等(2006)发展了一种有限元与离散元耦合方法，Block 等(2007)将黏聚模型引入其中，随后，Morris 和 Johnson(2009)又将光滑粒子流体动力学方法引入其中。

Fakhimi 和 Lanari(2014)提出了离散元与光滑粒子流体动力学耦合方法，并模拟了岩石的爆破过程，其中，颗粒之间具有黏聚强度，被用于模拟岩石的变形和开裂，光滑粒子流体动力学方法被用于模拟气体运动。他们成功地模拟了岩石的压碎、径向裂纹和表面剥落等现象。

Feng 等(2006)和 Pan 等(2006)发展了弹塑性细胞自动机模拟方法。在此基础上，他们考虑了岩石开裂过程中渗流与应力的耦合关系，建立了考虑渗流与应力耦合的弹塑性细胞自动机模拟方法(潘鹏志等，2011)，并模拟了水压致裂过程。随后，他们发展了三维细胞自动机模拟方法(潘鹏志等，2009；Pan et al.，2009)和连续-非连续细胞自动机模拟方法(Pan et al.，2012；Yan et al.，2013，2014a，2014b，2017，2018a，2018b，2019)，并开展了诸多有成效的应用研究工作。

An 等(2017)采用发展的有限元与离散元耦合方法，模拟了不同爆破条件下岩石的开裂和碎屑的堆积过程。

1.5　连续-非连续方法的不同解读

连续-非连续方法也可以从不同角度解读。

首先，可以解读为，在一个模型中，在初始或计算过程中，既存在连续介质，又存在非连续介质，两种介质不发生转化，各自占有确定的位置（Munjiza，2004；Owen et al.，2004；周健等，2010；张铎等，2014；胡英国等，2015）。例如，胡英国等（2015）提出的光滑粒子流体动力学与有限元耦合方法不涉及两种介质转化。从上述角度讲，一些连续与非连续介质耦合方法均属于连续-非连续方法。

其次，可以解读为，在一个模型中，连续介质可以部分或全部转化为非连续介质。本书关注的问题是连续介质如何向非连续介质转化。

1.6　本 书 内 容

本书介绍了一种作者提出的连续介质向非连续介质转化的连续-非连续方法。该方法本质上是拉格朗日元与离散元耦合方法。拉格朗日元方法被用于求解弹性体的应力和变形问题；离散元方法被用于求解接触和摩擦问题；强度理论和虚拟裂纹模型被用于处理开裂问题。

在该连续-非连续方法中，四边形单元只有弹性变形，而无塑性变形，塑性变形仅集中在虚拟裂纹上；裂纹扩展沿四边形单元边界或对角线进行；拉格朗日元方法和离散元方法共用相同的网格；当介质开裂前且单元不发生嵌入时，节点力只包括不平衡力和阻尼力，不平衡力包括弹性力（单元应力引起的力）和外力（例如，自重和外部载荷）；当介质开裂后或单元发生嵌入后，节点力将改变。节点力是节点运动状态改变的原因。

本书介绍的连续-非连续方法包括两种子方法。子方法一在第一篇中被介绍，子方法二在第二篇中被介绍。子方法二是在子方法一的基础上进一步发展。对于与子方法一相类似的内容，在第二篇中介绍子方法二时，没有过多地介绍。

在子方法一中，介质只能沿单元边界开裂，选择与节点周围单元最大主应力最大者的垂直方向最接近的单元边界方向作为实际开裂方向。在子方法二中，介质既可以只沿单元边界开裂，又可以沿单元边界和对角线开裂。对于拉裂情形，开裂方向与子方法一的相同；对于剪裂情形，潜在剪裂方向与最小主应力绝对值最大者方向和介质的内摩擦角有关，选择与潜在剪裂方向最接近的单元边界方向或对角线方向作为实际剪裂方向。

在子方法一中，只引入了Ⅰ型断裂能，在对开裂面上节点施加法向黏聚力引起的法向力的同时，相应地处理切向黏聚力引起的切向力，只需要计算法向张开度，不需要计算切向滑动距离。在子方法二中，既可以只引入Ⅰ型断裂能，这类似子方法一，又可以同时引入Ⅰ型和Ⅱ型断裂能，需要同时计算法向张开度和切向滑移量。

在子方法一中,需要判断任意两个单元的接触情况,计算效率低。在子方法二中,采用了基于空间剖分的接触检测方法,计算效率较高。

在子方法一中,仅考虑了角-边接触类型,同时引入了法向刚度系数和切向刚度系数;对于有两条潜在嵌入边存在的情况,通过引入犁皮宽度,选择合适的嵌入边进行后续计算。在子方法二中,采用了基于势的接触力计算方法,不需要对角-角接触类型进行单独处理,求解的接触力是分布力,更符合实际,只引入了法向刚度系数,选择与嵌入点邻近的单元边界作为嵌入边。

在子方法一中,在计算嵌入点的相对切向滑动距离时,部分计及了单元的变形,既考虑了静摩擦,又考虑了动摩擦。在子方法二中,考虑了动摩擦和相对静止情形。

在子方法一中,采用向前差分方法求解运动方程。在子方法二中,采用向前差分方法或中心差分方法求解运动方程。

子方法一和子方法二的其他共同点在此不再赘述。

第2章 拉格朗日元与离散元耦合方法(子方法一)

本章介绍了作者提出的拉格朗日元与离散元耦合方法。该方法包括 4 个计算模块(图 2-1):应力-应变模块、开裂模块、接触-摩擦模块和运动模块。应力-应变模块和运动模块基本遵循 FLAC(fast lagrangian analysis of continua)原理;开裂模块通过引入强度理论和虚拟裂纹模型处理开裂问题;接触-摩擦模块借鉴了变形体离散元方法。而且,作者对所提出方法的正确性进行了初步检验。

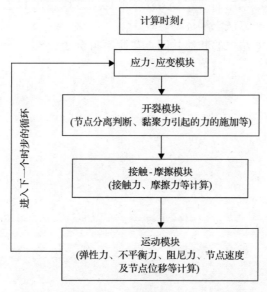

图 2-1 拉格朗日元与离散元耦合方法的流程图

2.1 应力-应变模块

为了避免四边形单元存在的沙漏问题,在 FLAC 中将 1 个四边形单元离散成 2 个三角形单元(子单元)。离散方式共有两种,即两种覆盖(图 2-2(a))。子单元 a 和 b 构成一种覆盖,子单元 c 和 d 构成另一种覆盖。经由下列 3 个过程,获取子单元的应力全量。

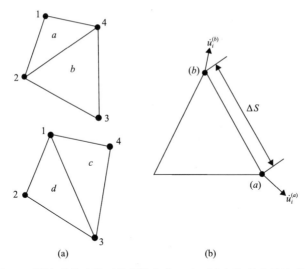

图 2-2　四边形单元的两种离散方式(a)和两个相邻节点的速度(b)

(1)利用高斯定理，由节点速度计算子单元的应变率：

$$\dot{e}_{ij} = \frac{1}{2}\left(\frac{\partial \dot{u}_i}{\partial x_j} + \frac{\partial \dot{u}_j}{\partial x_i}\right) \tag{2-1}$$

$$\frac{\partial \dot{u}_i}{\partial x_j} \approx \frac{1}{2A}\sum_S (\dot{u}_i^{(a)} + \dot{u}_i^{(b)})n_j \Delta S \tag{2-2}$$

式中，$\dot{e}_{ij}$ 是某一子单元的应变率；$\dot{u}$ 是节点的速度；x 是节点的坐标；A 是子单元的面积；S 代表子单元的 3 条边；上角标(a)和(b)代表任一条边的两个相邻节点(图 2-2(b))；n 代表该边的单位外法向量；ΔS 代表该边的长度。

(2)由子单元的应变率计算子单元的应变增量 Δe_{ij}，再利用本构方程，由应变增量计算应力增量 $\Delta \sigma_{ij}$：

$$\Delta e_{ij} = \dot{e}_{ij}\Delta t \tag{2-3}$$

$$\Delta \sigma_{ij} = \delta_{ij}\left(K - \frac{2}{3}G\right)\Delta e_{kk} + 2G\Delta e_{ij} \tag{2-4}$$

式中，Δt 是时间步长；K 是体积模量，$K = \dfrac{E}{3(1-2\mu)}$；G 是剪切模量，$G = \dfrac{E}{2(1+\mu)}$；E 是弹性模量；μ 是泊松比；δ_{ij} 是 Kronecker 符号，

$$\delta_{ij} = \begin{cases} 1, & i = j \\ 0, & i \neq j \end{cases} \tag{2-5}$$

可将式(2-4)写成下列形式:

$$
\begin{cases}
\sigma_x = 2G\varepsilon_x + \lambda(\varepsilon_x + \varepsilon_y + \varepsilon_z) \\
\sigma_y = 2G\varepsilon_y + \lambda(\varepsilon_x + \varepsilon_y + \varepsilon_z) \\
\sigma_z = 2G\varepsilon_z + \lambda(\varepsilon_x + \varepsilon_y + \varepsilon_z) \\
\tau_{xy} = G\gamma_{xy} \\
\tau_{yz} = G\gamma_{yz} \\
\tau_{zx} = G\gamma_{zx}
\end{cases}
\tag{2-6}
$$

式中, $\lambda = K - \dfrac{2}{3}G$。

对于平面应变问题, $\varepsilon_y = \gamma_{yz} = \gamma_{yx} = 0$, 有

$$
\begin{cases}
\sigma_x = 2G\varepsilon_x + \lambda(\varepsilon_x + \varepsilon_z) \\
\sigma_z = 2G\varepsilon_z + \lambda(\varepsilon_x + \varepsilon_z) \\
\tau_{xz} = G\gamma_{xz}
\end{cases}
\tag{2-7}
$$

可将式(2-7)写成矩阵形式:

$$
\begin{Bmatrix} \sigma_x \\ \sigma_z \\ \tau_{xz} \end{Bmatrix} = \frac{E(1-\mu)}{(1+\mu)(1-2\mu)}
\begin{bmatrix} 1 & \dfrac{\mu}{1-\mu} & 0 \\ \dfrac{\mu}{1-\mu} & 1 & 0 \\ 0 & 0 & \dfrac{1-2\mu}{2(1-\mu)} \end{bmatrix}
\begin{Bmatrix} \varepsilon_x \\ \varepsilon_z \\ \gamma_{xz} \end{Bmatrix}
\tag{2-8}
$$

对于平面应力问题, $\sigma_y = \tau_{yx} = \tau_{yz} = 0$, 有

$$
\begin{Bmatrix} \sigma_x \\ \sigma_z \\ \tau_{xz} \end{Bmatrix} = \frac{E}{1-\mu^2}
\begin{bmatrix} 1 & \mu & 0 \\ \mu & 1 & 0 \\ 0 & 0 & \dfrac{1-\mu^2}{2(1+\mu)} \end{bmatrix}
\begin{Bmatrix} \varepsilon_x \\ \varepsilon_z \\ \gamma_{xz} \end{Bmatrix}
\tag{2-9}
$$

(3) 由子单元的应力增量计算子单元的应力全量:

$$
\sigma_{ij} := \sigma_{ij} + \Delta\sigma_{ij}
\tag{2-10}
$$

4 个子单元的应变增量和应力全量一般不等。因此, 为了使四边形单元的变形柔顺,

需要对上述两个量进行调和。在调和过程中，未考虑子单元边长的影响。调和在一个覆盖内进行，以四边形单元的一个覆盖(由子单元 a 和 b 构成)为例(图 2-2(a))，应变增量的调和过程如下：

$$\Delta e_m = (\Delta e_{11}^a + \Delta e_{22}^a + \Delta e_{11}^b + \Delta e_{22}^b) / 2 \tag{2-11}$$

$$\Delta e_d^a = \Delta e_{11}^a - \Delta e_{22}^a \tag{2-12}$$

$$\Delta e_d^b = \Delta e_{11}^b - \Delta e_{22}^b \tag{2-13}$$

$$\Delta e_{11}^a := (\Delta e_m + \Delta e_d^a) / 2 \tag{2-14}$$

$$\Delta e_{11}^b := (\Delta e_m + \Delta e_d^b) / 2 \tag{2-15}$$

$$\Delta e_{22}^a := (\Delta e_m - \Delta e_d^a) / 2 \tag{2-16}$$

$$\Delta e_{22}^b := (\Delta e_m - \Delta e_d^b) / 2 \tag{2-17}$$

调和的结果是应变增量的球量部分发生改变，而偏量部分不变。对于另一个覆盖(由子单元 c 和 d 构成)，应变增量的调和过程是类似的。同理，需要对各子单元的应力全量进行调和。

利用各子单元的应力和应变，即可获得单元的应力和应变，而且，未考虑子单元边长的影响。以图 2-2(a)中四边形单元 1234 的应力 σ_{ij} 为例，其与各子单元的应力 $\sigma_{ij}^M (M = a \sim d)$ 关系为

$$\sigma_{ij} = \frac{\sigma_{ij}^a + \sigma_{ij}^b + \sigma_{ij}^c + \sigma_{ij}^d}{4} \tag{2-18}$$

需要指出，在本书中不会显示子单元的应力和应变，这是计算中间环节的信息。

在大变形条件下，需要考虑单元的旋转对应力的影响。此时，应力全量 σ_{ij} 可以表示为

$$\sigma_{ij} := \sigma_{ij} + \left(\omega_{ik} \sigma_{kj} - \sigma_{ik} \omega_{kj} \right) \Delta t \tag{2-19}$$

$$\omega_{ij} = \frac{1}{2} \left(\frac{\partial \dot{u}_i}{\partial x_j} - \frac{\partial \dot{u}_j}{\partial x_i} \right) \tag{2-20}$$

应力-应变模块的流程图见图 2-3。

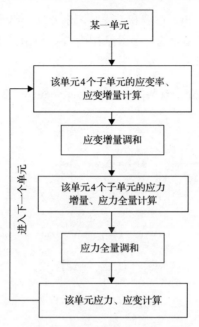

图 2-3　应力-应变模块的流程图

2.2　开　裂　模　块

开裂模块具体包括开裂判断、开裂方向选择、黏聚力引起的节点切向力和法向力施加等内容。根据最大主应力准则和莫尔-库仑准则(两个强度准则的强度参数包括抗拉强度 σ_t、黏聚力 c 和内摩擦角 φ)进行开裂判断。根据单元的水平应力 σ_x、垂直应力 σ_z 和剪切应力 τ_{xz}，最小主应力 σ_1 和最大主应力 σ_3 可由下式求得：

$$\left.\begin{array}{c}\sigma_1\\\sigma_3\end{array}\right\}=\frac{1}{2}(\sigma_x+\sigma_z)\mp\sqrt{\left(\frac{\sigma_x-\sigma_z}{2}\right)^2+\tau_{xz}^2} \tag{2-21}$$

介质可能发生拉裂和剪裂。若节点的 σ_3 超过 σ_t，则认为介质发生拉裂。拉裂条件为

$$f_t=\sigma_t-\sigma_3<0 \tag{2-22}$$

式中，f_t 是拉裂屈服函数。

若描述节点应力状态的应力圆与莫尔-库仑准则的强度线相切或相割，则认为介质发生剪裂。剪裂条件为

$$f_s=\sigma_1-\sigma_3N_\varphi+2c\sqrt{N_\varphi}<0 \tag{2-23}$$

$$N_\varphi = \frac{1+\sin\varphi}{1-\sin\varphi} \tag{2-24}$$

式中，f_s 是剪裂屈服函数。

先判断介质是否发生拉裂，若介质不发生拉裂，再判断介质是否发生剪裂。实际上，节点并不存储应力，应力仅存储在单元上。所以，在判断介质是否发生开裂时，需要利用节点周围单元的应力。自然地，有两种方式可供选择。

(1)最大应力原则。利用节点周围单元 σ_3 中的最大值(最大 σ_3)判断介质是否发生拉裂；在判断介质是否发生剪裂时，还需要利用最大 σ_3 所在单元的 σ_1。

(2)平均应力原则。利用节点周围单元平均 σ_3 判断介质是否发生拉裂；在判断介质是否发生剪裂时，还需要利用平均 σ_1。

通常认为，对于岩石、混凝土等准脆性介质，宏观剪裂纹是由细观拉裂纹引起的。所以，本篇未引入 II 型断裂能，只引入 I 型断裂能。实际上，II 型断裂能不容易从实验中获得。基于上述认识，在理想情况下，裂纹扩展方向应该总是垂直于 σ_3 方向。目前，裂纹只能沿单元边界扩展。因此，选择与节点周围单元(①、②、③和④)最大 σ_3(单元④的 σ_3，即 $\sigma_3^{\textcircled{4}}$)垂直方向最接近的潜在开裂方向作为实际开裂方向(图 2-4)。

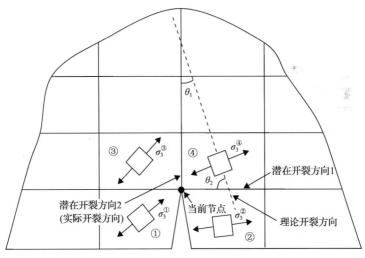

图 2-4　在两个潜在开裂方向中确定实际开裂方向

$$\sigma_3^{\textcircled{4}} = \max(\sigma_3^{\textcircled{1}}, \sigma_3^{\textcircled{2}}, \sigma_3^{\textcircled{3}}, \sigma_3^{\textcircled{4}}),\ \theta_1 < \theta_2$$

在介质开裂之后，一对分离节点将具有法向张开度和切向滑移量。欲计算这两个分量，首先应该确定开裂面的法向和切向，然后进行有关的投影计算。开裂面一侧由多条线段(单元的外边界)构成(图 2-5(a))。在特殊情况下，开裂面一侧由一条线段构成(图 2-5(b))，此时，开裂面的法向和切向易于确定。

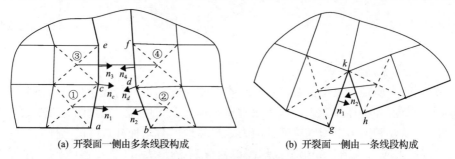

(a) 开裂面一侧由多条线段构成　　　　　　　(b) 开裂面一侧由一条线段构成

图 2-5　开裂面法向的近似确定

通常，开裂面一侧由不止一条线段构成(图 2-5(a))。开裂面上节点所在位置尽管连续，但不可导。此时，开裂面上节点所在位置的法向应是一个平均值。例如，开裂面上节点 c 的近似外法向 n_c 应由线段 $\overline{ac}$ 和 $\overline{ce}$ 的外法向(n_1 和 n_3)取平均获得。同理，节点 d 的近似外法向 n_d 应由线段 $\overline{bd}$ 和 $\overline{df}$ 的外法向(n_2 和 n_4)取平均获得。

实际上，n_c 与 n_d 一般不在一条直线上，这将不可避免地导致在节点 c、d 上施加法向黏聚力引起的法向力之后产生一个转矩。

上述算法的计算量较大，并未采用，而采用了一种近似计算方法：根据节点周围单元中心点的连线近似替代开裂面法向。下面以图 2-5(a)为例进行阐述。在计算开裂面上节点 a、b 的法向时，只需要确定其周围单元①、②的中心点连线。在计算开裂面上节点 c、d 的法向时，首先，对其周围 4 个单元进行分组，单元①、②被作为一组，单元③、④被作为另一组；然后，以每组单元中心点连线替代每组开裂面法向；最后，对上述两个法向取平均，确定开裂面上节点 c、d 的开裂面法向。在开裂面法向确定之后，即可确定与之垂直的开裂面切向。

一对分离节点的法向张开度 w 和切向滑移量 Δ_s 由这对分离节点之间的距离 Δ 在开裂面法向和切向上的投影确定(图 2-6)。应当指出，w 即为众所周知的 CMOD (crack mouth opening displacement)，Δ_s 在本篇中并未用到。

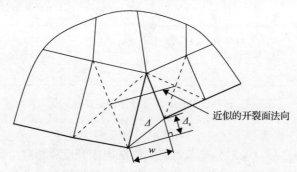

近似的开裂面法向

图 2-6　分离节点的法向张开度和切向滑移量之间的关系

根据设定的开裂面法向黏聚力 σ_n 和当前的 w 的关系，计算当前的 σ_n。该关系包括线性形式、双线性形式和非线性形式等。

对于线性形式(图 2-7(a))，σ_n-w 关系为

$$\sigma_n = \begin{cases} \sigma_t \left(1 - \dfrac{w}{w_f}\right), & 0 \leqslant w \leqslant w_f \\ 0, & w > w_f \end{cases} \tag{2-25}$$

$$w_f = 2G_f^I / \sigma_t \tag{2-26}$$

式中，w_f 是法向张开度临界值；G_f^I 是 I 型断裂能。

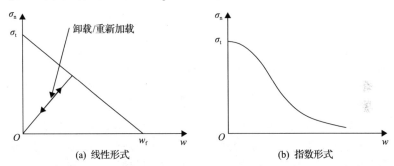

(a) 线性形式　　　　　　　　　　　(b) 指数形式

图 2-7　σ_n 与 w 之间的关系

对于非线性形式之一的指数形式(图 2-7(b))，σ_n-w 关系为

$$\sigma_n = \sigma_t \exp\left(-\dfrac{\sigma_t}{G_f^I} w\right) \tag{2-27}$$

应当指出，对分离节点施加的法向黏聚力引起的法向力等于上述法向黏聚力乘以作用面积。该面积取决于分离节点周围单元的尺寸和数目。对于图 2-5(b)所示的情况，节点 g 周围法向黏聚力的作用面积由线段 $\overline{gk}$ 长度的一半和单元+厚度(通常被认为是 1m)的乘积确定。同理，节点 h 周围法向黏聚力的作用面积由线段 $\overline{hk}$ 长度的一半和单元厚度的乘积确定。对于图 2-5(a)所示的情况，节点 c 周围法向黏聚力的作用面积由线段 $\overline{ac}$ 和 $\overline{ce}$ 的长度之和的一半与单元厚度的乘积确定。同理，节点 d 周围法向黏聚力的作用面积由线段 $\overline{bd}$ 和 $\overline{df}$ 的长度之和的一半与单元厚度的乘积确定。

在对分离节点施加上述法向力的同时，相应地处理切向黏聚力引起的切向力。这里，假定切向黏聚力 τ-w 关系和法向黏聚力 σ_n-w 与法向张开度关系具有类似性。对于线性形式(图 2-8)，当 w=0 时，τ 达到最大值 τ_0，τ_0 由节点分离瞬间其周围单元 τ_{xz} 中的最大值确定，这显然是一个近似。当 w=w_f 时，τ=0。当 $w \in [0, w_f]$ 时，τ 以线性方式下降。

若介质发生拉裂，则不再对介质是否发生剪裂进行判断。

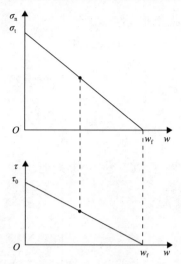

图 2-8　法向和切向黏聚力与法向张开度之间关系的类似性

由于单元会发生变形和开裂面法向的近似计算，介质开裂之后在节点上所施加的上述法向力和切向力不一定恰好与所需要的相适应，而且，由于采用向前差分方法对运动方程进行求解，因此，w 不一定单调递增，而可能发生一定的振荡。见图 2-7(a)，若 w 减少，则应将当前问题视为弹性卸载问题；若 w 先减少，又增加，则当前应力状态既可能处于弹性加载阶段，又可能处于应变软化阶段。猛烈卸载可能导致单元之间发生嵌入，此时应将当前问题视为接触、摩擦问题。

开裂模块只适用于一部分节点。有些特殊的节点不允许发生分离，例如，施加载荷、速度和约束的节点(图 2-9(a))。另外，若一个节点周围具有奇数个单元，如 3 个，也不允许发生分离(图 2-9(b))。

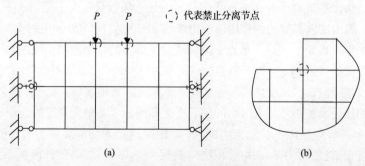

图 2-9　节点禁止分离情形

当开裂路径发生转折时，在转折处可能会出现两个或多个节点相连的现象，将这种节点称为奇异节点。由于介质开裂后开裂面两侧的应力通常会随着 w 的增加而下降，所以奇异节点可能不会再分离。对于这些奇异节点，需要作特殊处理(图 2-10)，令其自动分离。

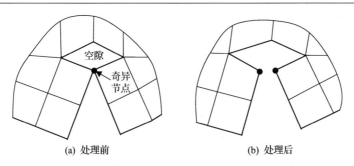

(a) 处理前　　　　　　　　　　　　(b) 处理后

图 2-10　奇异节点处理

　　当介质开裂之后，一些节点的质量将发生变化，所以需要对其进行修正。另外，介质开裂会暴露出新表面，因此，有些内边(介质内部的单元边界)将转化成外边。所谓外边是指仅一侧具有单元的边，反之，则为内边。内、外边修正是必需的。在接触-摩擦模块中，只有外边才能被作为嵌入边，被嵌入点嵌入。

　　开裂模块的流程图见图 2-11。

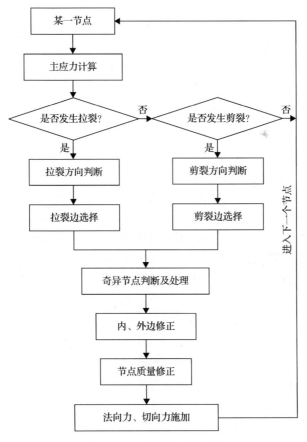

图 2-11　开裂模块的流程图

2.3　接触-摩擦模块

四边形单元的接触问题可以被概化为简单的角-角接触、角-边接触和边-边接触 3 种接触类型。实际上，边-边接触类型可以用两个角-边接触类型或角-角接触类型代替。在此，仅考虑了角-边接触类型。

若检测到当前单元与其他单元发生嵌入，则有必要确定当前单元的嵌入边。嵌入边或者与其他单元的边相交，或者位于其他单元内部。在此，考虑了嵌入边的三种情形。

(1)仅有 1 条嵌入边的情形(图 2-12(a))，选择此嵌入边进行后续计算。

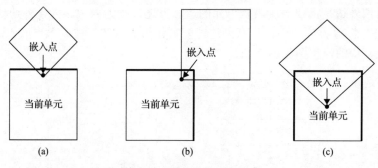

图 2-12　嵌入边的三种情形
粗线为潜在嵌入边

(2)具有 2 条潜在嵌入边的情形(图 2-12(b))，根据某些原则，选择其中一条作为实际嵌入边进行后续计算。

(3)具有 3 条潜在嵌入边的情形(图 2-12(c))，选择中间一条进行后续计算，该情况发生的概率较低。

对于具有 2 条潜在嵌入边的情形，可以采用下列两条原则确定嵌入边。

(1)就近原则。通过分别计算嵌入点与两条潜在嵌入边的垂直距离，选择垂直距离小者所对应的潜在嵌入边作为实际嵌入边。

(2)犁皮原则。通过分别计算嵌入点的速度方向与两条潜在嵌入边所夹的锐角，选择角度小者所对应的潜在嵌入边作为实际嵌入边。应当指出，若嵌入点的嵌入深度 d_n(嵌入点与嵌入边的垂直距离)大于设定的犁皮宽度,则不采用该原则,仍采用就近原则。犁皮是作者主观创造的新词，是受机械工程中刨削和农业生产中犁地启发，对嵌入点以小角度与嵌入边发生相互作用从而可能使被嵌入单元被削去、磨薄一层现象的一种较为形象的比喻。如果嵌入点与嵌入边的垂直距离太大，上述现象可能不会出现。所以需要设定一个极限值，即犁皮宽度。下文对设定犁皮宽度后如何确定实际嵌入边进行说明。

如图 2-13 所示，在设定犁皮宽度 D 后，在单元①的两条潜在嵌入边 bc、cd 附近分别建立犁皮四边形 $bcef$ 和 $cdgh$。这样，当单元②的节点 k 嵌入单元①中时，首先，计算节点 k 的速度方向与两条嵌入边所夹的锐角，将角度小者所对应的潜在嵌入边 cd 暂定为嵌入边；然后，判断该嵌入边所对应的犁皮四边形 $cdgh$ 是否包含节点 k，若包含，则取该暂定嵌入边 cd 作为实际嵌入边进行后续计算(图 2-13(a))，否则，取潜在嵌入边 bc 作为实际嵌入边进行后续计算(图 2-13(b))。若 k 点不在 $bcef$ 和 $cdgh$ 内，则采用就近原则确定实际嵌入边(图 2-13(c))。

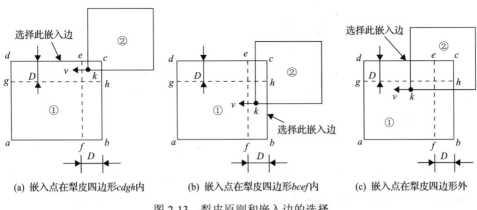

(a) 嵌入点在犁皮四边形$cdgh$内　　(b) 嵌入点在犁皮四边形$bcef$内　　(c) 嵌入点在犁皮四边形外

图 2-13 犁皮原则和嵌入边的选择

应当指出，通过定义犁皮宽度可在一定程度上处理角-角接触问题。角-角接触问题通常的处理方式有如下两种：不考虑不合理的角-角接触类型和角点修圆方法。后者需要引入一些参数。

法向接触力 F_n 与 d_n 之间的关系为

$$F_n = k_n d_n \tag{2-28}$$

式中，k_n 是法向刚度系数。

摩擦力的计算相对比较复杂，这是由于当前单元或嵌入边在一个时间步长 Δt 内可能会发生运动。摩擦力的计算过程包括牵连点位置的确定和相对切向滑动距离的确定。

牵连点是与嵌入点重合的当前单元上的点。在 $t-\Delta t$ 时刻，假定牵连点为点 M(图 2-14)。在此，经过一个 Δt，假定点 M 相对当前单元的位置成比例变化，点 M 将运动至点 M'，点 M' 的确定过程如下。

(1)在 $t-\Delta t$ 时刻，确定点 M 相对于当前单元的位置。为此，需要计算两个参数：①嵌入点 E 到当前单元中心点 O 的距离 $\overline{OE}$ 与点 O 到嵌入边上一个节点 C 的距离 $\overline{OC}$ 的比值；②$\overline{OC}$ 逆时针转至 $\overline{OE}$ 的夹角 θ。

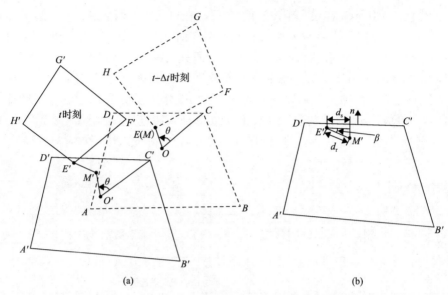

图 2-14　牵连点的位置确定和切向相对滑动距离计算

（2）在 t 时刻，确定点 M'。经过一个 Δt，当前单元可能发生变形。假定经过一个 Δt，$\overline{OE}$ 与 $\overline{OC}$ 的比值不变；θ 不变。

在 t 时刻，点 M' 位置确定之后，即可计算经过一个 Δt 的相对滑动距离 d_r：

$$d_r = \overline{M'E'} \tag{2-29}$$

根据 d_r 计算经过一个 Δt 的相对切向滑动距离 d_s：

$$d_s = d_r \cos\beta \tag{2-30}$$

式中，β 是经过一个 Δt 的 d_r 与嵌入边切向所夹的锐角。

摩擦力 F_s 与 d_s 之间的关系为

$$F_s = \begin{cases} k_s d_s, & F_s \leqslant fF_n \\ fF_n, & F_s > fF_n \end{cases} \tag{2-31}$$

式中，k_s 是切向刚度系数；f 是摩擦系数。

计算出 F_n 和 F_s 之后，需要根据力的平衡原理，将其反作用力分配到有关的节点上（图 2-15）。F_n 的反作用力 F_{n1} 和 F_{n2} 的分配需要考虑平面内转矩为零的条件，而 F_s 的反作用力 F_{s1} 和 F_{s2} 被认为大小相等，方向相同。

接触-摩擦模块的流程图见图 2-16。

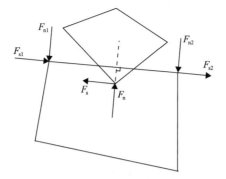

图 2-15　接触力和摩擦力

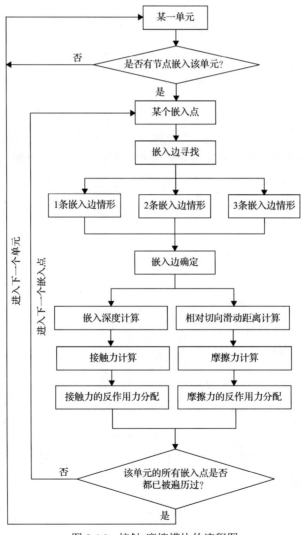

图 2-16　接触-摩擦模块的流程图

2.4 运 动 模 块

根据节点所受的各种力(其合力为节点力)和节点质量,利用牛顿第二定律计算节点速度。节点力包括不平衡力和阻尼力两部分。不平衡力是弹性力、外力、重力、作用于分离节点上的黏聚力引起的法向力和切向力、由接触引起的接触力和摩擦力及一些力的反作用力等的合力。具有反作用力的力通常包括接触力和摩擦力。阻尼力包括局部自适应阻尼力和黏性阻尼力。

某节点的弹性力由该节点附近所有单元的子单元(与该节点没有重合点的子单元除外)的应力全量计算求得,见图 2-17,某子单元中一个节点的弹性力 F_i 可以表示为

$$F_i = \frac{1}{2}\sigma_{ij}\left(n_j^{(1)}S^{(1)} + n_j^{(2)}S^{(2)}\right) \tag{2-32}$$

式中,$S^{(1)}$ 和 $S^{(2)}$ 分别是某节点两侧两条单元边的长度;$n^{(1)}$ 和 $n^{(2)}$ 分别是这两条边的单位外法向量。应当指出,按上述理解,若 F_i 的单位为 N,则式(2-32)等号两侧的单位将不同。实际上,F_i 应为单位厚度上的弹性力,单位为 N/m。这样,则不存在上述单位不同的问题,但是,这样却容易造成误解。为此,在本书中,默认子单元在垂直纸面方向的尺寸(厚度 B)为 1m,除非特别声明。这样,$S^{(1)}$ 和 $S^{(2)}$ 是面积,所以 F_i 的单位为 N,这容易理解。

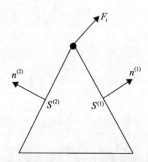

图 2-17　某子单元中一个节点的弹性力计算的示意图

利用各子单元 3 个节点的弹性力,即可获得 1 个四边形单元 4 个节点的弹性力。以四边形单元 1234(图 2-2(a))的节点 1 的弹性力 F_i^1 为例,其与各子单元对节点 1 贡献的弹性力 $F_i^N(N=a,c,d)$ 的关系为

$$F_i^1 = (F_i^a + F_i^c + F_i^d)/2 \tag{2-33}$$

式中，F_i^a、F_i^c 和 F_i^d 分别为子单元 a、c 和 d 对节点 1 贡献的弹性力。等式右边的系数为 1/2，是由于一个单元具有两种覆盖。

局部自适应阻尼力 F' 的方向与节点速度 v 有关，而 F' 的大小与不平衡力 F 有关：

$$F' = -\alpha |F| \text{sign}(v) \tag{2-34}$$

$$\text{sign}(v) = \begin{cases} +1, & v > 0 \\ -1, & v < 0 \\ 0, & v = 0 \end{cases} \tag{2-35}$$

式中，α 是局部自适应阻尼系数。

黏性阻尼力 F'' 的大小和方向均与 v 有关：

$$F'' = -c'v \tag{2-36}$$

式中，c' 是黏性阻尼系数。

利用向前差分方法求解水平和垂直方向上的运动方程：

$$v_i^t = v_i^{t-\Delta t} + \frac{\tilde{F}_i^{t-\Delta t}}{m_i^{t-\Delta t}} \Delta t \tag{2-37}$$

式中，$\tilde{F}_i^{t-\Delta t}$、$m_i^{t-\Delta t}$ 和 v_i 分别是节点力、质量和速度；下角标 i 是节点编号。

为了避免上述差分方程的数值不稳定性问题，要求 Δt 不能过大。Δt 常取作临界时间步长的几分之一，例如 1/2：

$$\Delta t = \frac{\Delta x}{2} \sqrt{\frac{\rho}{K + 4G/3}} \tag{2-38}$$

式中，ρ 是面密度；Δx 是单元的最小边长。

应当指出，在应力-应变模块和运动模块中，对于小变形模式，节点的坐标均采用原始坐标，但对于大变形模式，节点的坐标采用实时坐标。在接触-摩擦模块和开裂模块中，节点的坐标均采用实时坐标。

运动模块的流程图见图 2-18。

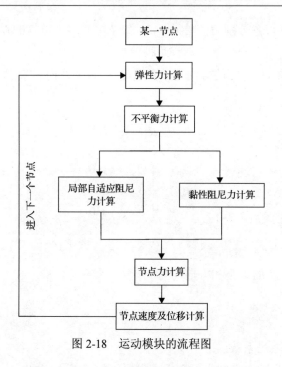

图 2-18   运动模块的流程图

2.5   方法初步检验

2.5.1   弹性滑块沿斜面下滑过程模拟

滑块被剖分成 4×1 个正方形单元，单元边长为 1m，见图 2-19。计算过程包括两个阶段。

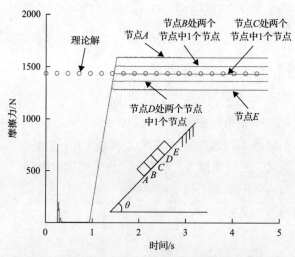

图 2-19   弹性滑块沿斜面下滑过程中不同节点的摩擦力

(1)压平衡阶段。将滑块压在固定斜面上,通过计算使之达到静力平衡状态。在上述过程中,只允许滑块垂直下落,这是通过限制滑块上节点的水平运动实现的。采用一个大四边形块体的一个边模拟斜面,该块体亦被剖分成若干单元(图 2-20)。

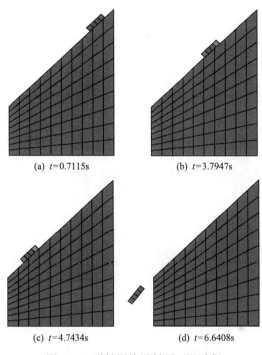

(a) t=0.7115s

(b) t=3.7947s

(c) t=4.7434s

(d) t=6.6408s

图 2-20 弹性滑块沿斜面下滑过程

(2)滑动阶段。滑块能否沿斜面下滑取决于与斜面发生接触的节点的节点力是否有沿斜面向下的分量。

各种计算参数取值如下:法向刚度系数 k_n 为 $3\times10^7\mathrm{N/m}$,切向刚度系数 k_s 为 $3\times10^7\mathrm{N/m}$,面密度 ρ 为 $2700\mathrm{kg/m^2}$,静摩擦系数 f 为 0.15,法向黏性阻尼系数 c_n' 为 $1\times10^5\mathrm{kg/s}$,重力加速度 g 为 $10\mathrm{m/s^2}$,时间步长 Δt 为 $4.743\times10^{-5}\mathrm{s}$,局部自适应阻尼系数 α 为 0.7,弹性模量 E 为 2GPa,泊松比 μ 为 0.33。计算在平面应变、大变形条件下进行。

图 2-20 给出了弹性滑块沿斜面下滑过程。由此可以直观地看出不同时刻滑块所处的位置。在计算过程中,监测了滑块底面上 5 个节点的摩擦力随时间的演变规律,见图 2-19。由此可以发现:

(1)在压平衡阶段,各节点摩擦力的演变规律基本相同,难以分清彼此。

(2)当滑块的水平约束被解除后,滑块沿斜面下滑,摩擦力不断增加,直到达到最大静滑动摩擦力,此后,滑块受到的摩擦力将不再改变。

当刚性滑块沿固定斜面下滑，且不考虑动、静滑动摩擦系数的差别时，动滑动摩擦力 F_s 应为最大静滑动摩擦力：

$$F_s = fmg\cos\theta \qquad\qquad (2\text{-}39)$$

式中，mg 是滑块的重量；θ 是斜面的倾角。

在此，f 为 0.15，m 为 1.08×10^4kg，g 为 10m/s^2，θ 为 45°。因此，F_s 的理论解应为 1.146×10^4N。应当指出，上述理论解应与所有嵌入点的摩擦力之和对应。

应当指出，在本算例中，每个单元节点均独立编号。也就是说，节点 A 和 E 处各只有 1 个节点，而节点 B、C 和 D 处均各有 2 个节点，这两个节点的摩擦力完全相同。图 2-19 给出的是 8 个节点中 5 个节点的结果。显然，节点 B、C 或 D 处两个节点的摩擦力之和约是节点 A 或 E 的摩擦力的 2 倍。考虑到共有 8 个嵌入点，所以，一个嵌入点的平均摩擦力的理论值应为 $F_s/8$=1432.5N。由图 2-19 可以发现，滑块底面上头部的节点 A 和 B 处两个节点的摩擦力稍高于理论解，而滑块底面上尾部的节点 D 和 E 处两个节点的摩擦力稍低于理论解，滑块底面上中部的节点 C 处 1 个节点的摩擦力与理论解吻合较好。

2.5.2　三点弯岩梁变形-开裂过程模拟

岩梁的长度和高度分别为 10mm 和 3mm，被剖分成 300 个单元，其中 192 个正方形单元，其余为四边形单元(图 2-21)。在岩梁左下角，施加固定铰支座，而在岩梁右下角，施加垂直方向的活动铰支座。在岩梁上边界且跨中的节点上施加向下的速度 v，其大小为 0.01m/s。预设的允许开裂位置位于跨中横截面上。峰后应变软化曲线采取指数形式(式(2-27))。

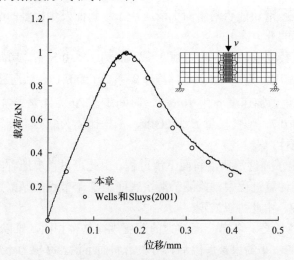

图 2-21　岩梁加载点的载荷-位移曲线的两种结果

各种计算参数取值如下：面密度 ρ 为 2700kg/m^2，弹性模量 E 为 100MPa，泊松比 μ 为 0.167，断裂能 G_f^I 为 0.1N/mm，抗拉强度 σ_t 为 1.0MPa，时间步长 Δt 为 1.569×10^{-7}s，局部自适应阻尼系数 α 为 0.8。计算在平面应变、大变形条件下进行。

通过计算获得的岩梁加载点的载荷-位移曲线见图 2-21，同时，给出了 Wells 和 Sluys(2001)的数值解。不同时刻岩梁的变形和开裂形态见图 2-22，颜色代表 σ_3，正值为拉应力，负值为压应力。由此可以发现：

(1)载荷-位移曲线的数值解包括 3 个阶段：线弹性阶段、应变硬化阶段和峰后应变软化阶段。

(2)上述两种结果较为吻合。在峰后应变软化阶段，相同加载点位移时本章的载荷稍高于 Wells 和 Sluys(2001)的结果。

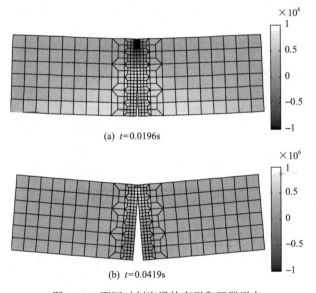

(a) $t=0.0196$s

(b) $t=0.0419$s

图 2-22　不同时刻岩梁的变形和开裂形态

2.6　本 章 小 结

本章介绍了提出的拉格朗日元与离散元耦合方法的理论框架。拉格朗日元方法被用于求解弹性体的应力和变形问题；离散元方法被用于求解接触和摩擦问题；强度理论和虚拟裂纹模型被用于处理开裂问题。离散元方法和虚拟裂纹模型有时会存在耦合。

该方法包括 4 个计算模块：应力-应变模块、开裂模块、接触-摩擦模块和运动模块。

在应力-应变模块和运动模块中，求解思路与 FLAC 原理基本相同。阻尼力或者为局部自适应阻尼力和黏性阻尼力二者之一，或者为二者的组合。采用向前差分方法求解运动方程。

在开裂模块中，根据最大主应力准则和莫尔-库仑准则进行拉裂和剪裂判断。选择与节点周围单元最大主应力最大者的垂直方向最接近的潜在开裂方向作为实际开裂方向。当介质发生开裂后，开裂面法向采用了近似计算方法，对于奇异节点需要作适当处理迫使其分离。只引入了 I 型断裂能，在对分离节点施加法向黏聚力引起的法向力的同时，相应地，处理切向黏聚力引起的切向力。

在接触-摩擦模块中，仅考虑了角-边接触类型。对于具有多条潜在嵌入边可供选择的情形，选择合适的嵌入边进行后续计算并对有关力的反作用力进行分配。嵌入边的选择或者基于就近原则，或者基于犁皮原则。对于具有 2 条潜在嵌入边可供选择的情形，引入了犁皮宽度的概念；在计算嵌入点的相对切向滑动距离时，部分计及了单元的变形。

此外，通过模拟弹性滑块沿斜面下滑过程和三点弯岩梁变形-开裂过程，初步检验了本章提出的方法的正确性。

第3章 岩样单轴拉伸实验模拟

岩石破坏实质上是从连续介质向非连续介质转化或非连续介质进一步演化的复杂过程。与剪裂相比，岩石更易发生拉裂。许多地质灾害的发生均与拉裂有关（甘建军等，2010；王来贵等，2011；裴向军等，2011；常鑫等，2015；袁进科和裴向军，2015；杨觅等，2016；孙晓涵等，2016；李浩等，2016），例如，巷道或隧洞围岩的板裂化、岩层的离层和破断、边坡的开裂、采矿和地震引起的地裂纹等。因此，积极探索拉裂过程的有效模拟手段，开展拉裂过程研究，对地质灾害的机理分析和预防具有重要的理论与实际意义。

目前，研究人员已发展出了形形色色、各具特色的可在一定程度上模拟岩石拉裂的数值计算方法。一些方法以有限元方法为基础，引入开裂准则使单元发生劈裂（王来贵等，2011；常鑫等，2015），或者引入富集函数使有限元方法成为扩展有限元方法（余天堂，2010；茹忠亮等，2011），或者引入无拉应力分析，当岩石发生拉裂后，垂直于裂纹方向不具有抗拉能力，采用反复迭代方法消除单元的拉应力（杨洵等，2000；黄醒春等，2005），等等；一些方法以离散元方法或非连续变形分析方法为基础，将岩石剖分成块体单元，通常不考虑块体单元之间的抗拉能力（何传永和孙平，2009）。实际上，在宏观裂纹出现之前，断裂过程区或虚拟裂纹面具有一定的黏聚力，并未完全丧失抗拉能力（张楚汉等，2008）。有的研究人员在离散元方法或非连续变形分析方法中引入虚拟裂纹模型（方修君等，2007a；侯艳丽和张楚汉，2007），或者引入颗粒之间的黏聚强度（Potyondy and Cundall，2004；魏巍等，2014），或者引入开裂准则，使单元发生劈裂（倪克松和甯尤军，2014；严成增等，2014a；马江锋等，2015），等等；还有一些方法将有限元方法和离散元方法等耦合在一起（Lisjak and Grasselli，2014；Mahabadi et al.，2014）。另外，粒子方法、格构方法、细胞自动机法等也在不断发展。客观地讲，离散元方法、粒子方法和格构方法的计算效率较低，对应力和应变的描述较为粗略；常规有限元方法的计算精度较高，但在处理有关破坏问题时会涉及较为复杂的算法，刚度矩阵的正定性有时难以保证，计算效率有所下降。

在实验室，岩样的直接单轴拉伸实验一般难以进行（李地元等，2010），常采用三点弯梁和巴西圆盘岩样劈裂实验等间接拉伸实验确定力学性能。

本章模拟了位移控制加载条件下单轴拉伸岩样的变形-开裂过程，考察了多种力学量的演化，获得了不具有网格依赖性的结果。推导了位移控制加载条件下矩形岩样的载荷-位移曲线峰后斜率的解析式，用于检验数值解。

3.1　模型和结果分析

3.1.1　模型和方案

正方形岩样边长为 0.5m，在岩样下边界的节点上施加垂直方向的活动铰支座约束，在岩样上边界的节点上施加垂直向上的速度 v，其大小为 0.005m/s。在岩样高度一半的位置预设允许开裂位置。计算在平面应变、大变形条件下进行，不计重力。各种计算参数取值如下：面密度 ρ 为 2700kg/m^2，局部自适应阻尼系数 α 为 0.2，体积模量 K 为 11.11GPa，剪切模量 G 为 8.33GPa，抗拉强度 σ_t 为 2.0MPa，法向黏聚力 σ_n 与法向张开度 w 之间的关系为线性关系，I 型断裂能 $G_f^{\rm I}$ 为 100N/m。由 σ_t 和 $G_f^{\rm I}$ 可获得 w 的临界值(σ_n=0 时的 w) w_f，w_f=2 $G_f^{\rm I}$ /σ_t=1×10^{-4}m。

选择了 3 个计算方案，其差异仅在于单元边长不同。单元形状均为正方形。方案 1～方案 3 的单元边长分别为 0.125m、0.0625m 和 0.03125m，换言之，方案 1～方案 3 的单元数目分别为 4×4、8×8 和 16×16。方案 1～方案 3 的时间步长 Δt 足够小，分别为 1.089×10^{-5}s、5.446×10^{-6}s 和 2.723×10^{-6}s，这是为了确保向前差分方法的数值稳定性。以方案 1 为例，Δt 应小于单元边长与最大波速(P 波波速)的比值，单元边长为 0.125m，最大波速为 2.8685×10^{3}m/s，故 Δt=1.089×10^{-5}s<4.3577×10^{-5}s。

3.1.2　计算结果和分析

图 3-1～图 3-4 分别给出了方案 1～方案 3 的结果，图 3-5 给出了方案 1～方案 3 一些结果的对比。图 3-1、图 3-3 和图 3-4 给出了岩样变形-开裂过程中 σ_3 的时空分布，节点位移的放大倍数为 200，其中，各子图下方和左侧的数字代表各节点的坐标，单元颜色代表最大主应力 σ_3，正值为拉应力。图 3-2 给出了岩样上边界的载荷-位移曲线(图 3-2(a))、允许开裂位置不同节点的 σ_n 引起的法向力随时步数目 N 的演变规律(图 3-2(b))和允许开裂位置不同节点的 w 随 N 的演变规律(图 3-2(c))。允许开裂位置不同节点与岩样左边界的距离不同。对于岩样左边界上的节点，D_1/D_2=0，D_1 为允许开裂位置节点与岩样左边界的距离，D_2 为岩样尺寸(图 3-2(a)中的插图)。法向力为 σ_n 与其作用尺寸之积。若 1 个分离节点只位于 1 个单元中，则作用尺寸等于该单元边长的一半；若 1 个分离节点位于 2 个单元中，则作用尺寸等于单元边长。

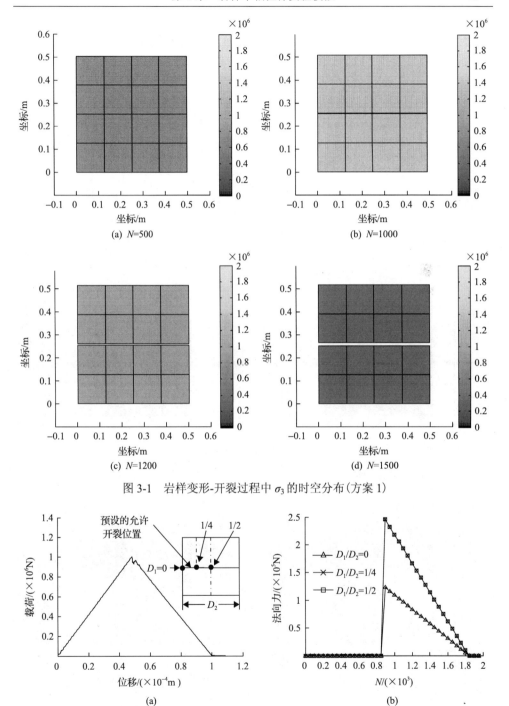

(a) N=500

(b) N=1000

(c) N=1200

(d) N=1500

图 3-1 岩样变形-开裂过程中 σ_3 的时空分布(方案 1)

预设的允许
开裂位置

$D_1=0$

$D_1/D_2=0$

$D_1/D_2=1/4$

$D_1/D_2=1/2$

(a)

(b)

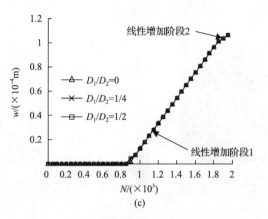

图 3-2　各种力学量的演变(方案 1)

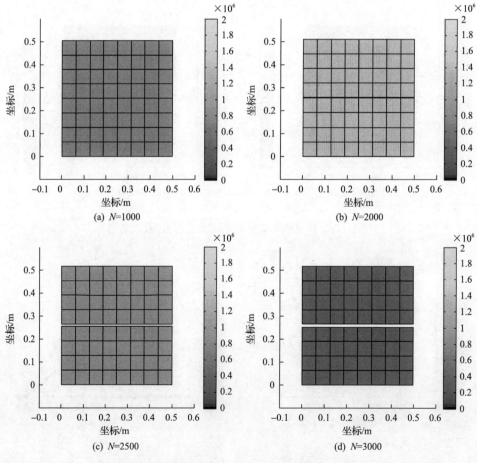

图 3-3　岩样变形-开裂过程中 σ_3 的时空分布(方案 2)

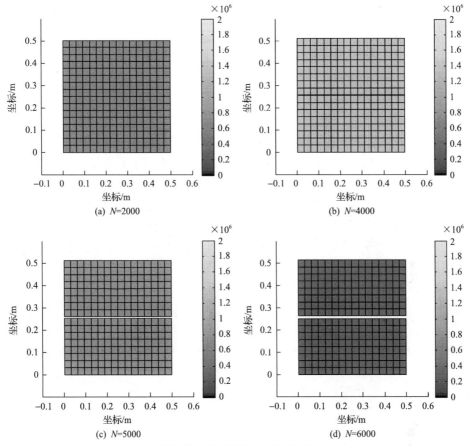

图 3-4　岩样变形-开裂过程中 σ_3 的时空分布（方案 3）

　　首先，以方案 1 为例进行分析；然后，分析各方案结果的差异，并以方案 1 的结果为例进行验证。

　　由图 3-1 可以发现，随着 N 的增加，岩样的 σ_3 不断增加且分布较均匀；当允许开裂位置上的节点发生分离后，岩样的 σ_3 不断下降；最终，岩样被拉裂成上、下两部分。

　　应当指出，在 σ_3 较为均匀的情况下，若不预设允许开裂位置，则会出现多重拉裂，这与实际不符。

　　岩样的载荷-位移曲线（图 3-2(a)）可被划分为 3 个阶段：峰前载荷近似线性上升阶段、峰后载荷近似线性下降阶段和零载荷阶段。应当指出，在加载初期，载荷-位移曲线稍有波动，这与岩样上边界的速度不够小有关；在峰值载荷稍后处，载荷-位移曲线呈现一定的波动，这应是节点刚分离后对分离节点施加的法向力与所需要的法向力稍有区别引起的；当岩样上边界的垂直位移超过 1×10^{-4}m 时，载荷维持为零。

　　允许开裂位置的节点的法向力（图 3-2(b)）和 w（图 3-2(c)）开始出现非零值与

载荷-位移曲线峰值相对应。这两种量出现非零值是由节点分离引起的。这两种量随 N 的演变规律均呈 3 个阶段。法向力的 3 个阶段分别为零值阶段、线性下降阶段和零值阶段；w 的 3 个阶段分别为零值阶段、线性增加阶段 1 和线性增加阶段 2。应当指出，w 的线性增加阶段 2 的斜率小于线性增加阶段 1 的；w 的线性增加阶段 1 与线性增加阶段 2 交汇于 w 等于 1×10^{-4} m 时。法向力和 w 的 3 个阶段分别与载荷-位移曲线的 3 个阶段相对应。当载荷处于峰前时，尚没有节点分离，所以允许开裂位置的节点的法向力和 w 均为零；当载荷处于峰后应变软化阶段时，允许开裂位置的节点的法向力不断下降，允许开裂位置的节点的 w 不断增加；当载荷处于峰后零载荷阶段时，允许开裂位置的节点的法向力为零，虚拟裂纹成为真实裂纹。

允许开裂位置的不同节点的 w-N 曲线(图 3-2(c))完全重合，这表明允许开裂位置的不同节点同时分离。$D_1/D_2 \neq 0$ 时法向力-N 曲线亦完全重合(图 3-2(b))。在岩样左边界，分离节点只位于 1 个单元之中，法向力较小，而在岩样内部，分离节点位于 2 个单元之中，法向力刚好是前者的 2 倍。

通过对比方案 1～方案 3 的结果(图 3-5)，可以发现如下结果。

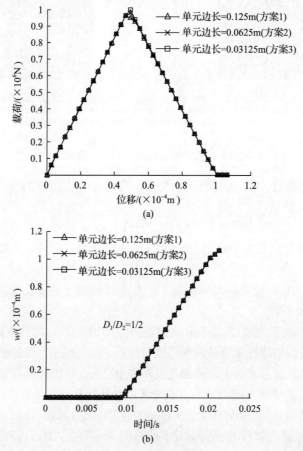

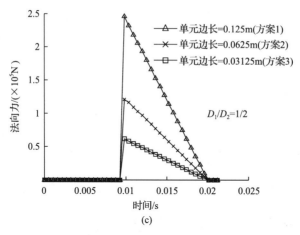

图 3-5 不同方案结果的比较

当网格加密后,在峰值载荷附近,载荷-位移曲线的波动现象减弱(图 3-5(a)),即该曲线变得光滑,w-时间曲线(图 3-5(b))亦是如此。在图 3-5(b)中,几乎观察不到网格依赖性。应当指出,在图 3-5(b)和(c)中,横坐标已转变为时间,其等于 N 与 Δt 的乘积。不同方案的网格尺寸不同,因而 Δt 不同。对于不同岩样,欲计算到相同的垂直应变所需的 N 将不同,细网格需要的 N 较多。所以,以 N 作为横坐标将不利于识别计算结果的网格依赖性,而以时间或位移作为横坐标则不会存在上述问题。在图 3-5(a)和(b)中,各种结果几乎相同,这说明网格依赖性微乎其微。为了快速地获得结果,不妨采用粗网格,但为了获得更精细的结果,最好采用细网格。

应当指出,在图 3-5(c)中,不同方案结果的差异不是由网格依赖性引起的,而是由于分离节点的法向力必然依赖于网格尺寸。

下面,从多种途径检验目前计算结果的准确性。

以方案 1 为例,检验岩样的峰值载荷。假定允许开裂位置的所有节点同时分离。这样,岩样的峰值载荷的理论值应为 σ_t(2MPa)乘以原始横截面面积,即为 1MN,这与数值解(1.004MN)相吻合。

以方案 1 为例,检验岩样左边界($D_1/D_2=0$)上的节点的最大法向力。在岩样左边界,当节点刚分离时,其法向力应近似等于 σ_t 乘以单元原始边长的一半后再乘以模型厚度 B,即为 1.25×10^5N,这与图 3-2(b)中 $D_1/D_2=0$ 处的结果(1.25×10^5N)相吻合。

计算 w-时间曲线第 3 阶段的斜率,以确认该斜率与岩样上边界速度之间的关系。w-时间曲线第 3 阶段的斜率为 0.005m/s,刚好为岩样上边界的速度。在第 3 阶段,岩样的载荷已降至零,岩样不再储存弹性能,岩样上边界的位移全部由真实裂纹的 w 所弥补。

这里，对载荷-位移曲线的峰后斜率进行理论推导。由图 3-2(a)和图 3-5(a)可以发现，载荷-位移曲线的峰后斜率为-2×10^{10}N/m。在应变软化阶段，岩样上边界的位移由岩样弹性变形引起的位移 δ^e 和虚拟裂纹张开引起的位移δ^p 构成。δ^e 可以表示为弹性应变ε^e与岩样高度 L 的乘积：

$$\delta^e = \varepsilon^e L \tag{3-1}$$

根据广义胡克定律，ε^e 可以表示为加载方向的应力 σ 与该方向等效弹性模量 $\tilde{E}$(对于平面应变或平面应力状态，$\tilde{E}$ 的表达式将有所不同)之商：

$$\varepsilon^e = \frac{\sigma}{\tilde{E}} \tag{3-2}$$

由于虚拟裂纹张开是产生塑性位移 δ^p 的唯一原因，即δ^p 等于w，且假定 σ_n(与σ 相等，这是出于平衡的考虑)与 w 之间的关系为线性关系，则有

$$\delta^p = \left(1 - \frac{\sigma}{\sigma_t}\right)w_f \tag{3-3}$$

考虑到载荷 F 与 σ 之间有如下关系：

$$F = A\sigma \tag{3-4}$$

式中，A 是岩样的横截面面积。由式(3-1)~式(3-4)可以推得载荷-位移曲线的峰后斜率：

$$\frac{dF}{ds} = A\left(\frac{L}{\tilde{E}} - \frac{2G_f^I}{\sigma_t^2}\right)^{-1} \tag{3-5}$$

由式(3-5)可以发现，dF/ds 依赖于 5 个参数，其中，4 个为已知参数，即 L、A、G_f^I 和 σ_t。$\tilde{E}$ 未知，其为应力-应变曲线的峰前斜率。由于本章中岩样为正方形且 $B=1$m，故载荷-位移曲线的峰前斜率(图 3-2(a)和图 3-5(a))即为 $\tilde{E}$，$\tilde{E}=2 \times 10^{10}$Pa。这样，利用式(3-5)，可得 $dF/ds=-2 \times 10^{10}$N/m，这与前文提及的数值解吻合。

3.2 本 章 小 结

(1)对于直接拉伸正方形岩样，随着加载的进行，最大主应力不断增加，其分布较为均匀，当节点应力满足最大主应力准则后，允许开裂位置的节点几乎同时发生分离，最大主应力不断下降，直到岩样被拉裂成两部分。

(2)对于直接拉伸正方形岩样，当网格加密后，载荷-位移曲线变光滑；载荷-位移曲线和允许开裂位置的节点的法向张开度-时间曲线几乎不具有网格依赖性。

第 4 章　岩样紧凑拉伸实验模拟

紧凑拉伸实验是测量断裂韧性等参数的常用手段之一，由于具有试样尺寸小、便于加载和测量等优点，目前已被广泛使用(丁星等，1998；邹广平等，2015)。

本章模拟了位移控制加载条件下紧凑拉伸岩样的变形-开裂过程，考察了多种力学量(单元的最大主应力、节点的最大不平衡力、V 形缺口下方法向黏聚力引起的法向力和法向张开度)的演化，分析了岩样的变形-开裂过程，通过对比不同尺寸岩样的模拟结果，分析了尺寸效应。

4.1　模型和结果分析

4.1.1　模型和方案

在岩样左边界的节点上施加水平方向的活动铰支座约束，在岩样右边界的节点上施加水平向右的速度 v，其大小为 0.005m/s。计算在平面应变、小变形条件下进行。单元类型包括正方形单元和等腰直角三角形单元。两个等腰直角三角形构成一个 V 形缺口。正方形单元的边长和等腰直角三角形单元直角边的边长相等。

各种计算参数取值如下：面密度 ρ 为 2700kg/m^2，重力加速度 g 为 10m/s^2，时间步长 Δt 为 2.658×10^{-6}s，局部自适应阻尼系数 α 为 0.2，体积模量 K 为 11.67GPa，剪切模量 G 为 8.75GPa，抗拉强度 σ_t 为 2.0MPa，断裂能 G_f^I 为 100N/m。由 σ_t 和 G_f^I 可获得法向张开度 w 的临界值 w_f，$w_f = 2G_f^I/\sigma_t = 1×10^{-4}$m。共采用 3 个计算方案。方案 1~方案 3 中岩样的高度分别为 0.5m、1m 和 2m。

4.1.2　计算结果和分析

图 4-1、图 4-3 和图 4-5 分别给出了方案 1~方案 3 的变形-开裂过程，节点位移的放大倍数为 200，单元颜色代表最大主应力 σ_3，正、负分别代表拉应力、压应力。最大不平衡力随时步数目 N 的演变规律见图 4-2(a)、图 4-4(a) 和图 4-6(a)。最大不平衡力是指岩样各节点不平衡力中的最大值。载荷-位移曲线见图 4-2(b)、图 4-4(b) 和图 4-6(b)。V 形缺口下方一些节点的 w 随 N 的演变规律见图 4-2(c)、图 4-4(c) 和图 4-6(c)，插图中 D_1 为监测节点到岩样下端面的距离，D_2 为 V 形缺口尖端到岩样下端面的距离。V 形缺口下方一些节点的法向力随 N 的演变规律见图 4-2(d)、图 4-4(d) 和图 4-6(d)。图 4-7 给出了各方案的载荷-位移曲线与张楚汉等(2008)基于固定裂纹模型的结果。图 4-8 给出了各方案的应力-应变曲线。

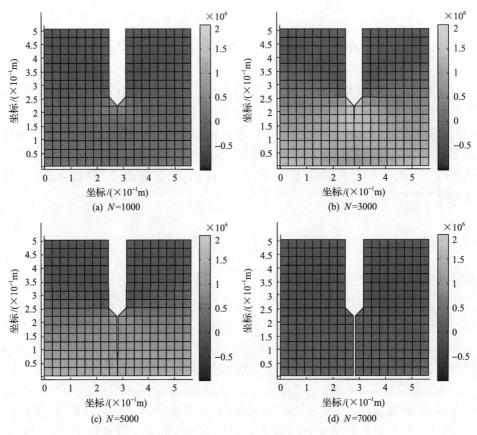

图 4-1 岩样变形-开裂过程中 σ_3 的时空分布(方案 1)

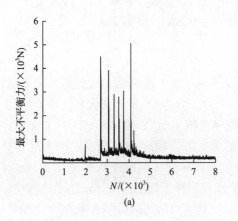

(a)

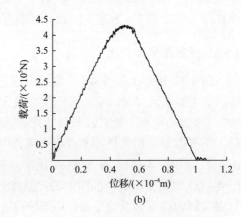

(b)

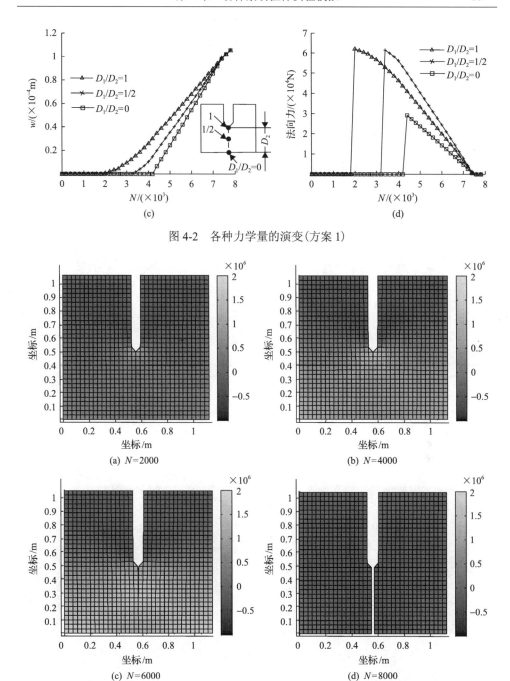

图 4-2 各种力学量的演变(方案 1)

(a) $N=2000$

(b) $N=4000$

(c) $N=6000$

(d) $N=8000$

图 4-3 岩样变形-开裂过程中 σ_3 的时空分布(方案 2)

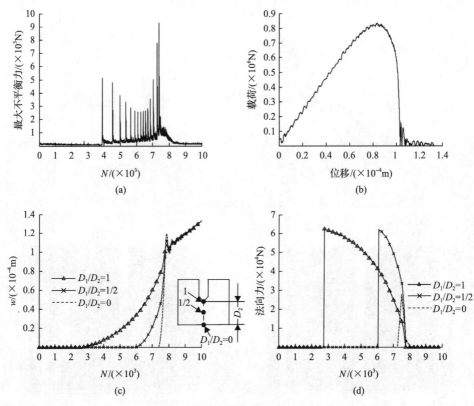

图 4-4　各种力学量的演变(方案 2)

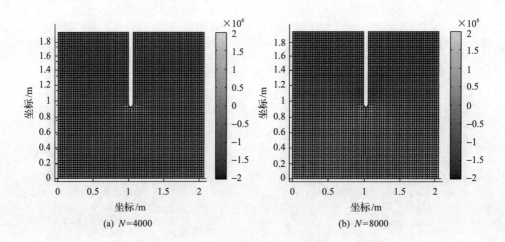

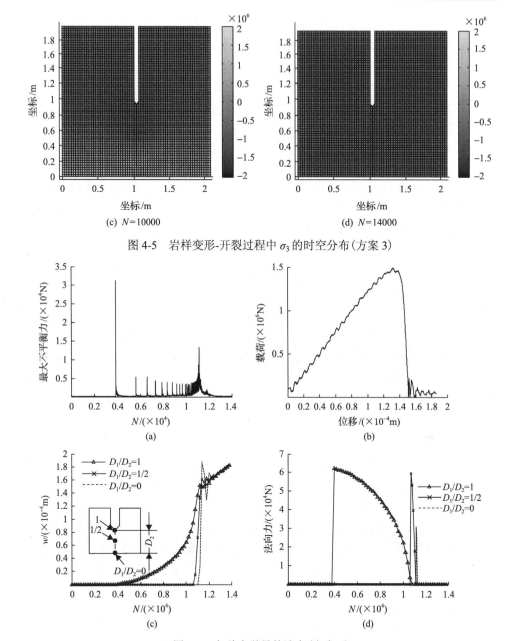

(c) $N=10000$ (d) $N=14000$

图 4-5 岩样变形-开裂过程中 σ_3 的时空分布（方案 3）

(a)

(b)

(c)

(d)

图 4-6 各种力学量的演变（方案 3）

由图 4-1、图 4-3 和图 4-5 可以发现：首先，岩样 V 形缺口尖端附近的单元出现 σ_3 集中现象（图 4-1(a)、图 4-3(a) 和图 4-5(a)）；然后，V 形缺口尖端处节点首先发生分离（图 4-1(b)、图 4-3(b) 和图 4-5(b)），分离节点附近 σ_3 发生卸载；随着 N 的增加，分离节点不断增多，裂纹沿岩样对称线不断向下扩展（图 4-1(c)、图 4-3(c)

和图 4-5(c)),直至岩样被拉裂成左、右两部分(图 4-1(d)、图 4-3(d) 和图 4-5(d))。在此过程中,可以观察到 σ_3 始终集中于虚拟裂纹尖端附近和应力重新分布的现象。

由图 4-2 可以发现,在加载初期,随着 N 的增加,最大不平衡力不断降低(图 4-2(a)),这标志着岩样逐渐趋于平衡;当 N 达到 1954 时,最大不平衡力呈现 1 次突增,这恰与 V 形缺口尖端处节点(D_1/D_2=1)的 w 出现非零值(图 4-2(c))和法向力出现非零值(图 4-2(d))的时刻相对应,这标志着 V 形缺口尖端处节点发生分离;此时,载荷并未达到峰值(图 4-2(b));随后,载荷-位移曲线的斜率有所降低,表现出应变硬化现象;当 N 达到 3696 时,载荷达到峰值;随后,载荷逐渐下降,直至为零。应当指出,当 N 达到 2690 时,最大不平衡力呈现 1 次猛烈的突增(第 2 次突增),随后,其又呈现 6 次突增。因而,最大不平衡力总共呈现 8 次突增,这与 V 形缺口下方的节点数目相一致。这说明,节点每发生 1 次分离,最大不平衡力就发生 1 次突增,这类似于物理实验中的声发射现象。在每次突增之后,随着 N 的增加,最大不平衡力均有所降低,这意味着岩样趋于平衡。

由图 4-2(c) 和图 4-2(d) 可以发现,当 N 达到 1954 时,D_1/D_2=1 处节点发生分离;当 N 达到 3309 时,D_1/D_2=1/2 处节点发生分离;当 N 达到 4236 时,D_1/D_2=0 处节点(位于岩样下边界)发生分离。每个节点分离不久后,w 和法向力随 N 的演变规律呈现一定的非线性,该非线性随着 D_1/D_2 的降低而有所减弱。在上述非线性阶段之后,随着 N 的增加,分离节点的 w 和法向力基本上分别呈线性增加和下降。当 N 达到 7457 之后,各分离节点的 w-N 曲线汇聚成一条直线,而各分离节点的法向力几乎同时降为零。这表明,各分离节点之间已不存在相互作用,岩样的承载力完全丧失。

以方案 1 为例,对岩样的峰值载荷进行理论估算。仅取岩样的下半部分(称之为简化岩样)为研究对象,且不考虑 V 形缺口。假定简化岩样整个断面同时被拉裂。在理论上,简化岩样的峰值载荷应为抗拉强度 σ_t(为 2MPa)乘以岩样厚度 B 后再与正方形单元边长 b 之积的 8 倍,即 $8bB\sigma_t$=5.0×10^{5}N。由图 4-2(b) 可以发现,峰值载荷的数值解仅为 4.375×10^{5}N,低于简化岩样的峰值载荷的理论值。上述差异主要是由于简化岩样不存在 V 形缺口,从而不存在渐进拉裂过程。实际上,V 形缺口下方的各单元的 σ_3 分布并不均匀,节点的分离是由上向下传播的,而不是同时发生的,岩石的强度不能同时得到发挥。因此,紧凑拉伸岩样的峰值载荷就要低于简化岩样的。

与方案 1 的结果类似,由方案 2 和方案 3 的结果可以发现,V 形缺口下方的节点每发生 1 次分离对应着最大不平衡力 1 次突增(图 4-4(a) 和图 4-6(a))。与方案 1 的结果相比,方案 2 和方案 3 的 w-N 曲线(图 4-4(c) 和图 4-6(c))和法向力-N 曲线(图 4-4(d) 和图 4-6(d))具有更强的非线性;方案 2 和方案 3 的各条 w-N 曲线汇聚过程具有较强的波动性,且方案 3 的波动性大于方案 2 的。对于方案 1,V

形缺口下方的各节点的 w 几乎同时达到 $1×10^{-4}$m(w_f)。也就是说，各分离节点的法向力几乎同时降为零。而对于方案 3，$D_1/D_2=1$ 处节点的 w 首先达到 $1×10^{-4}$m，随后，$D_1/D_2=1/2$ 处和 $D_1/D_2=0$ 处节点的 w 先后达到 $1×10^{-4}$m。方案 3 的各条 w-N 曲线汇聚于 $w>1×10^{-4}$m 时。此后，真实裂纹面上各分离节点具有相同的运动规律。

由图 4-7 可以发现，随着岩样尺寸的增大，载荷-位移曲线的峰前刚度逐渐增大，且该曲线的波动性增大；峰值载荷增大，峰后载荷-位移曲线表现出更强的脆性。上述结果与固定裂纹模型的结果(张楚汉等，2008)基本一致。

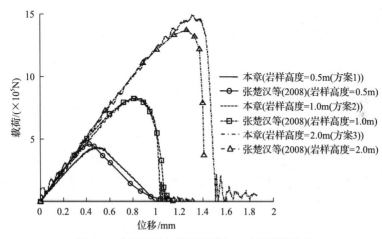

图 4-7　本章结果与张楚汉等(2008)结果的比较

由图 4-8 可以发现，随着岩样尺寸的增大，应力峰值降低，这与 Bazǎnt 的尺度律(Bazǎnt and Oh，1983)相一致；峰后应力-应变曲线的陡峭程度增大，脆性明显增强。

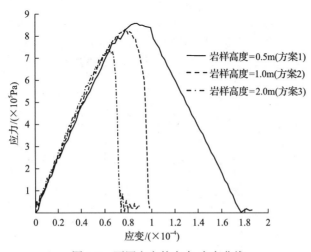

图 4-8　不同方案的应力-应变曲线

4.2　本　章　小　结

　　紧凑拉伸岩样的变形-开裂过程如下：首先，岩样 V 形缺口尖端附近出现最大主应力集中现象；然后，节点的最大主应力超标，节点发生分离，虚拟或真实裂纹扩展，最大主应力始终集中于虚拟裂纹的尖端位置附近；最终，岩样被拉裂成两部分，岩样的最大主应力降为零。

　　虚拟裂纹扩展与最大不平衡力突增密切相关：最大不平衡力突增 1 次对应着 1 个节点分离。节点每发生一次分离，随着时步数目的增加，最大不平衡力趋于降低。

　　随着岩样尺寸的增大，岩样的峰值载荷增大，脆性增强，强度降低，这与 Bazǎnt 的尺度律相一致。

第5章 预设 V 形缺口岩样单向拉伸实验模拟

本章模拟了拉伸位移控制加载条件下预设 V 形缺口岩样的变形-开裂过程。考察了多种力学量的演化,研究了网格尺寸(影响 V 形缺口尺寸)对载荷-位移曲线的影响,获得了几乎不具有网格依赖性的法向张开度和法向黏聚力随时间的演变规律。另外,还对多种数值解的正确性进行了检验。

5.1 模型和结果分析

5.1.1 模型和方案

岩样水平方向长度和垂直方向高度均为 0.5m。在岩样下边界的节点上施加垂直方向的活动铰支座约束,在岩样上边界的节点上施加垂直向上的速度 v,其大小为 0.005m/s。在岩样两侧且高度一半的位置设置 V 形缺口。每个 V 形缺口由两个三角形单元构成。除了 V 形缺口处的三角形单元,其他单元均为正方形单元。正方形单元边长与三角形单元直角边边长相同。计算在平面应变、大变形条件下进行,计及重力。各种计算参数取值如下:面密度 ρ 为 2700kg/m^2,局部自适应阻尼系数 α 为 0.2,重力加速度 g 为 10m/s^2,体积模量 K 为 11.11GPa,剪切模量 G 为 8.33GPa,抗拉强度 σ_t 为 2.0MPa,断裂能 G_f^I 为 100N/m。由 σ_t 和 G_f^I 可获得法向张开度 w 的临界值 w_f,$w_f = 2 G_f^I / \sigma_t = 1 \times 10^{-4}$m。

选择了 2 个计算方案,差别仅在于单元边长不同,这将导致 V 形缺口尺寸不同。方案 1 和方案 2 的正方形单元边长分别为 0.0625m 和 0.03125m,换言之,方案 1 和方案 2 的单元数目分别为 8×8 和 16×16。方案 1 和方案 2 的时间步长 Δt 分别为 5.446×10^{-6}s 和 2.723×10^{-6}s,后者是前者的一半,这与方案 2 的正方形单元边长是方案 1 的一半有关。

5.1.2 计算结果和分析

图 5-1~图 5-2 和图 5-3~图 5-4 分别给出了方案 1 和方案 2 的结果,图 5-5 给出了方案 1 和方案 2 结果的对比。监测了岩样的最大不平衡力随时步数目 N 的演变规律(图 5-2(a)和图 5-4(a))、岩样上边界载荷随上边界位移的演变规律(图 5-2(b)和图 5-4(b))、两个 V 形缺口尖端连线上不同节点的 w 随 N 的演变规律(图 5-2(c)和图 5-4(c))和两个 V 形缺口尖端连线上不同节点的法向力随 N 的演变规律(图 5-2(d)和图 5-4(d))。两个 V 形缺口尖端连线上不同节点与岩样左边界

的距离不同。对于岩样纵向对称线上的节点，$D_1/D_2=1/2$，D_1 为该节点与岩样左边界的距离，D_2 为岩样长度(图 5-2(c)和图 5-4(c)中插图)。法向力为法向黏聚

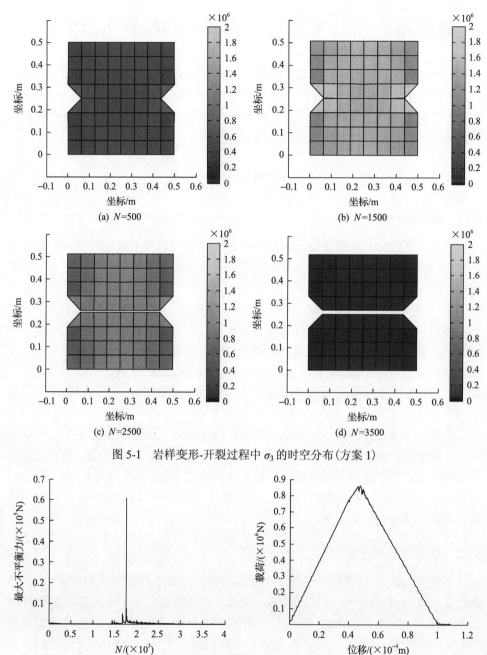

(a) $N=500$

(b) $N=1500$

(c) $N=2500$

(d) $N=3500$

图 5-1 岩样变形-开裂过程中 σ_3 的时空分布(方案 1)

(a)

(b)

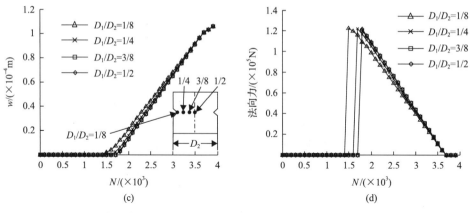

图 5-2　各种力学量的演变(方案 1)

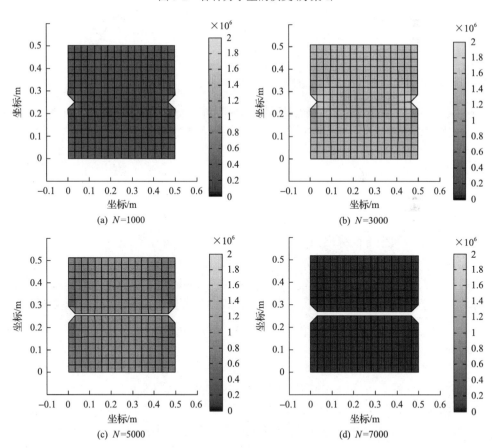

图 5-3　岩样变形-开裂过程中 σ_3 的时空分布(方案 2)

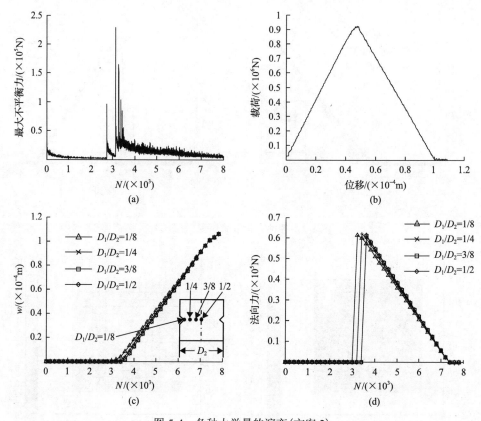

图 5-4　各种力学量的演变(方案 2)

力与所作用尺寸之积。在本章中,对于三角形和正方形单元,均独立编号。也就是说,具有相同坐标的分离节点数目为 2。作用尺寸为 1 个正方形单元边长乘以单元厚度 B。图 5-1 和图 5-3 分别给出了方案 1 和方案 2 的变形-开裂过程,节点位移的放大倍数为 200,单元颜色代表最大主应力 σ_3,正、负分别代表拉应力、压应力。由于岩样左、右对称,仅给出了岩样纵向对称线上及其左方的节点的结果。

　　下面,首先,以方案 1 为例进行分析和检验;然后,分析方案 1 和方案 2 结果的差异。

　　方案 1 的变形-开裂过程如下。首先,V 形缺口尖端附近的单元出现 σ_3 集中(图 5-1(a));然后,在上述位置,节点最先发生分离(图 5-1(b));随着加载时间或 N 的增加,分离节点的数目不断增多,裂纹尖端不断向岩样的纵向对称线靠近,直至沿 V 形缺口尖端连线岩样被拉裂成上、下两部分(图 5-1(c)和(d))。在此过程中,σ_3 始终集中于裂纹尖端,分离节点附近的 σ_3 发生卸载。

　　图 5-2 给出的各种监测结果有助于深入认识岩样的变形-开裂过程。最大不平衡力呈现 3 次突增,N 分别为 1448、1685 和 1773(图 5-2(a))。当 N 为 1448 时,

最大不平衡力突增至 1839N。这次突增与分离节点的 w-N 曲线(图 5-2(c))和法向力-N 曲线(图 5-2(d))开始出现非零值相对应。这说明,这次最大不平衡力突增是由节点分离引起的。由图 5-2(c)和(d)可以发现,当 N 为 1448 时,仅在 D_1/D_2=1/8 处,两种曲线开始出现非零。这说明,这次最大不平衡力突增仅是由 V 形缺口尖端处节点分离引起的。当 N 为 1448 时,岩样上边界位移为 $1448v\Delta t=3.943\times10^{-5}$m。由图 5-2(b)可以确定岩样此时的载荷。可以发现,当 V 形缺口尖端处节点分离时,载荷发生了微小波动。

随后,载荷表现为随着 N 或岩样上边界位移的增加而增加(图 5-2(b)),但载荷-位移关系的斜率和弹性阶段的相比有所下降,呈现为一定的应变硬化现象。最大不平衡力逐渐衰减(图 5-2(a)),分离节点的 w 增加(图 5-2(c)),分离节点的法向力下降(图 5-2(d))。这说明,当 V 形缺口尖端处节点分离之后,此位置发生应变软化,附近发生卸载,σ_3 集中区向岩样内部转移。此时,岩样的弹性核心尺寸尚较大(等于 4 个正方形单元边长),岩样载荷并没有立即下降。岩样的开裂由外及里逐渐发生,而非表里如一同时开裂。

当 N 达到 1685 时,最大不平衡力突增至 4995N,这次突增与 D_1/D_2=1/4 处分离节点的 w-N 曲线和法向力-N 曲线开始出现非零值相对应。这说明,这次最大不平衡力突增是由距 V 形缺口尖端最近的节点分离引起的。此时,岩样的弹性核心尺寸等于两个正方形单元边长,岩样载荷尚未达到峰值。

当 N 达到 1773 时,最大不平衡力呈现 1 次猛烈的突增,达到 60000N,在 D_1/D_2=3/8 和 1/2 处,两种曲线完全重合。此时,岩样载荷已处于峰后下降阶段。D_1/D_2=1/2 处节点分离意味着岩样整个横截面均发生开裂,岩样的弹性核心消失,这必然导致岩样承载能力下降。

下面,对分离节点的 w-N 曲线和法向力-N 曲线进行分析和检验。

(1)节点分离不久的 w 和法向力随 N 增加呈现一定的非线性(图 5-2(c)和(d))。该非线性出现的阶段与岩样的载荷-位移曲线的应变硬化阶段至载荷峰值稍后相对应。该非线性的出现应与分离节点的法向力施加等因素有密切关系。首先,计算法向力时利用了正方形单元的原始边长,而非变形后的实时边长。在大变形条件下,单元边长会发生较大变化。其次,当某一位置节点周围单元 σ_3 的最大值满足拉裂条件时,即将该位置的节点分离,对分离节点施加大小相同的法向力。由于这些单元的 σ_3 会存在细微的差异,所以,在对这些分离节点施加了大小相同的法向力后,会使它们处于不完全平衡状态,从而会造成一定的颤动。最后,仅对分离节点施加了法向力,未施加切向力。众所周知,在对称线上剪应力为零。在本章中,岩样仅有一条对称线,即纵向对称线。V 形缺口尖端连线并非对称线,这是由于岩样下端面的节点被施加了法向约束,而上端面的节点被施加了速度。该连线上的节点在分离前会有一定的切向力,而在这些节点分离之后,仅被施加了法向力。由图 5-2(b) 和 (c) 可见，在 D_1/D_2=1/8 处，两种曲线的非线性最为明显，即越靠近岩样纵向对称线的分离节点，w 和法向力的非线性越弱。这在某种程度上意味着上述非线性很有可能和忽视切向力有关。随着 N 的增加，上述非线性逐渐消失，不同 D_1/D_2 处 w 和法向力分别趋于相同，载荷-位移曲线呈线性应变软化行为，直到在 w 达到 w_f 或法向力降至零。

(2) 在 w 达到 w_f 或法向力降至零后，岩样载荷已降至零，不再储存弹性能，是一个刚体(作平动)。其间，岩样端部位移在继续增加，该位移完全由真实裂纹的 w 所弥补。

下面对一些力学量计算结果的准确性进行检验。首先，检验峰值载荷。峰值载荷的计算结果为 8.62×10^5N。假定不预设 V 形缺口，且某一横截面上的所有节点同时发生分离(这些假定显然与目前的计算结果不符)，则载荷峰值应为 σ_t 乘以岩样横截面面积。2.4 节指出，在平面条件下，默认 B 为 1m。这样，载荷峰值应为 $\sigma_t LB = 1 \times 10^6$N，其中，$L$ 为岩样长度，显然，这里的载荷峰值大于上述计算结果。在岩样两侧各预设了一个 V 形缺口，每个 V 形缺口由两个等边直角三角形单元构成。一个等边直角三角形单元面积是一个正方形单元面积的一半，所以，其承载能力也应是正方形单元的一半。这样，岩样两侧两个等边直角三角形单元的承载能力相当于一个正方形单元的。这样，相当于共有 7 个正方形单元承载。所以，岩样载荷峰值应为 $(7/8) \times 10^6$N(即 8.75×10^5N)，该结果稍大于上述计算结果。

然后，检验分离节点的最大法向力，其计算结果为 1.24×10^5N。当节点刚分离时，法向力最大。在理论上，最大法向力应等于 σ_t(即最大法向黏聚力)乘以法向黏聚力的作用尺寸。法向黏聚力的作用尺寸为一个正方形单元边长 b 乘以 B，所以，最大法向力应为 $\sigma_t bB = 1.24 \times 10^5$N，这与上述计算结果相符。

最后，检验载荷降至零时岩样上边界的位移，其计算结果为 1×10^{-4}m(图 5-2(b))，这与 w_f 相一致，也与不同 D_1/D_2 处分离节点的 w-N 曲线开始重合相对应。这说明，当虚拟裂纹成为真实裂纹时，岩样上边界的位移也同时达到 w_f，岩样此后成为刚体，这与直观认识是一致的。

方案 1 的结果分析和检验到此为止。方案 1 和方案 2 的结果有许多类似之处，在此，不再赘述。下面重点分析方案 1 和方案 2 结果的差异。

(1) 与方案 1 的最大不平衡力相比，方案 2 的突增次数多，但幅度小，这与方案 2 的分离节点数目多有关。

(2) 与方案 1 的载荷-位移曲线相比，方案 2 的较光滑，这与方案 2 的单元多因而计算精度高有关。而且，方案 2 的峰值载荷达到 9.241×10^5N，高于方案 1 的结果。类似于对方案 1 的峰值载荷计算结果的检验，方案 2 的峰值载荷的理论解应为 $(15/16) \times 10^6$N(即 9.375×10^5N)，这比上述计算结果稍高。当岩样上边界的位

移达到 w_f 时，方案 1 和方案 2 的峰后载荷同时下降至零。由于方案 2 的峰值载荷高于方案 1 的，这将导致方案 2 的载荷-位移曲线的峰前和峰后部分均比方案 1 的陡峭。

(3) 方案 1 和方案 2 的载荷-位移曲线存在一定的差别 (图 5-5(a))，这不属于通常意义上的网格依赖性。在目前网格剖分前提下，单元边长不同必将导致 V 形缺口尺寸不同。方案 1 和方案 2 的载荷-位移曲线差异是由 V 形缺口尺寸不同引起的，或者说是由长度方向上实际承受载荷的岩样尺寸不同引起的。由图 5-5(b) 和 (d) 可以发现，不同 D_1/D_2 处方案 1 和方案 2 的 w-时间曲线几乎完全相同，网格依赖性几乎不存在。由图 5-5(e)~(g) 可以发现，$D_1/D_2=1/2$ 处方案 1 和方案 2 的法向黏聚力-时间曲线几乎完全相同；$D_1/D_2=1/4$ 处二者仅有细微的差别；$D_1/D_2=1/8$ 处二者有一定的差异，主要差异在于法向黏聚力刚开始出现非零的时刻不同，方案 1 的要早；随着时间的增加，二者的差异缩小。实际上，在方案 1 中，$D_1/D_2=1/8$ 处分离节点刚好位于 V 形缺口尖端，而在方案 2 中并不如此，这是两者结果存在一定差异的原因，这和常规意义上的网格依赖性并无关系。

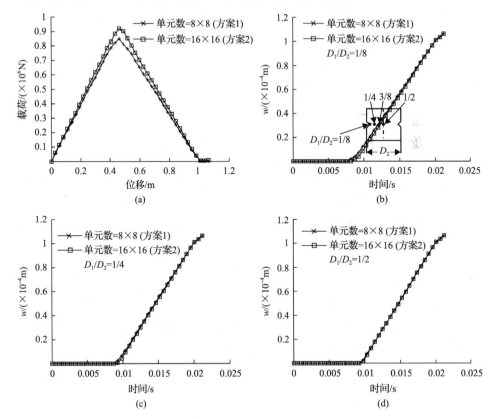

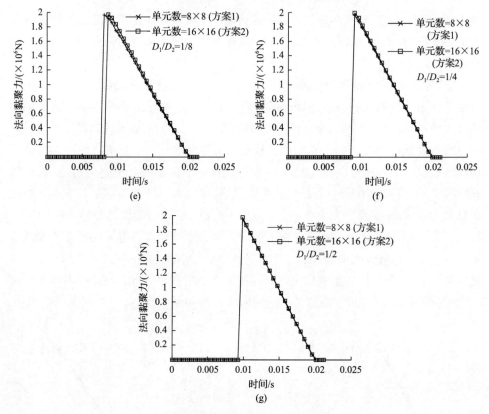

图 5-5　方案 1 和方案 2 的结果

　　应当指出，在图 5-5(b) 和 (g) 中，横坐标为时间，其等于 N 与 Δt 的乘积。若将横坐标改为 N，则方案 1 和方案 2 的一些结果将呈现明显的差异，该差异并非网格依赖性的影响。为了达到与方案 1 相同的力学状态，对于方案 2，需要计算更多的 N，这是由方案 2 的单元边长小(或时间步长小)引起的。

　　预设 V 形缺口有助于创造 σ_3 集中，并引导裂纹扩展。若不预设 V 形缺口，岩样的开裂位置可能会较多。

5.2　本章小结

　　(1)首先，最大主应力集中于岩样 V 形缺口尖端附近，此处的节点最先发生分离；然后，随着加载的进行，裂纹尖端不断向岩样内部扩展，最大主应力始终集中于裂纹尖端附近，节点分离位置发生应变软化，分离节点附近单元的最大主应力发生卸载；最后，岩样被拉裂成上、下两部分。

　　(2)当一定尺寸的弹性核心存在时，即使岩样两侧发生少许开裂，岩样承载能力也不会下降,但载荷-位移曲线刚度和弹性阶段相比有所下降。随着加载的进行,弹性核心尺寸不断缩减,直至消失,岩样发生应变软化行为。

(3)在节点分离不久,分离节点的法向张开度和法向力随时步数目增加均呈现一定的非线性。该非线性与下列因素有关:计算法向力时使用了正方形单元的原始边长;某一位置节点周围单元最大主应力分布不均匀;未施加切向力。

(4)针对岩样峰值载荷和分离节点的最大法向力等理论计算结果能与本章的数值计算结果吻合或接近。岩样两侧两个等边直角三角形单元的承载能力相当于一个正方形单元的承载能力。

(5)当网格加密后,V 形缺口尺寸降低,最大不平衡力突增次数增多,但幅值变小,峰值载荷增加,载荷-位移曲线的峰前和峰后部分变陡。当网格加密后,载荷-位移曲线的变化不属于网格依赖性,分离节点的法向张开度和法向黏聚力随时间的演变曲线几乎不存在网格依赖性。

第6章 三点弯岩梁实验模拟

单向拉伸实验常被用于测试韧性金属的弹性常数和抗拉强度等力学参数，但是，一般并不适于测试岩石的力学参数。一般采用紧凑拉伸和三点弯实验测试岩石的力学参数。

可采用经典连续方法(有限元方法和有限差分方法等)模拟岩石的各种典型物理实验，但无法模拟岩石的开裂过程，且载荷-位移曲线和塑性区等结果均具有严重的网格依赖性。也可采用非连续方法(离散元方法和非连续变形分析方法等)模拟岩石的各种典型物理实验，岩石的开裂过程可得到较好的模拟，但计算量较大，对于开裂前后应力、应变的描述一般不够精细。

本章开展了位移控制加载条件下三点弯岩梁变形-开裂过程和尺寸效应的数值模拟研究，除了给出了不同尺寸岩梁的变形-开裂过程和载荷-位移曲线，还考察了不同尺寸岩梁的最大不平衡力、允许开裂位置不同节点的法向张开度和法向黏聚力与加载点位移之间的关系。

6.1 模型和结果分析

6.1.1 模型和方案

岩梁跨度方向为水平方向，岩梁高度方向为垂直方向。在岩梁左下角和右下角分别设置固定和活动铰支座约束，在岩梁上边界且位于跨中的节点上施加垂直向下的速度 v，其大小为 0.01m/s。在岩梁跨中预设允许开裂位置(当该位置节点周围单元最大主应力 σ_3 中的最大值达到抗拉强度时，节点发生分离)。计算在平面应变、小变形条件下进行，不考虑重力作用。各种计算参数取值如下：面密度 ρ 为 2700kg/m^2，时间步长 Δt 为 1.01225×10^{-7}s，黏性阻尼系数 c' 为 1.0×10^4N·s/m，体积模量 K 为 50.1MPa，剪切模量 G 为 42.8MPa，抗拉强度 σ_t 为 1.0MPa，泊松比 μ 为 0.167，法向黏聚力 σ_n 与法向张开度 w 之间的关系为指数关系，见式(2-27)，断裂能 G_f^I 为 100N/m。

选择了 5 个计算方案，其差异仅在于岩梁尺寸不同，各方案的岩梁尺寸见表 6-1。岩梁被剖分成正方形单元，单元边长为 8.3333×10^{-5}m。

表 6-1　岩梁尺寸

方案	跨度/mm	高度/mm
1	10	3
2	20	3
3	30	3
4	10	4
5	10	5

6.1.2　计算结果和分析

图 6-1～图 6-2、图 6-3～图 6-4 和图 6-5～图 6-6 分别给出了方案 1、方案 3
和方案 5 的结果。图 6-7 给出了方案 1～方案 3 的结果对比和方案 1、方案 4～方
案 5 的结果对比。限于篇幅，未给出方案 2 和方案 4 的部分结果。监测了加载点
载荷(图 6-1(a)、图 6-3(a)和图 6-5(a))、最大不平衡力(图 6-1(b)、图 6-3(b)和
图 6-5(b))、允许开裂位置不同节点的法向张开度 w(图 6-1(c)、图 6-3(c)和图 6-5(c))
和法向黏聚力(图 6-1(d)、图 6-3(d)和图 6-5(d))与加载点位移之间的关系。在允
许开裂位置，对于加载点，$D_1/D=1$，而对于距离加载点最远的节点，$D_1/D=0$，D
为岩梁高度，D_1 为允许开裂位置节点与岩梁下边界的距离(图 6-1(c)、图 6-3(c)
和图 6-5(c)中的插图)。图 6-2、图 6-4 和图 6-6 给出了岩梁的变形-开裂过程，单
元颜色代表 σ_3，正、负分别代表拉应力、压应力。

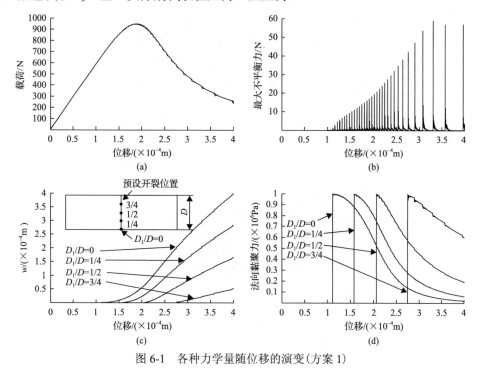

图 6-1　各种力学量随位移的演变(方案 1)

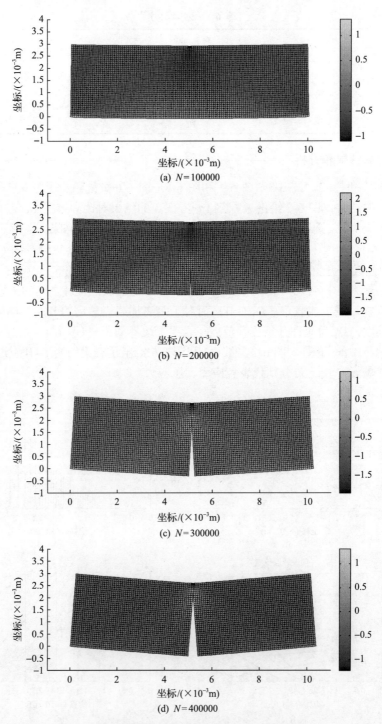

图 6-2　岩梁变形-开裂过程中 σ_3 的时空分布(方案 1)

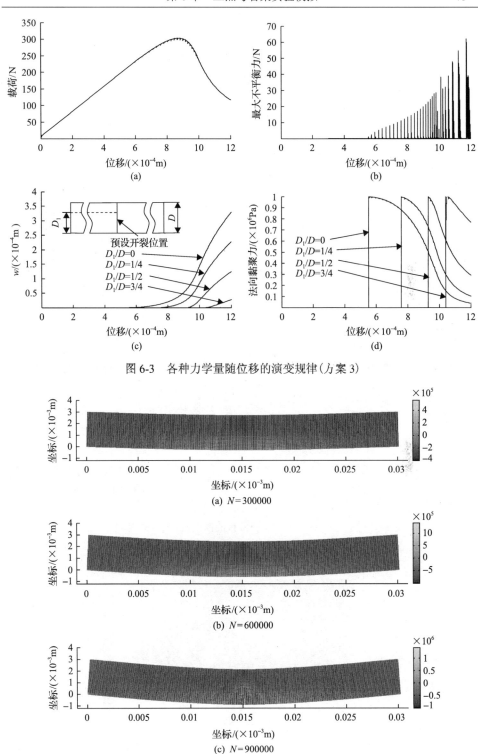

图 6-3　各种力学量随位移的演变规律(方案 3)

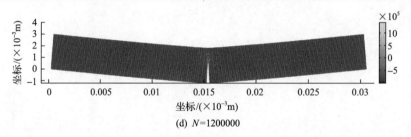

(d) $N=1200000$

图 6-4　岩梁变形-开裂过程中 σ_3 的时空分布（方案 3）

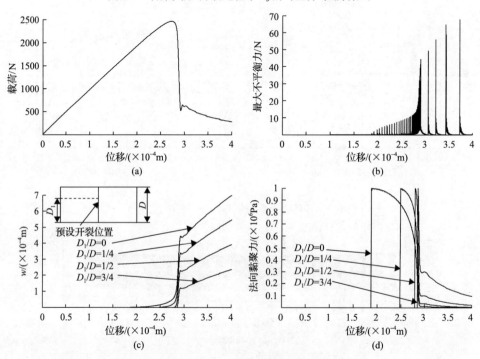

(a)

(b)

(c)

(d)

图 6-5　各种力学量随位移的演变规律（方案 5）

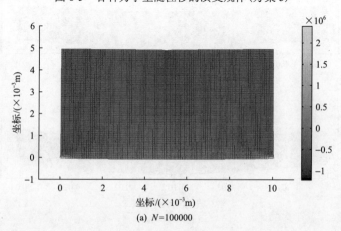

(a) $N=100000$

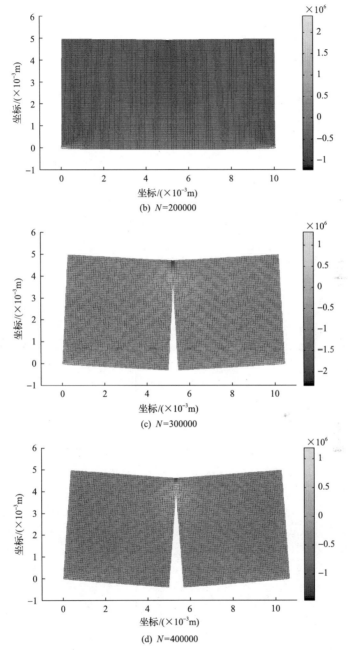

图 6-6　岩梁变形-开裂过程中 σ_3 的时空分布(方案 5)

　　下面，以方案 1 为例进行分析。方案 1 的岩梁尺寸同 Wells 和 Sluys(2001)。由图 6-1(a)可以发现，载荷-位移曲线经历了 3 个阶段：线弹性阶段、应变硬化阶段和峰后应变软化阶段。由图 6-1(a)和(b)可以发现，节点分离(对应于最大不平衡力突增)有时会在载荷-位移曲线上有微弱的反映。当分离节点数目较少时,岩梁承载能力不会下降,但载荷-位移曲线斜率会下降。当分离节点数目达到一定时,岩梁承载能力开始下降,进入应变软化阶段。

由图 6-1(c)和(d)可以发现,允许开裂位置的不同节点分离后,分离节点的 w-位移曲线和法向黏聚力-位移曲线会有所差别。对于离加载点近的分离节点,即 D_1/D 较大,w-位移曲线和法向黏聚力-位移曲线均较为平缓,这意味着越晚分离的节点的法向力丧失越慢,应变软化过程越长。当某一节点分离不久时,w-位移曲线呈上凹形,这意味着裂纹快速张开,法向力快速下降,随后,w-位移曲线转变成上凸形,这意味着裂纹缓慢张开,法向力缓慢下降。

由图 6-2 可以发现,在允许开裂位置,σ_3 总集中于裂纹尖端附近,随着裂纹不断向上扩展,σ_3 集中区不断向上迁移;伴随着节点分离,分离节点附近 σ_3 发生卸载,重新分布。

方案 2～方案 5 的结果与方案 1 具有许多共性,在此不再赘述,下面分析岩梁尺寸的影响。

由图 6-7(a)可以发现,岩梁跨度对岩梁载荷峰值、载荷-位移曲线的峰前斜率

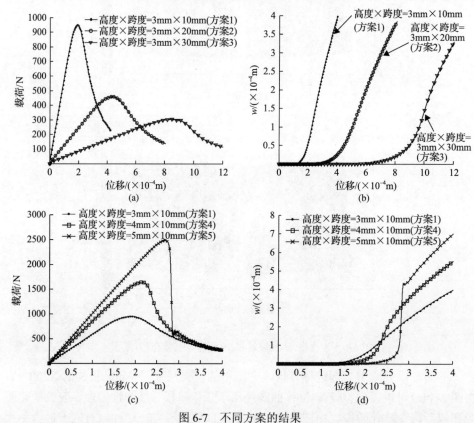

图 6-7　不同方案的结果

和峰后脆性均有重要的影响。岩梁跨度越小，则载荷峰值越大，载荷-位移曲线峰前斜率越大，峰后越脆。另外，由图 6-7(b) 可以发现，岩梁跨度越小，则开裂越早，裂纹扩展越快，至少在开裂前期如此。

由图 6-7(c) 可以发现，岩梁高度对岩梁载荷峰值、载荷-位移曲线的峰前斜率和峰后脆性均有重要的影响。岩梁高度越大，则载荷峰值越大，载荷-位移曲线峰前斜率越大，峰后越脆。另外，由图 6-7(d) 可以发现，岩梁高度越大，开裂越晚。对于高度×跨度=3mm×10mm 的岩梁(方案 1)，随着加载点位移增加，w 平缓上升，这意味着岩梁的开裂是逐渐发生的，从而导致了平缓的载荷-位移曲线峰后行为。然而，对于高度×跨度=5mm×10mm 的岩梁(方案 5)，随着加载点位移增加，首先，w 平缓上升(当位移<$2.87×10^{-4}$m 时)；然后，在短时间内，w 剧烈上升，这意味着岩梁迅速开裂，从而导致了陡峭的载荷-位移曲线峰后行为；最后，w 又转变为平缓上升(当位移>$2.93×10^{-4}$m 时)。当 w 增加到一定程度后，w-位移曲线基本上呈线性，此时，可以认为分离节点之间已无相互作用，岩梁左、右两部分作近似刚体转动。

在三点弯岩梁的实验研究和理论研究中，常见的加载方式是力型加载(Carpinteri and Ingraffea，1984)，而非位移控制加载。在力型加载时，回跳失稳现象有时会出现，即随着载荷下降，加载点位移下降，而在位移控制加载时，加载点位移总是增加的。因此，无法将两种加载方式的结果直接进行对比。应当指出，方案 1 的载荷-位移曲线与 Wells 和 Sluys(2001)的数值解能在定量上吻合。在位移控制加载条件下，张明等(2011)采用有限元方法开展了岩梁(图 2-21)的尺寸效应研究，所获得的载荷-位移曲线较为波动，未涉及岩梁跨度和高度的影响研究。

目前的计算表明，岩梁高度越大，则载荷-位移曲线峰后部分越陡峭，峰值载荷越高，即峰后能量释放越剧烈，释放能量越高。煤矿采掘活动会诱发冲击地压等灾害。顶板冲击地压是由采空区上覆岩层中坚硬巨厚砾岩层开裂和运动诱发的(姜福兴等，2014)。一方面，巨厚砾岩层储存的弹性应变能较高；另一方面，能量释放非常剧烈。这两方面对顶板冲击地压灾害的发生缺一不可。

6.2　本　章　小　结

(1)岩梁的载荷-位移曲线经历了 3 个阶段：线弹性阶段、应变硬化阶段和峰后应变软化阶段。当分离节点数目较少时，岩梁承载能力不会下降，但载荷-位移曲线斜率会下降。当分离节点达到一定数目时，岩梁承载能力开始下降，进入应变软化阶段。

(2)随着加载的进行，岩梁跨中的节点不断分离，裂纹不断扩展，最大主应力始终集中于裂纹尖端附近；随着裂纹的张开，裂纹两侧发生卸载。较晚分离节点的法向张开度-位移曲线和法向黏聚力-位移曲线均较为平缓。当某一节点分离不久时，法向张开度-位移曲线呈上凹形，裂纹快速张开，裂纹法向承载力快速下降；随后，法向张开度-位移曲线转变成上凸形，裂纹缓慢张开，法向承载力缓慢下降。

(3)岩梁跨度越大或高度越小，即跨高比越大，则峰值载荷越小，载荷-位移曲线的峰前和峰后部分越平缓。岩梁跨度越小，则开裂越早，裂纹扩展越快。岩梁高度越大，则储存的应变能越高，在短时间内，法向张开度上升越快，开裂越迅速，从而导致了载荷-位移曲线峰后部分越陡峭，这可解释煤矿巨厚砾岩层开裂和运动诱发的顶板冲击地压现象。

第7章 恒速度条件下矩形洞室围岩的
变形-开裂-垮塌过程模拟

针对洞室围岩的变形、破坏和稳定性问题，国内外众多科技人员基于不同的理论和方法开展了大量的理论研究工作，例如，弹塑性理论、损伤理论、刚塑性滑移线理论、断裂力学理论、流变理论、分叉理论、突变理论、极值点失稳理论和能量原理等。与其他研究手段相比，数值模拟研究具有众多优势，例如，易于获取围岩各处力学量，施加载荷和约束方便、灵活，价格低廉等。目前，多采用下列三种方法开展洞室围岩的变形、破坏和稳定性研究。方法一是连续方法，主要包括有限元方法和有限差分方法。此类方法适于围岩完整性较好或裂纹十分发育(可概化为连续介质模型)的情形。采用连续方法可以较好地模拟围岩的应力、应变和塑性区分布特征(齐庆新等，2003；王青海等，2003；王耀辉等，2008；陈陆望等，2009；徐奴文等，2009；赵瑜等，2011；王学滨等，2012a，2012b，2014d；张倚逾等，2014)。方法二是非连续方法，主要包括离散元方法和非连续变形分析方法。在计算效率方面，此类方法比连续方法低，对应力、应变的描述不够精细，但可以较好地描述离散介质的大变形、转动和开裂(葛德治，1999；虞松和朱维申，2015；李俊峰等，2016；王鹰等，2016)。方法三是连续-非连续方法。此类方法具有连续方法和非连续方法的各自优势，可实现连续介质向非连续介质转化模拟(Lisjak et al.，2014a；Mitelman and Elmo，2014)，从而有助于深刻了解围岩的开裂过程、开裂后岩块的运动和岩块之间的相互作用规律，对于地质灾害的机理分析和预防具有重要的理论和实际意义。

本章模拟了位移控制加载条件下矩形洞室围岩的变形-开裂-垮塌过程。

7.1 模型和参数

在洞室开挖之前，模型被剖分成 40×40 个单元，单元边长为 1m。各种参数取值如下：法向刚度系数 k_n 为 $3×10^{10}$N/m，切向刚度系数 k_s 为 $3×10^{10}$N/m，面密度 ρ 为 2700kg/m^2，摩擦系数 f 为 0.15，抗拉强度 σ_t 为 2MPa，重力加速度 g 为 10m/s^2，时间步长 Δt 为 $9.3245×10^{-5}$s，局部自适应阻尼系数 α 为 0.8，弹性模量 E 为 17GPa，泊松比 μ 为 0.22，法向黏聚力与法向张开度 w 之间的关系为线性关系，断裂能 G_f^I 为 100N/m。计算在平面应变、大变形条件下进行。

模型的计算包括如下两步：

首先，在模型(40m×40m)下边界的节点上施加法向约束，在另外 3 个边界上施加 45MPa 的压应力，该过程消耗的时步数目 N 为 1000，此时，模型的最大不平衡力已足够小；

其次，在模型的中部开挖 8m×8m 的正方形洞室，在模型上边界的节点上施加向下的速度以进行压缩位移控制加载，速度大小为 1m/s。

7.2　结果和分析

图 7-1 给出了洞室围岩的变形-开裂-垮塌过程，单元颜色代表最大主应力 σ_3，正、负分别代表拉应力、压应力。

当 N 为 100 时(图 7-1(a))，各单元的 σ_3 均为负值，这意味着模型各处均受压。此时，模型左上角和右上角一些单元的 σ_3 较高，接近 45MPa。因而，模型远未远到静力平衡状态。

随着 N 的增加，模型上端面附近越来越多单元的 σ_3 值达到 45MPa，达到 45MPa 的区域由模型上端面向下传播。N 为 500 时的结果见图 7-1(b)。

当 N 为 1000 时(图 7-1(c))，洞室被开挖，而且，模型上端面压应力被替换为向下的速度，而模型两侧压应力不变。此后，模型将被进行压缩位移控制加载。

当 N 为 1100～1900 时(图 7-1(d)～(f))，越靠近洞室表面，单元的 σ_3 越高；洞室两帮中部和洞室顶、底部中部单元的 σ_3 最高，接近于零。此时，各单元的 σ_3 仍为压应力。需要指出，此时，洞室两帮 σ_3 高值区(σ_3 较高区域)在总体上呈半圆形，洞室顶部和底部 σ_3 高值区的形状也是如此，两个相邻 σ_3 高值区之间为 σ_3 的低值区。

当 N 为 2000～3700 时(图 7-1(g)～(j))，洞室顶、底部 σ_3 任一高值区被分化成左、右两个，从而形成"双耳形"。在此过程中，洞室两帮 σ_3 高值区与洞室顶、底部 σ_3 高值区之间的区域 σ_3 不断减小，压应力越来越大，洞室两帮 σ_3 高值区有收缩的趋势。

当 N 为 3300 时(图 7-1(i))，洞室顶、底部中部开始出现拉应力。

当 N 为 3800 时(图 7-1(k))，洞室顶、底部中部发生开裂。

随后，洞室顶、底部的裂纹向围岩内部扩展(图 7-1(l)和图 7-1(m))。

当 N 为 6600 时(图 7-1(n))，洞室顶、底部的裂纹已深入围岩 3～4 个单元边长。

当 N 为 9700 时(图 7-1(o))，洞室顶、底部的裂纹已深入围岩 7～8 个单元边长。此时，洞室右上角两个单元已完全脱离围岩，开始冒落。

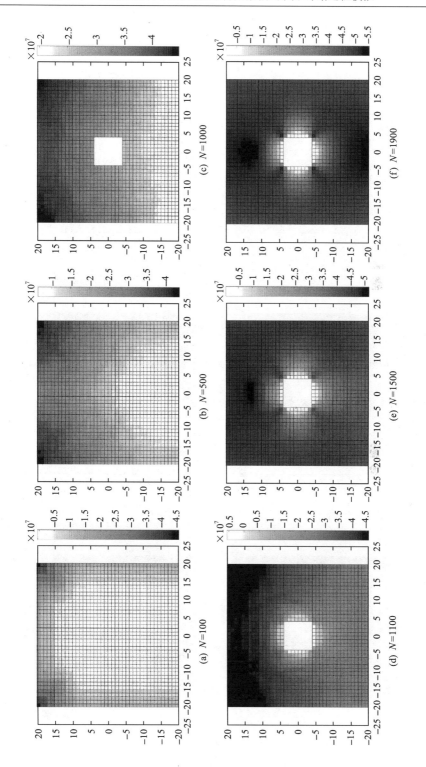

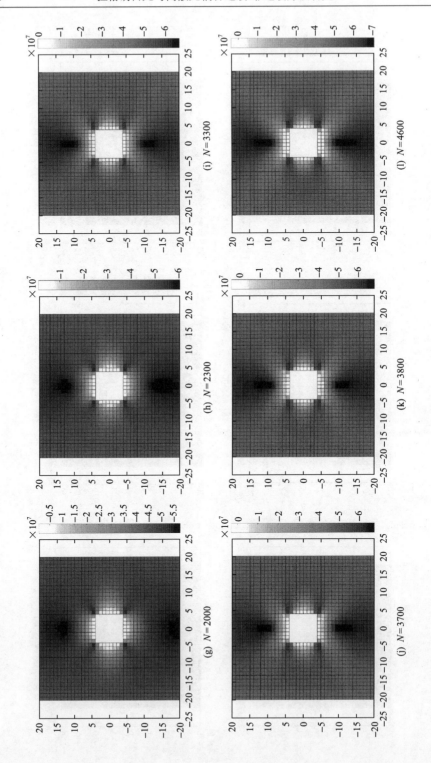

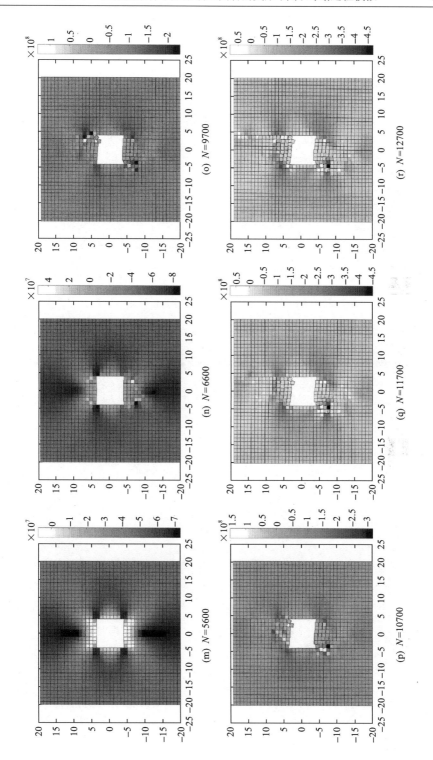

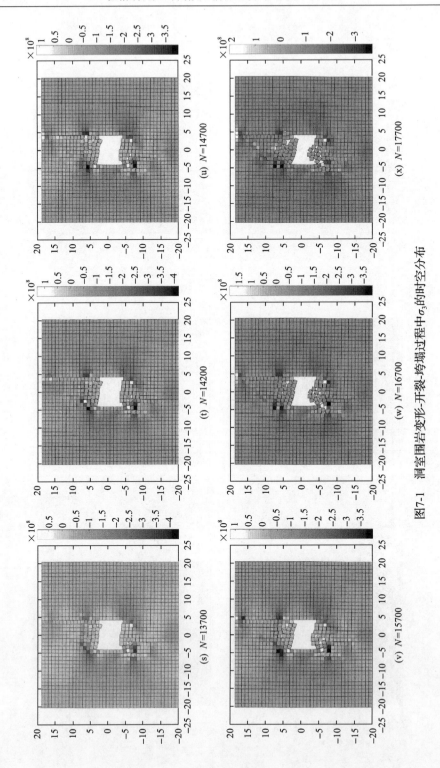

图7-1 洞室围岩变形-开裂-垮塌过程中σ_3的时空分布

随后,洞室顶部开裂后冒落,与此同时,洞室底部开裂后底鼓(图 7-1(p)~(s))。当 N 为 14200 时(图 7-1(t)),洞室顶部裂纹已扩展至模型上端面。

随后,冒落和底鼓继续发生,与此同时,洞室两帮也发生开裂(图 7-1(u)~(w))。

最终,松散岩块几乎充满了半个洞室,洞室围岩整体垮塌(图 7-1(x))。

7.3　本　章　小　结

位移控制加载条件下矩形洞室围岩的变形-开裂-垮塌过程如下:首先,洞室两帮、顶部和底部最大主应力高值区(最大主应力较高区域)的形状呈半圆形;其次,随着加载的进行,洞室顶、底部任一最大主应力高值区被分化成"双耳形";随后,洞室顶、底部发生开裂,冒落和底鼓,与此同时,洞室两帮也发生开裂;最后,松散岩块几乎充满了半个洞室,洞室围岩整体垮塌。

第8章　采动条件下有黏结水平岩层的变形-开裂-冒落过程模拟

煤层开采后，将首先引起直接顶的离层和垮落。随着工作面的不断推进，基本顶也将发生离层、初次破断和周期破断，从而在覆岩中形成采动裂纹。采动裂纹和应力控制着上覆岩层的稳定性。采动裂纹为瓦斯、水和空气的迁移提供通道。

根据现场观测和实验室相似材料物理模拟实验，目前，已提出了不少岩层控制方面的著名理论和假说(宋振骐和蒋金泉，1996；史红和姜福兴，2005；弓培林和靳钟铭，2008；冯国瑞等，2009；钱鸣高等，2010；常庆粮等，2011；彭赐灯，2015；刘建功等，2016)。然而，在数值模拟方面，主要采用有限元和有限差分等连续方法开展研究(乔兰等，2000；孙晓光等，2007；周宗红等，2012)，或采用离散元和非连续变形分析等非连续方法开展研究(潘俊锋等，2007；朱拴成和尹希文，2009)。实质上，采动诱发岩层的变形-开裂-冒落过程涉及一系列复杂的变形、破坏和失稳问题。岩层之间的离层和岩层的破断是典型的非连续现象，这些现象不是固有的，而是由连续介质向非连续介质转化过程中形成的。目前，尚缺乏适于模拟采动诱发岩层的变形-开裂-冒落过程的可靠方法，现有方法远不能满足实际问题的研究需要，亟待大力发展。

本章模拟了采动条件下有黏结水平岩层的变形-开裂-冒落过程，给出了不同加载/卸载历史条件下(其一，一次工作面推进长度2m，每两次开采间隔500个时步；其二，一次工作面推进长度4m，每两次开采间隔1000个时步)上覆岩层的离层、冒落和裂纹分布等差异。

8.1　模型和结果分析

8.1.1　模型和方案

在开采之前，模型被剖分成 60×40 个正方形单元，单元边长为2m。计算在平面应变、大变形条件下进行。各种计算参数取值如下：法向刚度系数 k_n 为 3×10^{10} N/m，切向刚度系数 k_s 为 3×10^{10} N/m，面密度 ρ 为 2700kg/m^2，摩擦系数 f 为 0.15，重力加速度 g 为 10m/s^2，时间步长 Δt 为 1.5084×10^{-4}s，局部自适应阻尼系数 α 为 0.2，弹性模量 E 为 26.5GPa，泊松比 μ 为 0.21，断裂能 G_f^I 为 0，以模拟峰后脆性行为。不同开裂方向上的抗拉强度 σ_t 不同。当两个节点在垂直方向上分离时，σ_t 为 1×10^4Pa，以模拟岩层之间的离层，而当两个节点在水平方向分离时，σ_t 为 1MPa，以模拟岩层的拉裂。

模型的计算包括如下两步：

首先，在模型（120m×80m）的左、右和下边界的节点上施加法向约束，在上边界施加 27MPa 的压应力（相当于 1000m 深），该过程消耗的时步数目 N 为 2000，以使模型处于静力平衡状态。

其次，逐步开采，采全高。选择了两个计算方案，差异仅在于加载/卸载历史不同。在方案 1 中，每次工作面推进长度为 2m，每两次开采间隔 500 个时步。在方案 2 中，每次工作面推进长度为 4m，即比方案 1 多一倍，每两次开采间隔 1000 个时步，也比方案 1 多一倍。

8.1.2　计算结果和分析

图 8-1 给出了方案 1 的变形-开裂-冒落过程，单元颜色代表垂直方向应力 σ_z，正、负分别代表拉应力、压应力。

当 N 小于 2000 时（图 8-1(a)），随着 N 的增加，模型在上边界压应力和重力作用下逐渐趋近于静力平衡状态，各单元的 σ_z 均为压应力。

当 N 为 2000 时（图 8-1(b)），通过删除一个单元模拟开切眼。

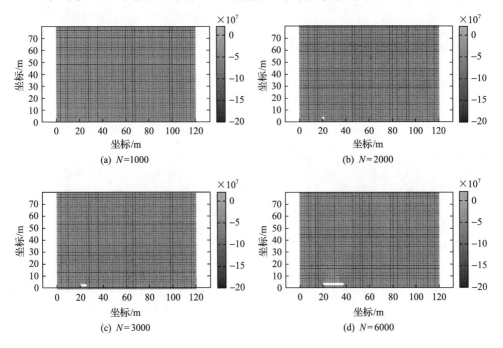

(a) N=1000

(b) N=2000

(c) N=3000

(d) N=6000

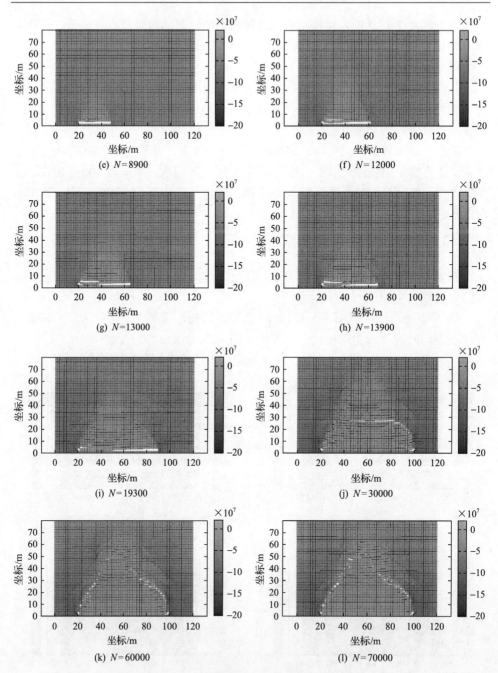

图 8-1　采动条件下岩层变形-开裂-冒落过程中 σ_z 的时空分布(方案 1)

随着工作面的逐渐推进(图 8-1(c)和(d)),在采空区顶板和底板一定范围内,σ_z 逐渐由压应力转变为拉应力,拉应力范围越来越大,该拉应力区在采空区顶板大致呈梯形，σ_z 较高；开切眼后方和工作面前方的单元的 σ_z 越来越小；另外，在上述 σ_z 梯形高值区（σ_z 较高区域）两腰位置，单元的 σ_z 亦有一定程度降低。

当 N 为 8900 时（工作面推进长度为 28m）（图 8-1(e)），凭肉眼可以观察到顶板岩层之间的离层现象。实际上，离层现象早已发生。

随着工作面的逐渐推进（图 8-1(f)），在水平方向上，离层不断延伸，在垂直方向上，离层不断向上发育，岩层开裂后形成的岩块不断下落。

当 N 为 13000 时（工作面推进长度为 46m）（图 8-1(g)），下落的 4 个岩块与底板发生接触，离层已扩展至距顶板下表面 12m 处。

当 N 为 13900 时（工作面推进长度为 48m）（图 8-1(h)），已有 6 个岩块与底板发生接触。

当 N 为 19300 时（工作面推进长度为 70m）（图 8-1(i)），已有 14 个岩块与底板发生接触。此时，离层已扩展至距顶板下表面大约 36m 处。应当指出，上覆岩层中的 σ_z 梯形高值区并非左、右对称，开切眼后方的覆岩断裂角较大，而工作前方的覆岩断裂角较小。另外，在上覆岩层中，一些倾斜的 σ_z 低值区（σ_z 较低区域）存在。

当 N 为 30000 时（工作面推进长度为 80m）（图 8-1(j)），采空区顶板几乎完全冒落；尽管离层已扩展至距顶板下表面 58m 处，但离层的最大位置位于距顶板下表面 44～46m 处。

随着 N 的增加（图 8-1(k)和(l)），离层的最大位置不断向上发育，下方的离层被重新压实。裂纹主要位于 σ_z 梯形高值区的两腰位置及其顶部一定范围内，该区内部其余位置的裂纹被重新压实，岩块排列比较规则。在该区的两腰位置，岩块倾斜排列，相互咬合或搭接。

图 8-2 给出了方案 2 的变形-开裂-冒落过程，单元颜色代表垂直方向应力 σ_z，正、负分别代表拉应力、压应力。下面，对方案 1 和方案 2 的结果进行对比。

当 N 为 8900 时（工作面推进长度为 28m），对于方案 1，凭肉眼已可观察到顶板的离层现象（图 8-1(e)）；对于方案 2，顶板岩层尚十分完整（图 8-2(e)）。

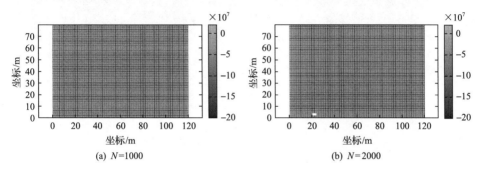

(a) $N=1000$　　　　　　　　　　　　(b) $N=2000$

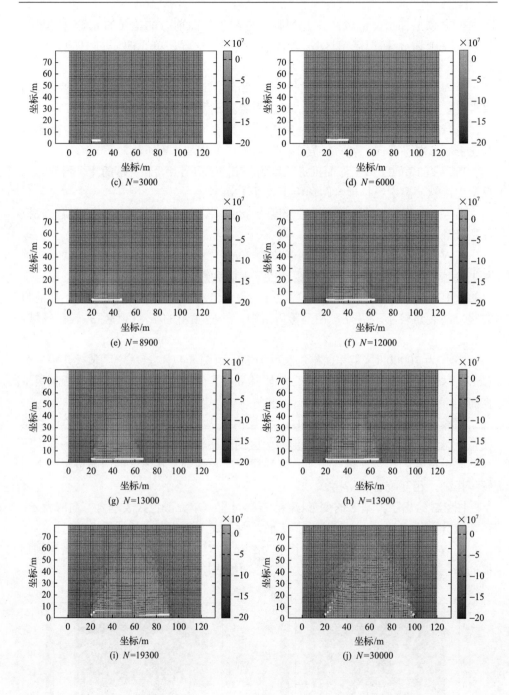

(c) $N=3000$　　　　　　　　　　(d) $N=6000$

(e) $N=8900$　　　　　　　　　　(f) $N=12000$

(g) $N=13000$　　　　　　　　　　(h) $N=13900$

(i) $N=19300$　　　　　　　　　　(j) $N=30000$

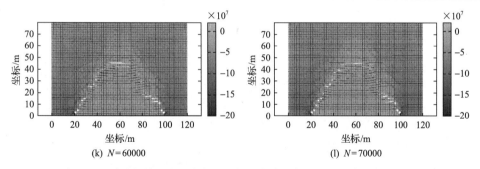

(k) $N=60000$ (l) $N=70000$

图 8-2 采动条件下岩层变形-开裂-冒落过程中 σ_z 的时空分布(方案 2)

当 N 为 13000 时(工作面推进长度为 46m),对于方案 1,工作面后方的岩块已与底板发生接触(图 8-1(g));对于方案 2,顶板尚未发生冒落(图 8-2(g));方案 2 的采空区上方的 σ_z 梯形高值区范围比方案 1 的稍大。

当 N 为 19300 时(工作面推进长度为 92m),方案 2 的上述 σ_z 梯形区范围(图 8-2(i))明显比方案 1(图 8-1(i))的大;方案 2 的上述 σ_z 梯形区的对称性比方案 1 的好;对于方案 2,工作面后方的岩块才发生冒落,开切眼后方的覆岩断裂角和工作面前方的覆岩断裂角没有显著的差异。

当 N 为 60000~70000 时,对于方案 2,水平离层发育位置集中,水平离层的最大位置稳定在距顶板下表面 41m 处,下方的离层被压实,上方的离层较少(图 8-2(k)和(l));对于方案 1,水平离层发育位置分散,仍在不断向上发育(图 8-1(k)和(l))。

实际上,方案 1 和方案 2 的差异仅在于开采历史不同。虽然,方案 2 的每次推进长度比方案 1 的大一倍,但是,方案 2 的每两次开采间隔的 N 也比方案 1 的多一倍。从上述意义上讲,方案 1 和方案 2 的计算条件(如开采速度)似乎等效,并无多大差异。但是,从计算结果可以发现,上覆岩层的离层、冒落和裂纹分布均有一定的差异。上述差异根源于加载/卸载历史的不同。非线性动力学系统的力学行为必然依赖于加载/卸载历史的细微差异。

图 8-1 和图 8-2 给出的计算结果与有关的相似材料物理模拟实验结果(翟新献,2002;王崇革等,2004)基本吻合,至少在定性上是如此。本章初步模拟了采动条件下水平岩层的变形-开裂-冒落过程。目前的模型尚有许多不足,例如,各岩层厚度被认为相同,均为 2m;未考虑不同岩层力学参数的差异,未考虑两岩层之间不同结构面力学参数的差异;各岩层均为水平;各岩层在高度方向上仅用一层单元模拟;仅考虑拉裂,未考虑剪裂。

8.2　本章小结

(1)在工作面推进过程中，顶板不断离层和开裂，岩层开裂后形成的岩块不断冒落，采空区和工作面上方的垂直应力高值区(垂直应力较高区域)呈梯形，其尺寸不断增加，直到达到稳定。

(2)在垂直应力梯形高值区的两腰位置及其顶部一定范围内，裂纹较为发育，该区内部其余位置的裂纹被重新压实，在该区的两腰位置，岩块倾斜排列，形成砌体结构。

(3)若将每次工作面推进长度和每两次开采间隔的时步数目均翻一番，则顶板冒落变晚，垂直应力梯形高值区对称性变好，这根源于非线性动力学系统对加载/卸载历史的依赖性。

第二篇

第9章 拉格朗日元与离散元耦合方法(子方法二)

本章主要对与子方法一(第一篇第2章)不同的内容进行介绍,在此不再赘述子方法一和子方法二的共同点。

9.1 开裂方向判断

在判断开裂方向时,对于满足拉伸分离条件的节点,选择该节点周围单元 σ_3 最大者垂直方向作为潜在拉裂方向;对于满足剪切分离条件的节点,选择与该节点周围单元 σ_1 绝对值最大者所成夹角为 $(\pi/4-\varphi/2)$ 的方向作为潜在剪裂方向,其中,φ 为内摩擦角。对于不考虑四边形单元对角线开裂的情形,开裂方向只能沿单元边界方向。因此,选择与上述潜在开裂方向最接近的单元边界方向作为实际开裂方向。

裂纹既可沿四边形单元边界扩展,又可沿四边形单元对角线扩展,以增加开裂路径。四边形单元对角线开裂的示意图见图 9-1。当节点 A 分离成 A' 和 A'' 后,四边形单元①被劈裂成两个三角形:单元②和单元③。裂纹沿对角线扩展前、后,单元最短边长不变,因而时间步长不变。在裂纹沿对角线扩展时,单元数目有少量增加,所以,计算效率较高。

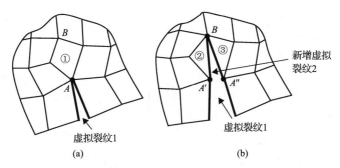

图 9-1 四边形单元对角线开裂的示意图

(a)节点 A 分离前;(b)节点 A 分离后

9.2 Ⅰ型、Ⅱ型断裂能引入

对于引入断裂能的情形,在节点分离之后,在暴露出来的一对单元表面上,即一对虚拟裂纹面上，黏聚力将存在。法向黏聚力 σ_n 的方向垂直于纸面上一对虚拟裂纹面形成的角的平分线；切向黏聚力 τ_s 的方向平行于该角的平分线(图 9-2)。

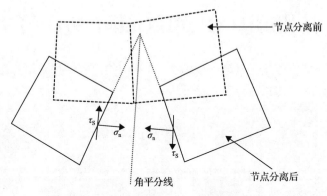

图 9-2　虚拟裂纹面上的黏聚力

需要将上述黏聚力转化到虚拟裂纹面的相应节点上。以分离节点 A(图 9-3)为例，分离节点 A 受到的由黏聚力引起的节点力为

$$F_A = \frac{1}{2}(p_1 S_1 + p_2 S_2) \tag{9-1}$$

式中，p_1 和 S_1 分别是 A 节点上方虚拟裂纹的黏聚力和暴露出来的单元表面面积；p_2 和 S_2 分别是 A 节点下方虚拟裂纹的黏聚力和暴露出来的单元表面面积。

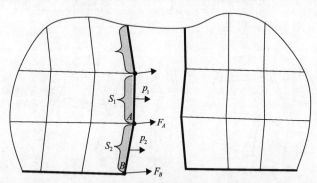

图 9-3　虚拟裂纹面一侧的黏聚力和引起的节点力

值得注意的是，对于模型边界上的分离节点 B，由于其周围只有一个单元，因此，该节点受到的由黏聚力引起的节点力为

$$F_B = \frac{1}{2} p_2 S_2 \tag{9-2}$$

应当指出，Ⅱ型断裂能在此前(第一篇)并未被引入。因此，不需要规定切向

黏聚力与切向滑移量之间的关系，而是采用与处理法向黏聚力相类似的方法处理切向黏聚力，即切向黏聚力只与法向张开度 w 相关联，当法向黏聚力消失时，切向黏聚力亦消失(图 2-8)。

这里，对同时引入 I 型和 II 型断裂能的情形(图 9-4)进行介绍。当节点刚发生拉伸分离时，引入 I 型断裂能，同时，将虚拟裂纹面两侧单元的应力取平均，并求得虚拟裂纹面形成的角平分线上的应力的切向分量的绝对值 $\bar{\tau}_0$，由其和 II 型断裂能共同决定随后每一时步的虚拟裂纹的 τ_s。当节点刚发生剪切分离时，引入 II 型断裂能，同时，将虚拟裂纹面两侧单元的应力取平均，并求得虚拟裂纹面形成的角平分线上的应力的法向分量的绝对值 $\bar{\sigma}_0$，由它和 I 型断裂能共同决定随后每一时步的虚拟裂纹的 σ_n。

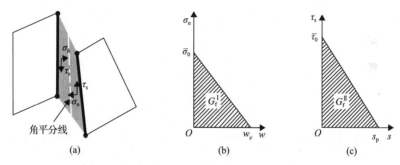

图 9-4　法向黏聚力与切向黏聚力的确定

下面，以裂纹沿四边形单元对角线扩展为例对黏聚力的确定进行介绍。当节点 A 分离之后(图 9-1(b))，节点 A 将转变成两个节点 A' 和 A''，原单元对角线 AB 将转变成新增虚拟裂纹面 $A'B$ 和 $A''B$，并在虚拟裂纹 1 的基础上产生新增虚拟裂纹 2。新增虚拟裂纹面上存在阻碍虚拟裂纹 2 相对张开和滑动的 σ_n 和 τ_s。

对于每条虚拟裂纹(图 9-4(a))，σ_n 由虚拟裂纹的 w 和临界法向张开度 w_p 确定：

$$\sigma_n = \begin{cases} \bar{\sigma}_0\left(1 - \dfrac{w}{w_p}\right), & 0 \leqslant w \leqslant w_p \\ 0, & w > w_p \end{cases} \tag{9-3}$$

式中，$w_p = 2G_f^I / \bar{\sigma}_0$，$G_f^I$ 是 I 型断裂能(图 9-4(b))。

τ_s 由虚拟裂纹的切向滑移量 s 和临界切向滑移量 s_p 确定：

$$\tau_s = \begin{cases} \bar{\tau}_0\left(1 - \dfrac{s}{s_p}\right), & 0 \leqslant s \leqslant s_p \\ 0, & s > s_p \end{cases} \tag{9-4}$$

式中，$s_p = 2G_f^{\mathrm{II}} / \bar{\tau}_0$，$G_f^{\mathrm{II}}$ 是 II 型断裂能（图 9-4(c)）。

　　当虚拟裂纹刚出现时，σ_n 和 τ_s 最大。随着 w 和 s 的增加，σ_n 和 τ_s 线性下降。当 w 和 s 分别达到 w_p 和 s_p 时，σ_n 和 τ_s 分别降为 0。应当指出，σ_n-w 曲线与坐标横轴所围的面积为 I 型断裂能，τ_s-s 曲线与坐标横轴所围的面积为 II 型断裂能；当 w 大于 w_p 或 s 大于 s_p 时，裂纹为真实裂纹，否则，裂纹为虚拟裂纹。

9.3　基于空间剖分的单元接触检测算法

　　在接触检测方面，采用基于空间剖分的单元接触检测算法。首先，将物理空间剖分为大小一致的若干胞元（图 9-5），胞元宽度 W_{box} 和高度 H_{box} 取决于各单元平均长度 L：

$$
\begin{cases}
W_{\mathrm{box}} = W \Big/ \left\lfloor \dfrac{W}{L} \right\rfloor \\[2mm]
H_{\mathrm{box}} = H \Big/ \left\lfloor \dfrac{H}{L} \right\rfloor
\end{cases}
\tag{9-5}
$$

式中，$\lfloor \; \rfloor$ 代表向下取整。其次，记录各胞元内部的单元。最后，对这些单元的接触情况进行检测。该方法的接触检测效率较常规方法（对任意两个单元的接触情况进行检测）有所提升。

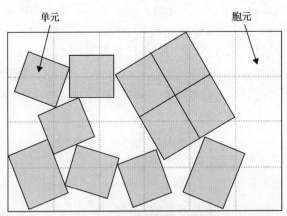

图 9-5　物理空间的空间剖分

9.4　基于势的接触力计算方法

　　在接触力求解方面，采用 Munjiza(2004) 提出的基于势的接触力计算方法。该方法求解的接触力是一个分布力。需要将该分布力转化到相应的节点上，而且，对于角-角接触类型，不需要单独处理。

　　该方法的简介如下。对于两个相互接触的单元，一个为接触单元，另一个为靶单元。接触单元的面积和边界分别记为 S_c 和 Γ_c，靶单元的面积和边界分别记为 S_t 和 Γ_t，互嵌区的面积和边界分别记为 S 和 Γ(图 9-6)。互嵌区的某一微元(其面积为 $\mathrm{d}A$)对接触单元的作用力被记为 $\mathrm{d}F$：

$$\mathrm{d}F = \mathrm{d}F_c - \mathrm{d}F_t \tag{9-6}$$

式中，$\mathrm{d}F_c$ 和 $\mathrm{d}F_t$ 分别是该微元由于嵌入靶单元而受到的作用力和该微元由于嵌入接触单元而受到的作用力。

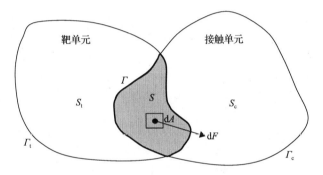

图 9-6　互嵌区的微元对接触单元的作用力

　　假定单元内存在一种阻碍侵入的势，对侵入物体产生一种排斥作用，则 $\mathrm{d}F_c$ 和 $\mathrm{d}F_t$ 可分别表示为

$$\begin{cases} \mathrm{d}F_c = -\nabla\varphi_t(P)\mathrm{d}A \\ \mathrm{d}F_t = -\nabla\varphi_c(P)\mathrm{d}A \end{cases} \tag{9-7}$$

式中，φ_t 和 φ_c 分别代表靶单元和接触单元的势；$\nabla\varphi_t$ 和 $\nabla\varphi_c$ 分别是二者的梯度，P 是微元的位置。

　　再对互嵌区进行积分，可求得接触单元受到的接触力：

$$F = \int_{S=S_c\cap S_t} \mathrm{d}F\mathrm{d}A = \int_{S=S_c\cap S_t} [\nabla\varphi_c(P) - \nabla\varphi_t(P)]\mathrm{d}A \tag{9-8}$$

利用格林公式，可将上述面积分转化为互嵌区边界 Γ 的线积分：

$$F = \oint_{\Gamma=\Gamma_c\cap\Gamma_t} n_\Gamma(\varphi_c - \varphi_t)\mathrm{d}\Gamma \tag{9-9}$$

式中，n_{Γ} 是 Γ 的单位外法向量。

根据集度与力之间的关系，Γ 上的集度 q 为

$$q = n_{\Gamma}(\varphi_{\mathrm{c}} - \varphi_{\mathrm{t}}) \tag{9-10}$$

单元的势定义为与嵌入深度有关：

$$\varphi(Q) = \begin{cases} K_{\mathrm{n}} h_{\min}(Q), & Q \in \Omega \\ 0, & Q \notin \Omega \end{cases} \tag{9-11}$$

式中，K_{n} 是法向刚度系数，或被称为法向罚系数，其为材料参数，与第一篇的法向刚度系数 k_{n}(其为结构面参数)同名，含义有类似之处，但单位有所不同；Q 是单元内任意一点；Ω 是互嵌区；$h_{\min}$ 是 Q 点距单元边界的最短距离。应当指出，当 Q 点位于单元的对角线上且与角点的距离不太远时，其到该角点的两条边的距离是相等的。显然，当 Q 点位于对角线的一侧或另一侧时，最短距离所对应的单元边界将发生转换，而且，单元边界上没有自身单元的势。这样，在对角线两侧，在互嵌区边界上，势和集度将发生变化。图 9-7 仅呈现了互嵌区 $ABCD$ 的一个单元边界 BC 上的集度 q_{BC} 的示意图。

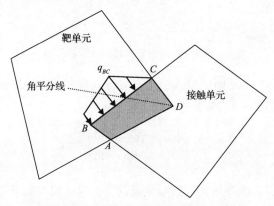

图 9-7 靶单元对接触单元的接触力计算

可以想象，对于角-角接触类型，当两个角完全对称时，接触力将不存在，这相当于这两个角并不存在。在实际中，这两个角可能容易被磨掉。

9.5 摩擦力计算方法

当两个单元发生嵌入时，它们之间还可能存在摩擦力。为了计算嵌入点的摩擦力(图 9-8)，首先，需要确定嵌入点相对于接触面的滑动速度 v_{p}；然后，将接触力分解到与接触面平行和垂直的方向上，分别被称为切向接触力 F_{p} 和法向接触

力 F_n。嵌入点的摩擦力 F_s 可被确定如下：

$$F_\mathrm{s} = \begin{cases} -f\left|F_\mathrm{n}\right| \cdot \mathrm{sign}(v_\mathrm{p}), & \left|v_\mathrm{p}\right| > 0 \\ -F_\mathrm{p}, & \left|v_\mathrm{p}\right| = 0 \end{cases} \tag{9-12}$$

式中，f 是摩擦系数；sign 为符号函数。在求得嵌入点的法向接触力和摩擦力之后，还需要将这两种力的反作用力施加到接触面的相应节点上。

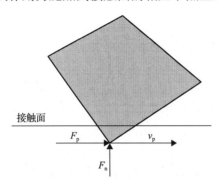

图 9-8　摩擦力计算

9.6　准静态计算实施方法

采用中心差分方法或向前差分方法求解运动方程，阻尼力可包括局部自适应阻尼力或黏性阻尼力。

本书上述所有计算公式适于动力计算，其中，与时间有关的过程是真正发生的过程。但由于时间步长 Δt 往往很小，因而，计算时间较长的过程难以被模拟。对于时间较长的过程，可采用准静态计算。在该计算模式中，真实质量 m 被提升至虚拟质量 m'，同时，时间步长为 1。这样，经过推导，可以得到

$$m' = \frac{m}{(\Delta t)^2} \tag{9-13}$$

与此同时，真实重力加速度 g 也要降至虚拟重力加速度 g'：

$$g' = g(\Delta t)^2 \tag{9-14}$$

无论对于哪种计算模式，力、位移、应力和应变的大小与单位均不发生改变。对于准静态计算，改变的是与时间有关的量的大小和单位。换言之，对于准静态计算，关于力等量的最终计算结果是较为真实的，但其过程却不是真实

的。准静态计算的优越性在于不必追究真正的时间过程，而关注最终的结果，计算效率大为提高。为了追求更快的平衡，在准静态计算中，往往阻尼系数取值要更大一些。

9.7　方　法　检　验

9.7.1　弹性块体与水平面的接触过程模拟

模型由上部正方形方块体和下部矩形底板两部分构成(图 9-9(a)中插图)。上部正方形块体边长为 0.04m，由 20×20 个正方形单元模拟，单元边长为 0.002m。下部矩形底板长度为 0.2m，高度为 0.09m，由 200×90 个正方形单元模拟，单元边长为 0.001m。正方形块体上边界受到向下的 0.1MPa 的压应力，底板下边界被施加法向约束。无重力作用，计算在平面应力、大变形条件下进行。在计算之前，模型上、下两部分相互分离。各种计算参数取值如下：法向刚度系数 K_n 为 1×10^{10}Pa，面密度 ρ 为 2700kg/m^2，摩擦系数 f 为 0.1，时间步长 Δt 为 7.7942×10^{-7}s，局部自适应阻尼系数 α 为 0.2，弹性模量 E 为 1GPa，泊松比 μ 为 0.2。

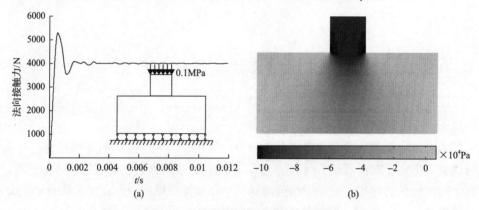

图 9-9　弹性块体与水平面的接触过程

图 9-9(a)给出了正方形块体下边界受到的法向接触力随时间 t 的演变规律；图 9-9(b)给出了模型平衡后的应力分布，单元颜色代表垂直方向应力 σ_z，正、负分别代表拉应力、压应力。由此可以发现：

(1)在接触过程中，正方形块体下边界受到的法向接触力存在一定的波动，随着 t 的增加，波动幅度逐渐减小，直至法向接触力保持不变。

(2)法向接触力稳定在 4000.5N，这与理论值 4000N(0.1MPa×0.04m×1m)相一致。

(3)当模型平衡后，对于正方形块体，σ_z 分布均匀，σ_z 约为–0.10003MPa，这与理论值–0.1MPa 一致；在底板上表面，与正方形块体接触处的挤压作用最严重，在正方形块体下方，越向底板内部，挤压作用越不严重，而在底板上表面，远离接触处的 σ_z 为正，拉伸作用微弱。这些结果与常识相符。

9.7.2　弹性滑块沿斜面的下滑过程模拟

模型由正方形滑块和斜面两部分构成(图 9-10 中插图)。滑块为正方形，边长为 0.3m，斜面为一个高 10m、上底宽 1m、下底宽 11m 的直角梯形，斜面角度为 45°。模型受重力作用。在斜坡下边界施加固定铰支座约束。在计算之前，滑块与斜面刚好接触，初速度为 0。计算在平面应力、大变形条件下进行。各种计算参数取值如下：法向刚度系数 K_n 为 20GPa，面密度 ρ 为 4000kg/m²，重力加速度 g 为 10m/s²，时间步长 Δt 为 1.34164×10^{-5}s，局部自适应阻尼系数 α 为 0.2，弹性模量 E 为 1GPa，泊松比 μ 为 0.2。共选择了 3 个计算方案，方案 1~方案 3 的摩擦系数 f 分别为 0.1、0.2 和 0.3。

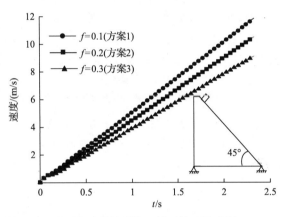

图 9-10　弹性滑块沿斜面的下滑过程

图 9-10 给出了方案 1~方案 3 的滑块 v-t 曲线，表 9-1 给出了 t=2s 时方案 1~方案 3 的滑块速度的理论解与数值解。其中，理论解由式(9-15)求得

$$v = (1-\alpha)(\sin45° - f\cos45°)gt \tag{9-15}$$

表 9-1　不同方案的滑块速度的理论解与数值解　　　　(单位：m/s)

	方案		
	1	2	3
理论解	10.18	9.05	7.92
数值解	10.16	9.01	7.84

由此可以发现：

(1) v-t 关系基本呈线性，f 越大，v-t 关系的斜率越小，即加速度越小；

(2)f越小，本章数值解与理论解越接近。

9.7.3 岩样单轴压缩实验模拟(不考虑单元对角线开裂)

以岩样单轴压缩实验为例，对子方法二的正确性进行检验，其中，未考虑裂纹沿四边形单元对角线扩展。岩样的宽度和高度分别为 0.05m 和 0.1m，岩样被剖分成 100×200 个正方形单元。在岩样下端面，施加活动铰支座；在岩样上端面，施加向下的速度，其大小为 0.01m/s，法向刚度系数 K_n 为 20GPa。允许岩样上、下端面的节点在水平方向自由运动，即不考虑端部约束。计算在平面应力、大变形条件下进行。应当指出，对于满足莫尔-库仑准则的单元，考虑了应力脆性跌落效应，应力由初始强度参数决定的初始剪裂面上跌落至由残余强度参数决定的残余剪裂面上。在此过程中，第 3 主应力 σ_3 保持不变。

各种计算参数取值如下：面密度 ρ 为 2700kg/m^2，弹性模量 E 为 20GPa，泊松比 μ 为 0.3，抗拉强度 σ_t 为 5MPa，初始黏聚力 c 为 20MPa(应当指出，此初始黏聚力为抗剪强度参数之一，出现在莫尔-库仑准则中，不同于虚拟裂纹的黏聚力)，初始内摩擦角 φ 为 40°，摩擦系数 f 为 0.1，残余黏聚力 c_r 为 2MPa，残余内摩擦角 φ_r 为 11°，Ⅰ型断裂能 G_f^{I} 为 100N/m，局部自适应阻尼系数 α 为 0.2。

计算获得的岩样上端面纵向应力-纵向应变曲线(简称为应力-应变曲线)和不同应变时岩样的垂直位移分布分别见图 9-11(a)和图 9-11(b)～(d)。图 9-11(a)中 b～d 点分别与图 9-11(b)～(d)相对应，b 点处于弹性阶段，c 点处于弹性阶段之后应力峰值之前，d 点处于峰后阶段。

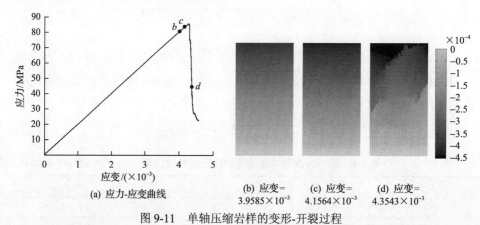

(a) 应力-应变曲线　　(b) 应变=3.9585×10^{-3}　(c) 应变=4.1564×10^{-3}　(d) 应变=4.3543×10^{-3}

图 9-11　单轴压缩岩样的变形-开裂过程

由图 9-11(a)可以发现：

(1)应力-应变曲线包括峰前和峰后两个阶段。峰前阶段的斜率基本上是常数，为 20.07GPa，这与计算中选用的弹性模量(E=20GPa)相吻合。

(2)应力-应变曲线的峰值为 85.85MPa。根据莫尔-库仑准则,单轴抗压强度 σ_c 为

$$\sigma_c = \frac{2c\cos\varphi}{1-\sin\varphi} \tag{9-16}$$

根据选用的 c 和 φ,可得 σ_c=85.78MPa,这与上述计算结果相吻合。

(3)应力-应变曲线的峰后行为首先呈脆性;然后,在变形后期(当应变较高时),脆性有所下降,这与多种岩石的峰后行为相类似。在峰值之前,垂直位移在水平方向呈均匀分布,在垂直方向呈线性分布(图 9-11(b)),这反映了岩样均匀变形的特点;在峰值之后,垂直位移在一些位置变得非均匀和非连续,形成多条位移梯度带,彼此交叉(图 9-11(c)和(d)),这说明岩样中宏观裂纹已经出现。

9.7.4 岩样单轴压缩实验模拟(考虑单元对角线开裂)

岩样尺寸为 0.05m×0.1m,岩样被剖分成 100×200 个正方形单元。在岩样上、下边界的节点上施加固定铰支座约束,在上边界的节点上施加竖直向下的速度 v,其大小为 0.15m/s。计算在平面应变、大变形条件下进行。多种计算参数取值如下:面密度 ρ 为 2430kg/m²,局部自适应阻尼系数 α 为 0.2,弹性模量 E 为 11.4GPa,泊松比 μ 为 0.27,抗拉强度 σ_t 为 5.0MPa,莫尔-库仑准则中的黏聚力 c 为 12.9MPa,Ⅰ 型断裂能 G_f^I 为 20N/m,Ⅱ 型断裂能 G_f^{II} 为 100N/m,法向刚度系数 K_n 为 400GPa,时间步长 Δt 为 5.16274×10⁻⁸s。共选择了 5 个计算方案,用于研究内摩擦角(φ)的影响,方案 1~方案 5 的 φ 分别为 15°、20°、25°、30°和 35°。

图 9-12~图 9-16 分别给出了 φ 不同时的计算结果。图 9-12(a)、图 9-13(a)、图 9-14(a)、图 9-15(a)和图 9-16(a)是岩样的应力-应变曲线。图 9-12(b)~(f)、图 9-13(b)~(f)、图 9-14(b)~(f)、图 9-15(b)~(f)和图 9-16(b)~(f)是岩样的垂直位移分布。图 9-12(a)、图 9-13(a)、图 9-14(a)、图 9-15(a)和图 9-16(a)中 b~f 点分别与图 9-12(b)~(f)、图 9-13(b)~(f)、图 9-14(b)~(f)、图 9-15(b)~(f)和图 9-16(b)~(f)相对应,b 点处于弹性阶段,c 点处于弹性阶段之后且应力峰值之前,即应变硬化阶段,d 点处于应力峰值,d~f 处于峰后应变软化阶段和残余阶段。在图 9-12(b)~(f)、图 9-13(b)~(f)、图 9-14(b)~(f)、图 9-15(b)~(f)和图 9-16(b)~(f)中,白色线段代表剪裂纹区段,黑色线段代表拉裂纹区段。应当指出,由于一些节点发生分离,两个原本相连的单元之间的裂纹被称为 1 个裂纹区段,其形状为四边形,若干剪裂纹区段连在一起构成狭长的剪裂纹;二者之间的拉裂纹称为 1 个拉裂纹区段,其形状为四边形,若干拉裂纹区段连在一起构成狭长的拉裂纹。所标注的剪切面方位是根据莫尔-库仑准则确定的,用于比较目前剪切面角度的数值解与基于莫尔-库仑准则的剪切面角度的理论解的吻合程度。图 9-17 给出了不同方案的应力-应变曲线的对比。

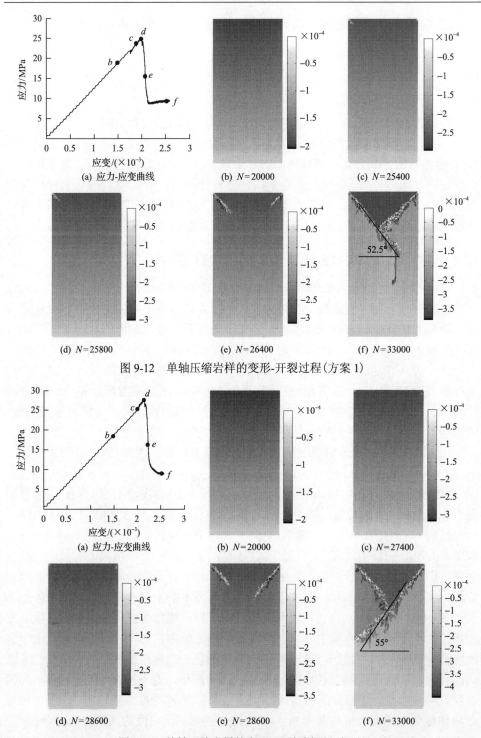

图 9-12　单轴压缩岩样的变形-开裂过程(方案 1)

图 9-13　单轴压缩岩样的变形-开裂过程(方案 2)

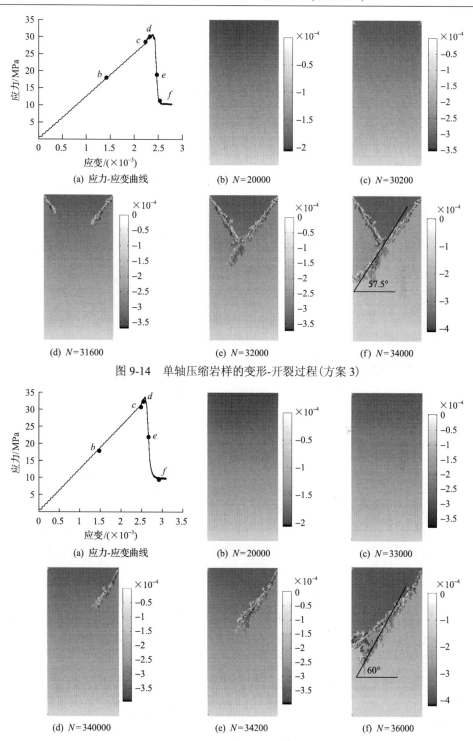

(a) 应力-应变曲线 (b) $N=20000$ (c) $N=30200$

(d) $N=31600$ (e) $N=32000$ (f) $N=34000$

图 9-14 单轴压缩岩样的变形-开裂过程(方案 3)

(a) 应力-应变曲线 (b) $N=20000$ (c) $N=33000$

(d) $N=340000$ (e) $N=34200$ (f) $N=36000$

图 9-15 单轴压缩岩样的变形-开裂过程(方案 4)

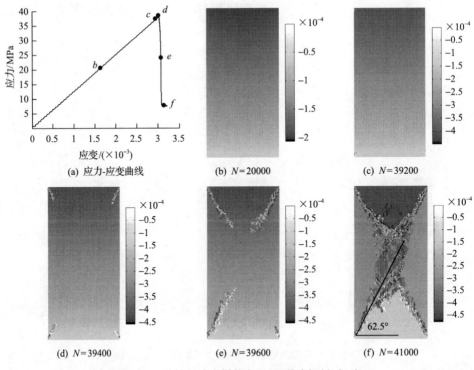

(a) 应力-应变曲线　　　　(b) N=20000　　　　(c) N=39200

(d) N=39400　　　　(e) N=39600　　　　(f) N=41000

图 9-16　单轴压缩岩样的变形-开裂过程(方案 5)

由图 9-12～图 9-16 可以发现,在弹性阶段(图 9-12(b)、图 9-13(b)、图 9-14(b)、图 9-15(b)和图 9-16(b)),在相同时步数目 N 或应变下,不同 φ 时岩样的垂直位移分布一致:上边界的垂直位移最大,下边界的垂直位移为零,垂直位移由上至下呈线性关系。在应变硬化阶段(图 9-12(c)、图 9-13(c)、图 9-14(c)、图 9-15(c)和图 9-16(c))和应力峰值之时(图 9-12(d)、图 9-13(d)、图 9-14(d)、图 9-15(d)和图 9-16(d)),首先出现于岩样上边界角点处的剪裂纹以倾斜方式向岩样内部扩展;在剪裂纹两侧,可以观察到明显的位移间断现象,这表明剪裂纹两侧块体的相对错动。随后(图 9-12(e)和(f)、图 9-13(e)和(f)、图 9-14(e)和(f)、图 9-15(e)和(f)、图 9-16(e)和(f)),随着应变的增加,应力降低,直至应力基本保持不变。在此过程中,一些剪裂纹可能出现交叉(图 9-12(f)、图 9-13(f)、图 9-14(e)和图 9-16(f))和分叉(图 9-15(f))。当剪裂纹出现交叉时,一条剪裂纹的扩展受到抑制,而另一条可以继续扩展,直至贯通岩样。

随着 φ 的增大,剪裂纹出现变晚(图 9-12(c)、图 9-13(c)、图 9-14(c)、图 9-15(c)和图 9-16(c))。在方案 1～方案 5 中,当 N 分别为 22600、26200、29000、32200 和 39200 时,剪裂纹开始出现。应当指出,拉裂纹多伴随着剪裂纹的扩展而产生,多位于垂直方向上和剪裂纹附近。

随着 φ 的增大,剪切面角度增大,这与基于莫尔-库仑准则的理论解($45°+\varphi/2$)基本一致,有些剪切面角度的数值解明显偏离上述理论解,例如,图 9-13(f) 和图 9-15(f)中左部贯通岩样左边界的剪切面,其原因有待研究。

随着 φ 的增大,应力峰值增大,应力峰值对应的应变增大,峰后脆性和残余强度变化不大(图 9-17)。对于方案 1~方案 5,应力峰值的计算结果分别为25.2626MPa、27.8624MPa、30.8666MPa、33.7114MPa 和 38.1472MPa,而基于莫尔-库仑准则的应力峰值分别为 33.6232MPa、36.8462MPa、40.4979MPa、44.6869MPa 和 49.5613MPa,计算结果均比理论解小,且相对误差分别为–24.87%、–24.38%、–23.78%、–24.56%和–23.03%,这应与岩样上端的固定铰支座约束造成的岩样四角附近的应力集中和开裂有关,所以计算得到的应力峰值低于理论解。

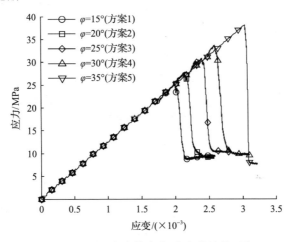

图 9-17　不同方案的应力-应变曲线的对比

9.8　本章小结

在本章发展的连续-非连续方法中,裂纹既可以只沿单元边界扩展,又可以沿单元边界和对角线扩展;对于剪裂情形,潜在剪裂方向与最小主应力绝对值最大者方向和介质的内摩擦角有关,选择与潜在剪裂方向最接近的单元边界方向或对角线方向作为实际剪裂方向;既可以只引入 Ⅰ 型断裂能,又可以同时引入 Ⅰ 型和 Ⅱ 型断裂能,为此需要同时计算法向张开度和切向滑移量;采用了基于空间剖分的接触检测方法,这提高了计算效率;采用了基于势的接触力计算方法,从而不需要对角-角接触类型进行单独处理,求解的接触力是分布力,这更符合实际,只引入了法向刚度系数,选择与嵌入点邻近的单元边界作为嵌入边；考虑了动摩擦和相对静止情形；采用向前差分方法或中心差分方法求解运动方程。

通过模拟弹性块体与水平面的接触过程、弹性滑块沿斜面的下滑过程和岩样单轴压缩实验(考虑或不考虑对角线开裂)，在一定程度上检验了本章发展的连续-非连续方法的正确性。

第10章 巴西圆盘岩样劈裂实验模拟

常采用巴西圆盘岩样劈裂实验测定岩石的抗拉强度和断裂韧度(王启智和贾学明，2002)。巴西圆盘岩样劈裂实验的加载方式主要有集中加载方式、加载板加载方式和平台加载方式。集中加载方式是指在加载板与圆盘之间放置一根垫条，从而将加载板压力转变为线载荷；加载板加载方式是指加载板直接与圆盘接触；平台加载方式是指在圆盘上引进两个平台。王启智和吴礼舟(2004)采用平台加载方式，测得了大理岩的弹性模量、抗拉强度和断裂韧度；尤明庆和苏承东(2004)采用平台加载方式，开展了4类典型岩石实验，发现平台加载角应以20°～30°为宜；邓华锋等(2012)采用集中加载方式，研究了圆盘厚径比对砂岩的抗拉强度的影响；庞海燕等(2011)采用加载板加载方式测得了某种炸药的抗拉强度。

目前，许多研究人员模拟了巴西圆盘岩样劈裂实验。在加载板加载方式下，朱万成等(2005)采用RFPA研究了静态和动态载荷条件下巴西圆盘岩样的破坏过程；徐根等(2006)采用有限元法分析了载荷接触条件和接触面宽度角对抗拉强度的影响；严成增等(2014a)采用基于裂纹尖端附近单元劈裂的FDEM自适应分析方法模拟了加载板加载方式下巴西圆盘岩样的劈裂过程；孟京京等(2013)采用PFC模拟了不同中心角的平台巴西圆盘岩样的劈裂过程；王杰等(2013)采用弹簧元与离散元耦合方法模拟了平台巴西圆盘的劈裂过程；Mahabadi等(2014)采用三维FDEM模拟了集中载荷下巴西圆盘岩样的劈裂过程。

目前，多数研究人员只获得了某种加载条件下的结果，不同研究人员的结果难于直接对比；一些结果尚不能令人满意，例如，Mahabadi等(2014)通过数值计算得到的抗拉强度高于通过物理实验测得的抗拉强度。

本章模拟了不同加载方式下巴西圆盘岩样劈裂实验，并研究了抗拉强度的影响。

10.1 模型和方案

10.1.1 模型和参数

为了分析加载方式对巴西圆盘岩样劈裂实验结果的影响，建立了3类不同的数值模型：集中加载方式、加载板加载方式和平台加载方式(图10-1)。圆盘直径 D 为0.05m。各种计算参数取值如下：面密度 ρ 为2.50g/cm^2，弹性模量 E 为3.5GPa，泊松比 μ 为0.25，内摩擦角 φ 为45°，I型断裂能 G_f^{I} 为50N/m，法向刚度 K_n 为350GPa，局部自适应阻尼系数 α 为0.2。对于集中加载方式和加载板加载方式，

时间步长 Δt 为 $4.184\,53\times10^{-8}$s；对于平台加载方式，Δt 为 $4.305\,69\times10^{-8}$s。计算在平面应力、大变形条件下进行。

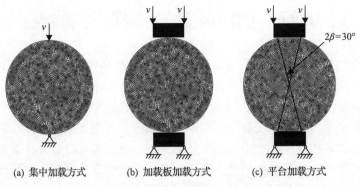

(a) 集中加载方式　　　(b) 加载板加载方式　　　(c) 平台加载方式

图 10-1　不同加载方式下巴西圆盘岩样的数值模型

　　对于集中加载方式(图 10-1(a))，在圆盘岩样最高处节点上施加向下的速度 v，其大小为 0.01m/s，该速度对于数值模拟而言已经足够小，同时，在圆盘岩样最低处节点上施加固定铰支座，圆盘岩样被剖分为 5340 个四边形单元，共包含 5463 个节点，单元平均边长约为 $D/82$。对于加载板加载方式(图 10-1(b))，下加载板上表面和上加载板下表面均和圆盘岩样光滑接触，在下加载板下表面施加固定铰支座，在上加载板上表面施加向下的速度 v，其大小为 0.01m/s，加载板由一个矩形刚性单元模拟，该单元长度为 0.02m，宽度为 0.01m，圆盘岩样单元剖分方式同集中加载方式。对于平台加载方式，加载角 2β 分别为 10°、20°、30° 和 40°，下加载板上表面与圆盘岩样下平台以及上加载板下表面与圆盘岩样上平台均光滑接触，在下加载板下表面施加固定铰支座，在上加载板上表面施加向下的速度 v，其大小为 0.01m/s，圆盘岩样分别被剖分为 5471 个、5597 个、5317 个和 5147 个四边形单元，分别包含 5603 个、5728 个、5440 个和 5285 个节点，单元平均边长约为 $D/82$，加载板的模拟方法和几何参数与加载板加载方式的相同，其中，$2\beta=30°$ 的模型见图 10-1(c)。

10.1.2　计算方案

　　共选择了 13 个计算方案。其中，方案 1、方案 4 和方案 9 为集中加载方式，方案 2、方案 5 和方案 10 为加载板加载方式，方案 3、方案 6～方案 8 和方案 11～方案 13 为平台加载方式。为了保证方案 1～方案 3、方案 11～方案 13 的圆盘岩样中心起裂，莫尔-库仑准则中的黏聚力为 40MPa，相对较高，而方案 4～方案 10 的黏聚力为 8MPa，相对较低。方案 6～方案 8 的抗拉强度不同，以研究抗拉强度的影响。方案 9 和方案 10 的抗拉强度均为 0.5MPa。方案 11～方案 13 的 2β 分别为 10°、20°和 40°，而其他方案平台加载方式的 2β 均为 30°。各方案的详细信息见表 10-1。

表 10-1　不同方案的圆盘岩样的黏聚力和抗拉强度

方案	加载方式	介质参数	
		黏聚力/MPa	抗拉强度/MPa
1	集中加载	40	1.0
2	加载板加载	40	1.0
3	平台加载(2β=30°)	40	1.0
4	集中加载	8	1.0
5	加载板加载	8	1.0
6	平台加载(2β=30°)	8	1.0
7	平台加载(2β=30°)	8	2.0
8	平台加载(2β=30°)	8	3.0
9	集中加载	8	0.5
10	加载板加载	8	0.5
11	平台加载(2β=10°)	40	1.0
12	平台加载(2β=20°)	40	1.0
13	平台加载(2β=40°)	40	1.0

10.2　结果和分析

10.2.1　图片说明

图 10-2 为方案 1～方案 6 的载荷-位移曲线，此载荷为以圆盘厚度 l=0.05m 折算后的载荷，图 10-3～图 10-7 分别为方案 1～方案 5 的圆盘岩样的变形-开裂过程，图 10-8 为方案 6～方案 8 的载荷-位移曲线，图 10-9 为方案 8 的圆盘岩样的变形-开裂过程，图 10-10 为方案 4、方案 5、方案 9 和方案 10 的载荷-位移曲线，图 10-11 和图 10-12 分别为方案 9 和方案 10 的圆盘岩样的变形-开裂过程，图 10-13 给出了 2β 取 0°(方案 1)、10°(方案 11)、20°(方案 12)、30°(方案 3)和 40°(方案 13)时抗拉强度修正系数和其他人得出的结果(王启智和贾学明，2002；尤明庆和苏承东，2004；黄耀光等，2015)。在各圆盘样的变形-开裂过程中，单元颜色代表最大主应力 σ_3，正负分别代表拉应力、压应力，节点位移的放大系数为 100。

10.2.2　加载方式的影响

1. 高黏聚力时(方案 1～方案 3)

由图 10-2 可以发现：

　　(1)对于方案1(集中加载方式)和方案3(平台加载方式),载荷-位移曲线经历了两个阶段:线弹性阶段和峰后脆性开裂阶段;而对于方案2(加载板加载方式),该曲线经历了3个阶段:压实阶段、线弹性阶段和峰后脆性开裂阶段。

　　(2)在达到峰值载荷之前,3条曲线的斜率各不相同,方案3的斜率最高,而方案1和方案2的相对较低且较为接近。对于加载板加载方式,在加载初始阶段,该曲线的斜率小于集中加载方式的,这是由于加载板和圆盘岩样之间未能充分压实;随着加载的进行,该曲线的斜率逐渐增大直至趋于常数,且大于集中加载方式的斜率。

　　(3)方案1和方案2的峰值载荷分别为3940.9N和3952.5N,较为接近,低于方案3的(4563.4N)。

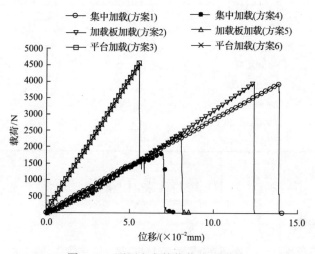

图10-2　不同方案的载荷-位移曲线

　　在圆盘中心起裂条件下,集中加载方式和加载板加载方式的抗拉强度σ_t为

$$\sigma_t = \frac{2P}{\pi Dl} \tag{10-1}$$

式中,P是峰值载荷。

　　对于平台加载方式,σ_t(黄耀光等,2015)为

$$\sigma_t = \frac{-2P\sin\beta\cos^2\beta}{\pi Dl(\sin\beta\cos\beta - 2\beta)} \tag{10-2}$$

式中,β是平台加载角的1/2。

　　对于方案1~方案3,根据式(10-1)或式(10-2)求得的岩石的σ_t分别为1.0035MPa、1.0065MPa和1.0256MPa,而真实的σ_t为1.0MPa(表10-1)。由此可见,对于集中加载方式与加载板加载方式,求得的σ_t均接近于真实的σ_t。相比之

下，集中加载方式的结果更加准确，而平台加载方式的结果的绝对误差稍大，为
2.56%。对于平台加载方式，选取的 σ_t 与 $2P/(\pi Dl)$ 之比(修正系数)为 0.8606，这
与 2β 为 30°时位移加载条件下 σ_t 的修正系数为 0.8627 的论述(尤明庆和苏承东，
2004)较为一致，而根据式(10-2)求得的修正系数为 0.8826，均比上述两种结果大。

由图 10-3 可以发现：

(1)在开裂之前，圆盘岩样的 σ_3 高值区(σ_3 较高区域)的形状为直立的纺锤形，
同时，在加载端和约束端存在 σ_3 低值区(σ_3 较低区域)(图 10-3(a))。

(2)当时步数目 N 为 330670 时，圆盘岩样中心萌生裂纹(图 10-3(b))。此时，
载荷为 3933.8N，并未达到峰值载荷 3940.9N。

(3)圆盘岩样中心起裂后，众多微裂纹汇聚成裂纹带，并迅速向圆盘岩样上、
下端扩展，同时伴有应力波产生并传播。与此同时，σ_3 高值区不断缩小(图 10-3(c)～
(e))，载荷不断增大。当 N 为 331030 时(图 10-3(e))，裂纹带两端接近圆盘岩样
上、下端。此时，载荷达到峰值。在本章中，开裂方向只能沿着单元边界，所以
裂纹带中包含了许多倾斜的短裂纹。

(4)最后，一条贯穿整个圆盘岩样的裂纹带形成于圆盘岩样上、下端连线附近
(图 10-3(f))。

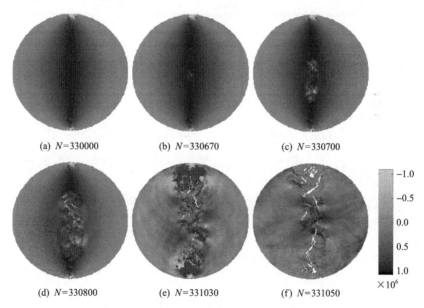

图 10-3　圆盘岩样的变形-开裂过程(方案 1)

由图 10-4 可以发现，方案 2 的圆盘岩样的开裂过程与方案 1 的类似，但在圆
盘岩样的上、下端，σ_3 低值区比方案 1 的大，这意味着加载板加载方式有利于改
善圆盘岩样上、下端的 σ_3 集中。

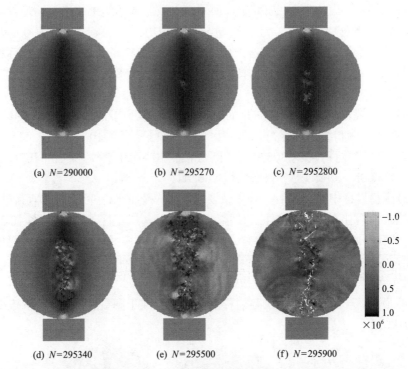

(a) N=290000　　　　(b) N=295270　　　　(c) N=2952800

(d) N=295340　　　　(e) N=295500　　　　(f) N=295900

图 10-4　圆盘岩样的变形-开裂过程(方案 2)

由图 10-5 可以发现:

(1)在圆盘岩样开裂之前,σ_3 高值区和低值区分别位于圆盘岩样的中心附近和平台附近(图 10-5(a))。

(2)当 N 为 128230 时,圆盘岩样中心萌生裂纹(图 10-5(b))。此后,众多微裂纹汇聚成裂纹带,并迅速向上、下平台扩展,同时,伴有应力波产生和传播,σ_3 高值区不断缩小(图 10-5(c)~(e))。

(3)当裂纹带扩展至 σ_3 低值区附近时,裂纹带的扩展方向转为沿该低值区边界(图 10-5(f))。

2. 低黏聚力时(方案 4~方案 6)

由图 10-2 可以发现:

(1)对于方案 4(集中加载方式),载荷-位移曲线经历了两个阶段:线弹性阶段和开裂阶段,其中,开裂阶段呈现两次载荷突降,分别发生在加载位移为 5.8465×10^{-2}mm 和 6.9750×10^{-2}mm 时;对于方案 5(加载板加载方式),该曲线经历了 3 个阶段:压实阶段、线弹性阶段和开裂阶段;对于方案 6(平台加载方式),该曲线经历了两个阶段:线弹性阶段和开裂阶段。

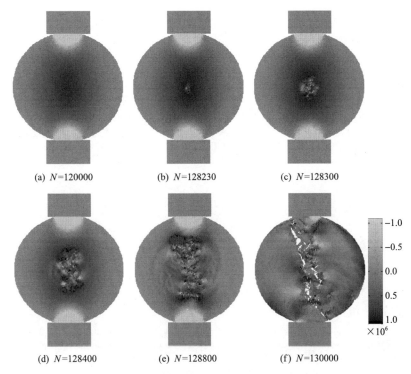

(a) N=120000　　　　(b) N=128230　　　　(c) N=128300

(d) N=128400　　　　(e) N=128800　　　　(f) N=130000

图 10-5　圆盘的岩样变形-开裂过程(方案 3)

（2）方案 4～方案 6 的峰值载荷分别为 1814.4N、407.2N 和 4563.4N，由式（10-1）或式（10-2）求得的 σ_t 分别为 0.4620MPa、0.6130MPa 和 1.0256MPa。由此可见，对于方案 4 和方案 5，求得的 σ_t 远低于真实的 σ_t；对于方案 6，二者接近。

由图 10-6 和图 10-7 可以发现，在低黏聚力时，圆盘岩样均未发生中心起裂，而在上、下端附近发生剪裂。限于篇幅，方案 6 的圆盘岩样的开裂过程未被给出，其结果与图 10-5 的类似，圆盘岩样中心起裂。

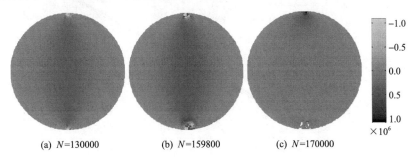

(a) N=130000　　　　(b) N=159800　　　　(c) N=170000

图 10-6　圆盘岩样的变形-开裂过程(方案 4)

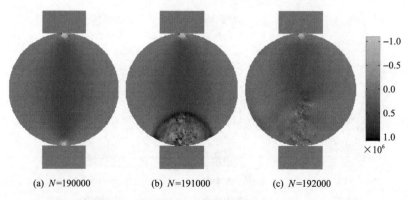

(a) $N=190000$　　　　(b) $N=191000$　　　　(c) $N=192000$

图 10-7　圆盘岩样的变形-开裂过程(方案 5)

10.2.3　抗拉强度的影响

1. 平台加载(方案 6～方案 8)

由图 10-8 可以发现:

(1)方案 6 和方案 7 的峰值载荷分别为 4563.4N 和 9072.4N,根据式(10-2)求得的 σ_t 分别为 1.0256MPa 和 2.0390MPa,与真实的 σ_t 一致。

(2)方案 8 的峰值载荷仅为 10635.9N,根据式(10-2)求得的 σ_t 为 2.3904MPa,远低于真实的 σ_t。

限于篇幅,方案 7 的圆盘岩样的开裂过程未被给出,其结果与图 10-5 的相类似,圆盘岩样中心起裂。方案 8 的圆盘岩样的开裂过程见图 10-9,圆盘岩样未发生中心起裂。由此可见,当 σ_t 过高时,平台加载方式下圆盘岩样无法保证中心起裂。

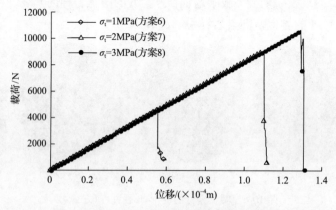

图 10-8　不同方案的载荷-位移曲线

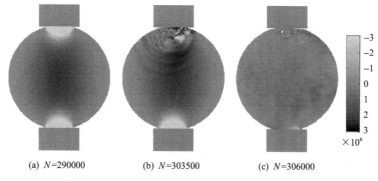

(a) N=290000　　　　(b) N=303500　　　　(c) N=306000

图 10-9　圆盘岩样的变形-开裂过程(方案 8)

2. 集中加载(方案 4 和方案 9)

由图 10-10 和图 10-11 可以发现：

(1)当加载位移为 5.8463×10^{-2}mm 时，方案 4 和方案 9 的载荷均发生突降。方案 9 的载荷降至 0，而方案 4 的载荷降至 1460N 后开始提升，当加载位移达到 6.9750×10^{-2}mm 时，载荷出现第 2 次突降。

(2)当 σ_t 较低时，圆盘岩样上、下端和内部均出现裂纹。

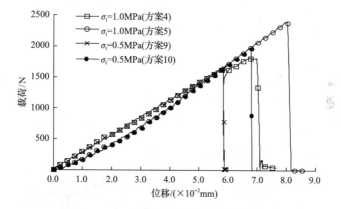

图 10-10　不同方案的载荷-位移曲线

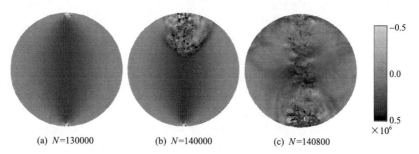

(a) N=130000　　　　(b) N=140000　　　　(c) N=140800

图 10-11　圆盘岩样的变形-开裂过程(方案 9)

3. 加载板加载(方案 5 和方案 10)

由图 10-10 和图 10-12 可以发现:

(1)方案 5 和方案 10 的峰值载荷分别为 2407.2N 和 1980.9N。对于方案 10,根据式(10-1)求得的 σ_t 为 0.5044MPa,接近于真实的 σ_t。

(2)当 σ_t 较低时,圆盘岩样中心起裂。

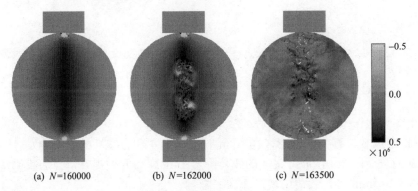

(a) N=160000　　　　　(b) N=162000　　　　　(c) N=163500

图 10-12　圆盘岩样的变形-开裂过程(方案 10)

10.2.4　平台加载角对抗拉强度修正系数的影响

由图 10-13 可以发现:

(1)本章的数值解与王启智和贾学明(2002)及黄耀光等(2015)的理论解相比偏小,而与尤明庆和苏承东(2004)的数值解较为吻合。

(2)2β 越大,本章求得的 σ_t 修正系数与上述理论解的差距越大。

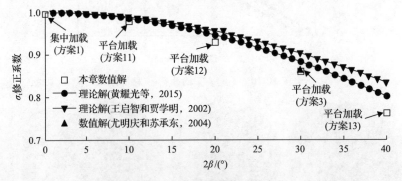

图 10-13　σ_t 修正系数随 2β 的变化

在上述理论解的求解过程中,圆盘岩样的受力被简化为均布载荷,而本章采用位移控制加载,这应该可以解释 σ_t 修正系数的差异(尤明庆和苏承东,2004)。

10.3　本　章　小　结

(1)集中加载方式和加载板加载方式下巴西圆盘岩样上、下端容易发生剪裂，而平台加载方式下巴西圆盘岩样容易中心起裂。

(2)在中心起裂时，集中加载方式下抗拉强度的数值解最接近于真实的抗拉强度，而平台加载方式下抗拉强度的数值解误差稍大，且加载角越大，抗拉强度修正系数与黄耀光等(2015)及王启智和贾学明(2002)的抗拉强度修正系数差距越大。加载板加载方式下抗拉强度的数值解介于上述两者之间。

(3)无论对于哪种加载方式，当岩石抗拉强度较低时，均有利于巴西圆盘岩样中心起裂，否则，巴西圆盘岩样上、下端将发生剪裂。

(4)在巴西圆盘岩样中心起裂后，众多微裂纹汇聚成裂纹带，并在垂直方向上不断扩展，直至贯穿整个巴西圆盘岩样，同时，伴有应力波产生并传播。

第11章　三点弯双层叠梁实验模拟

介质的变形、破坏与尺寸效应密切相关。就岩石力学与工程而言，尺寸效应或尺度律的重要性是众所周知的(刘宝琛等，1998；Bažant and Chen，1999；尤明庆和邹友峰，2000)。在煤矿开采中，上覆岩层运动对下部采场和巷道围岩的稳定性具有决定性作用(钱鸣高和石平五，2003；许家林等，2004)。由于上覆岩层的岩性、厚度和层位关系不同，上覆岩层运动多种多样(史红和姜福兴，2005)。因此，为了深入了解上覆岩层运动，有必要开展不同尺寸和岩性的组合岩层的变形-开裂过程的研究。

许多研究人员对岩层进行了简化(代树红，2013；刘金辉，2011；代树红等，2014；Wang et al.，2014；徐殿富，2014)，以研究岩层的变形和破坏规律。刘金辉(2011)开展了上硬下软叠梁和上软下硬叠梁的离层和垮落实验研究，在两根单梁之间设置了不同的黏结效果：无黏结、弱黏结和强黏结，采用抽条方法模拟了煤层开采过程。刘金辉(2011)还采用 FLAC^{3D} 开展了相应的数值模拟研究，采用界面单元模拟两根单梁之间的接触。代树红(2013)开展了三点弯上砂岩下泥岩叠梁和上泥岩下砂岩叠梁的开裂过程实验研究，其中，两根单梁之间的界面包括两种类型：接触型和充填型。研究发现，对于接触型，载荷-位移曲线呈现双峰特征，载荷峰值时刻同裂纹在上、下单梁中起裂时刻相对应；对于充填型，没有观察到载荷-位移曲线的双峰特征。代树红等(2014)采用 RFPA 模拟了三点弯双层叠梁的变形和破坏过程，采用强度和弹性模量均低的单元模拟界面。Wang 等(2014)开展了类似三点弯上厚下薄叠板的开裂过程实验研究。徐殿富(2014)采用 PFC^{3D} 模拟了厚度、岩板之间的黏聚强度和摩擦系数对双层叠板开裂过程的影响。目前，在数值模拟研究方面，连续方法或非连续方法多被用于研究叠梁的力学行为。连续方法难以处理裂纹扩展等问题，非连续方法适于处理非连续介质的开裂和运动等问题，但对应力和应变的描述较为粗糙。

目前，在数值模拟和实验研究中，对不同叠放次序叠梁开裂过程中的尺寸效应研究非常少见；梁的力学参数(例如，抗拉强度、断裂能、弹性模量、泊松比和法向刚度系数)的影响研究也少见。

为了深入了解双层叠梁的变形-开裂过程，本章开展了两方面研究。在第一个方面研究中，模拟了三点弯不同叠放次序双层叠梁(由砂岩和泥岩单梁构成)开裂过程中的尺寸效应。本章研究了单纯由尺寸改变而引起的叠梁的尺寸效应，未研究尺寸和力学参数均改变而引起的叠梁的尺寸效应。在第二个方面研究中，研究了梁的力学参数(例如，抗拉强度、断裂能、弹性模量、泊松比和法向刚度系数)的影响，共包括 72 个方案，其中 2 个方案的模型基本是根据代树红(2013)的模型建立的，用于模拟上砂岩下泥岩叠梁和上泥岩下砂岩叠梁物理实验。

11.1　叠放次序和尺寸的影响

11.1.1　模型和参数

为了研究三点弯不同叠放次序双层叠梁开裂过程中的尺寸效应，建立了双层叠梁模型：上砂岩下泥岩叠梁(上单梁为砂岩，下单梁为泥岩，见图 11-1(a))和上泥岩下砂岩叠梁(上单梁为泥岩，下单梁为砂岩，见图 11-1(b))。上单梁的长和高分别为 l 和 d_1；下单梁的长和高分别为 l 和 d_2。两单梁之间无任何黏结作用。在下单梁跨中，预置裂纹高度为 r。将单梁剖分成边长为 0.25cm 的正方形单元。

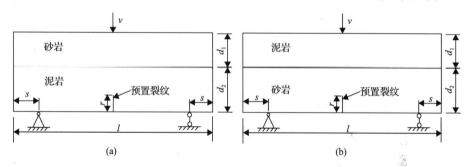

图 11-1　两种叠梁的几何模型和边界条件

各种计算参数取值如下：砂岩和泥岩的弹性模量 E 分别为 12.7GPa 和 7.23GPa，泊松比 μ 分别为 0.26 和 0.3，抗拉强度 σ_t 分别为 1.7MPa 和 1.2MPa，法向张开度 w 与法向黏聚力 σ_n 之间的关系为指数关系，I 型断裂能 G_f^I 分别为 2.0N/m 和 1.0N/m，莫尔-库仑准则中的黏聚力 c 分别为 6.0MPa 和 2.0MPa，面密度 ρ 分别为 2700kg/m² 和 2650kg/m²，局部自适应阻尼系数 α 为 0.2，法向刚度系数 K_n 为 30GPa。在叠梁下端面距左边界 s 处，施加固定铰支座约束，在叠梁下端面距右边界 s 处，施加竖直方向的活动铰支座约束。在叠梁上端面中点处，施加竖直向下的速度 v，其大小为 3.4×10^{-4}m/s。应当指出，弹性模量 E 和泊松比 μ 的取值与代树红(2013)的取值相同。计算在平面应变、小变形条件下进行。

在本章中，为了研究方便，认为 σ_t 和 E 等参数不具有尺寸效应。本章研究了单纯由尺寸改变而引起的叠梁的尺寸效应，未研究尺寸和力学参数均改变而引起的叠梁的尺寸效应。

11.1.2　方案

共选择了 20 个计算方案(表 11-1)。方案 1 和方案 2 的模型基本是根据代树红的模型(2013)建立的。其中,方案 1、方案 3~方案 5、方案 9、方案 10 和方案 13~方案 16 为上砂岩下泥岩叠梁,方案 2、方案 6~方案 8、方案 11、方案 12 和方案 17~方案 20 为上泥岩下砂岩叠梁。方案 1、方案 2 和方案 3~方案 8 在叠梁长高比不变条件下被用于研究尺寸对叠梁载荷-位移曲线和变形-开裂过程的影响。方案 9~方案 12 在叠梁高度不变条件下被用于研究长度对叠梁载荷-位移曲线和变形-开裂过程的影响。方案 13~方案 20 在叠梁长度不变条件下被用于研究单梁高度对叠梁载荷-位移曲线和变形-开裂过程的影响。应当指出,上述载荷为以叠梁厚度 0.02m 折算后的载荷。

表 11-1　不同方案的叠梁尺寸等参数

方案	单梁叠放次序	叠梁长度 l/cm	上单梁高度 d_1/cm	下单梁高度 d_2/cm	预置裂纹高度 r/cm	约束位置 s/cm
方案 1/方案 2	上砂岩下泥岩/上泥岩下砂岩	20	3	4	1.5	3.0
方案 3/方案 6	上砂岩下泥岩/上泥岩下砂岩	30	4.5	6	2.25	4.5
方案 4/方案 7	上砂岩下泥岩/上泥岩下砂岩	40	6	8	3.0	6.0
方案 5/方案 8	上砂岩下泥岩/上泥岩下砂岩	50	7.5	10	3.75	7.5
方案 9/方案 11	上砂岩下泥岩/上泥岩下砂岩	30	3	4	1.5	3.0
方案 10/方案 12	上砂岩下泥岩/上泥岩下砂岩	40	3	4	1.5	3.0
方案 13/方案 17	上砂岩下泥岩/上泥岩下砂岩	20	4.5	2.5	1.5	3.0
方案 14/方案 18	上砂岩下泥岩/上泥岩下砂岩	20	4	3	1.5	3.0
方案 15/方案 19	上砂岩下泥岩/上泥岩下砂岩	20	3.5	3.5	1.5	3.0
方案 16/方案 20	上砂岩下泥岩/上泥岩下砂岩	20	2.5	4.5	1.5	3.0

11.1.3　图片说明

图 11-2 给出了方案 1~方案 8 的载荷-位移曲线。图 11-3 给出了方案 1 和方案 4 的变形-开裂过程。图 11-4 给出了方案 1 和方案 2 及方案 9~方案 12 的载荷-位移曲线。图 11-5 给出了方案 9 和方案 10 的变形-开裂过程。图 11-6 给出了方案 1 和方案 2 及方案 13~方案 20 的载荷-位移曲线。图 11-7 给出了方案 13 和方案 19 的变形-开裂过程。在各叠梁的变形-开裂过程中,单元颜色代表最大主应力 σ_3,正、负分别代表拉应力、压应力,节点位移的放大倍数为 100。应当指出,在载荷-位移曲线中,载荷和位移是速度施加点的垂直载荷和位移。

11.1.4　叠梁尺寸的影响(叠梁长高比相同)

由图 11-2 和图 11-3 发现:

(1)不同尺寸时叠梁的载荷-位移曲线均呈现双峰特征。可以将叠梁的载荷-位移曲线划分成 5 个阶段:第 1 峰值载荷之前的弹性阶段和应变硬化阶段、第 1 峰值载荷之后的应变软化阶段、第 2 峰值载荷之前的应变硬化阶段、第 2 峰值载荷之后的应变软化阶段和残余阶段。

(2)在弹性阶段(图 11-3(a)和(e)),对于下单梁,σ_3 集中出现于裂纹尖端附近;对于上单梁,中性层下方受拉,中性层上方受压。下单梁先起裂(图 11-3(b)和(f)),σ_3 始终集中于裂纹尖端附近,上单梁后起裂。在上单梁起裂时刻(图 11-3(c)和(g)),下单梁几乎已完全开裂(应当指出,此时,下单梁左、右两部分仍有少量节点相连),下单梁的 σ_3 几乎为零。在残余阶段(图 11-3(d)和(h)),上单梁已几乎完全开裂,上单梁的 σ_3 几乎为零。

(3)随着叠梁尺寸的增大,载荷-位移曲线峰值增大,且上砂岩下泥岩叠梁的第 1、第 2 峰值载荷均大于上泥岩下砂岩叠梁的。对于上砂岩下泥岩叠梁,方案 1 和方案 3 的第 1 峰值载荷大于第 2 峰值载荷,而方案 4 和方案 5 的则不然。容易理解,上单梁(砂岩)高度较小时上单梁开裂较快,所以,第 1 峰值载荷会大于第 2 峰值载荷。当上单梁高度增大时,上单梁开裂变慢,即第 2 峰值载荷之前的应变硬化阶段变长,所以,第 1 峰值载荷将会小于第 2 峰值载荷。对于上泥岩下砂岩叠梁,第 1 峰值载荷均大于第 2 峰值载荷,这是由于第 2 峰值载荷达到时,下单梁已几乎完全开裂,叠梁载荷主要由较软弱的上单梁(泥岩)承担。

(4)随着叠梁尺寸的增大,第 1 和第 2 峰值载荷对应的位移增大;两峰值之间的位移差增大;第 1 峰值载荷之后的应变软化阶段和第 2 峰值载荷之前的应变硬化阶段所持续的时间或位移增大,第 1 峰值载荷之后的应变软化阶段变脆;达到残余阶段所需要的时间增加。

(5)两种叠梁的第 1 峰值载荷之前的弹性阶段和应变硬化阶段的斜率(第 1 峰前斜率)均大于第 2 峰值载荷之前的应变硬化阶段的斜率(第 2 峰前斜率),这是由于下单梁开裂后,叠梁的等效刚度降低。上砂岩下泥岩叠梁的第 1 峰前斜率大于上泥岩下砂岩叠梁的,这主要是由于上单梁高度大于去掉预置裂纹尺寸后的下单梁高度,这样,当上单梁为砂岩时,叠梁的等效刚度较大,即上砂岩下泥岩叠梁中砂岩所占比重比上泥岩下砂岩叠梁中砂岩所占比重大。两种叠梁的第 2 峰值载荷之后的应变软化阶段比第 1 峰值载荷之后的应变软化阶段更陡峭。

(6)与上砂岩下泥岩叠梁的结果相比,上泥岩下砂岩叠梁的第 1 峰值载荷之后的应变软化曲线更陡峭,载荷下降量更大,这表明脆性更强。

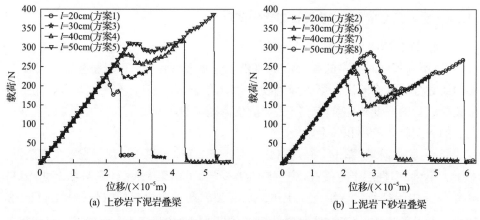

(a) 上砂岩下泥岩叠梁　　　　　　　　　　(b) 上泥岩下砂岩叠梁

图 11-2　长高比相同但尺寸不同时叠梁的载荷-位移曲线

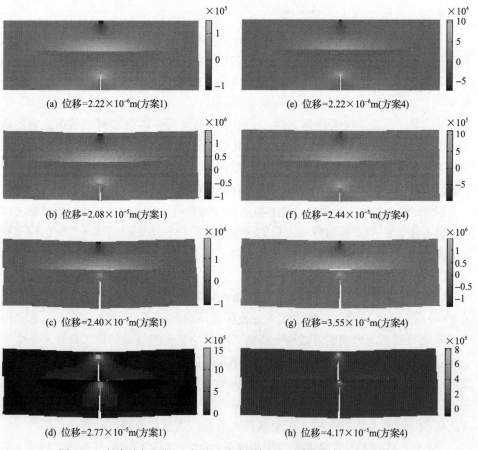

图 11-3　长高比相同但尺寸不同时叠梁变形-开裂过程中 σ_3 的时空分布

11.1.5　叠梁长度的影响(叠梁高度相同)

由图 11-4 可以发现:

(1)随着叠梁长度的增大,第 1 和第 2 峰值载荷减小,第 1 和第 2 峰前斜率减小,第 1 和第 2 峰值载荷对应的位移均增大(例如,方案 9 的第 1 和第 2 峰值载荷对应的位移分别为 2.81×10^{-5}m 和 5.26×10^{-5}m;方案 10 的第 1 和第 2 峰值载荷对应的位移分别为 5.08×10^{-5}m 和 0.94×10^{-4}m,方案 10 的结果大于方案 9 的,且方案 9 的结果大于方案 1 的)。这些结果的正确性是显而易见的。

(2)随着叠梁长度的增大,对于上砂岩下泥岩叠梁,第 1 峰值载荷之后载荷下降量变化不大;对于上泥岩下砂岩叠梁,第 1 峰值载荷之后载荷下降量减小。随着叠梁长度的增大,第 1 峰值载荷之后的应变软化阶段持续的时间增大,即叠梁变脆;第 2 峰值载荷之前的应变硬化阶段持续的时间增大;两峰值对应的位移差增大。

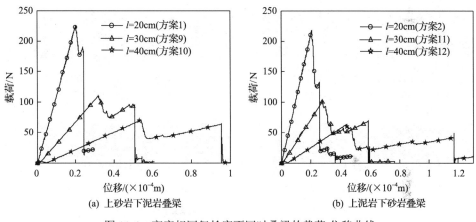

(a) 上砂岩下泥岩叠梁　　　　　　　(b) 上泥岩下砂岩叠梁

图 11-4　高度相同但长度不同时叠梁的载荷-位移曲线

由图 11-5 和图 11-3 可以发现,方案 9 和方案 10 的变形-开裂过程与方案 1 的类似。

11.1.6　单梁高度的影响(叠梁长和高不变)

由图 11-6 和图 11-7 可以发现:

(1)随着上单梁高度 d_1 的减小或随着下单梁高度 d_2 的增大,两种叠梁的载荷-位移曲线形态发生变化:由单峰向双峰或多峰转化。当下单梁较薄时(d_1 较大时或 d_2 较小时),下单梁开裂较早(图 11-7(a)~(d)),下单梁对叠梁的作用较小,叠梁的峰值载荷主要由上单梁决定,所以,叠梁的载荷-位移曲线呈现单峰特征;当 d_2 增大时或 d_1 减小时,下单梁开裂变慢,在下单梁开裂过程中,上单梁发生开裂,此后,上、下单梁的裂纹交替扩展(图 11-7(e)~(h)),或下单梁完全开裂后上单梁再开裂,所以,叠梁的载荷-位移曲线呈现双峰或多峰特征。

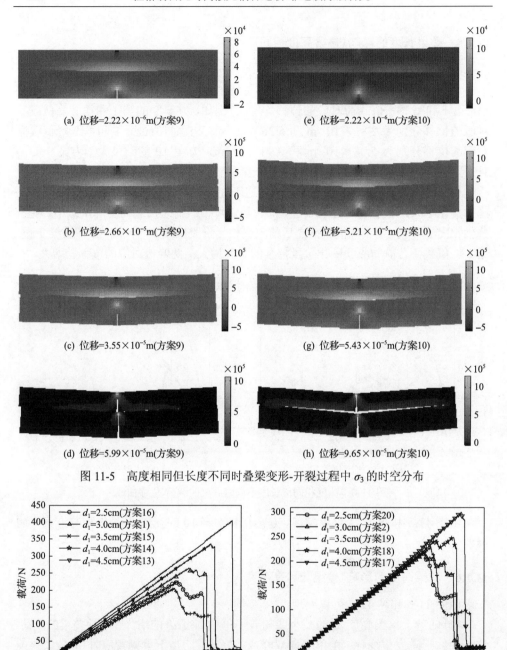

(a) 位移=2.22×10⁻⁶m(方案9)　　　　　　　(e) 位移=2.22×10⁻⁶m(方案10)

(b) 位移=2.66×10⁻⁵m(方案9)　　　　　　　(f) 位移=5.21×10⁻⁵m(方案10)

(c) 位移=3.55×10⁻⁵m(方案9)　　　　　　　(g) 位移=5.43×10⁻⁵m(方案10)

(d) 位移=5.99×10⁻⁵m(方案9)　　　　　　　(h) 位移=9.65×10⁻⁵m(方案10)

图 11-5　高度相同但长度不同时叠梁变形-开裂过程中 σ_3 的时空分布

(a) 上砂岩下泥岩叠梁　　　　　　　(b) 上泥岩下砂岩叠梁

图 11-6　长和高不变但单梁高度不同时叠梁的载荷-位移曲线

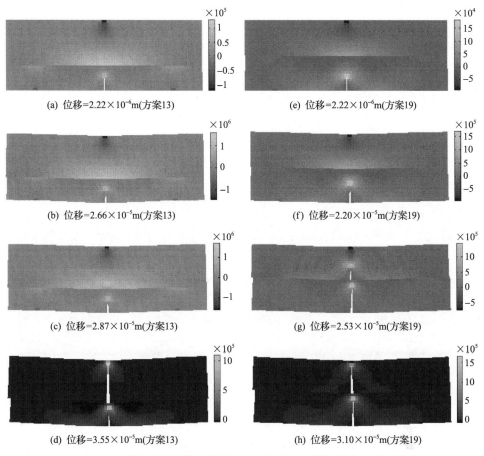

(a) 位移=2.22×10⁻⁶m(方案13)　　　　　　　(e) 位移=2.22×10⁻⁶m(方案19)

(b) 位移=2.66×10⁻⁵m(方案13)　　　　　　　(f) 位移=2.20×10⁻⁵m(方案19)

(c) 位移=2.87×10⁻⁵m(方案13)　　　　　　　(g) 位移=2.53×10⁻⁵m(方案19)

(d) 位移=3.55×10⁻⁵m(方案13)　　　　　　　(h) 位移=3.10×10⁻⁵m(方案19)

图 11-7　长和高不变但单梁高度不同时叠梁变形-开裂过程中 σ_3 的时空分布

(2) 随着 d_1 的减小或随着 d_2 的增大，对于上砂岩下泥岩叠梁，第 1 峰值载荷和第 1 峰前斜率均减小；对于上泥岩下砂岩叠梁，第 1 峰值载荷先减小后增大。双峰和多峰的峰值均小于单峰的。

(3) 上砂岩下泥岩叠梁的第 1 峰前斜率大于上泥岩下砂岩叠梁的；上砂岩下泥岩叠梁的第 1 峰值载荷大于上泥岩下砂岩叠梁的，但 d_1=2.5cm 时的结果例外。

11.2　力学参数的影响研究

11.2.1　模型和参数

基本根据代树红(2013)的模型，建立了双层叠梁模型(图 11-8)，其中，图 11-8 (a)是上砂岩下泥岩叠梁，图 11-8 (b)是上泥岩下砂岩叠梁。该模型是由两根无任何黏结作用的单梁摞在一起形成的。在加载条件下，两根单梁之间将存在法向作用力。

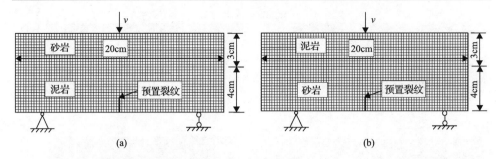

图 11-8　两种叠梁模型

上单梁的长和高分别为 20cm 和 3cm，下单梁的长和高分别为 20cm 和 4cm。在叠梁下端面，设置两个铰支座，左边为固定铰支座，右边为活动铰支座。其中，固定铰支座距叠梁左端面 3.0cm；活动铰支座距叠梁右端面 3.0cm。在上单梁上端面中点，施加垂直向下的速度 v，其大小为 3.4×10^{-4}m/s。在下单梁跨中下部，设置长度为 1.5cm 的预置裂纹。将上、下单梁分别剖分成 960 个和 1280 个尺寸相同的正方形单元，单元边长为 0.25cm。预置裂纹长度等于 6 个单元边长。通过分离指定位置左、右两侧节点以实现裂纹的预置。计算在平面应变、小变形条件下进行。

11.2.2　方案

共选择了 72 个计算方案，其中，方案 1 和方案 2 的参数基本根据代树红(2013)给出的参数。代树红(2013)仅给出了砂岩和泥岩的弹性参数：泊松比 μ 分别为 0.26 和 0.30，弹性模量 E 分别为 12.7GPa 和 7.23GPa。对于砂岩和泥岩的强度参数和物理参数，参考了代树红等(2014)、杨建林等(2015)和吴兴杰等(2016)，莫尔-库仑准则中的黏聚力 c 分别为 6.0MPa 和 3.0MPa，内摩擦角 φ 分别为 27.8° 和 26°，抗拉强度 σ_t 分别为 1.7MPa 和 1.2MPa，Ⅰ 型断裂能 G_f^{I} 分别为 2.0N/m 和 1.0N/m，面密度 ρ 分别为 2650kg/m² 和 2000kg/m²。局部自适应阻尼系数 α 为 0.2，法向刚度系数 K_n 为 30GPa。α 和 K_n 的取值均不背离常识(张楚汉等，2008)。

在方案 1 的基础上，利用方案 3～方案 7、方案 13～方案 16 分别研究了上、下单梁 σ_t 的影响；利用方案 21～方案 23 和方案 27～方案 29 分别研究了上、下单梁 G_f^{I} 的影响；利用方案 33～方案 36 和方案 37～方案 40 分别研究了上、下单梁 E 的影响；利用方案 49～方案 52 和方案 53～方案 56 分别研究了上、下单梁 μ 的影响；利用方案 65～方案 68 研究了 K_n 的影响。

在方案 2 的基础上，利用方案 8～方案 12 和方案 17～方案 20 分别研究了上、下单梁 σ_t 的影响；利用方案 24～方案 26 和方案 30～方案 32 分别研究了上、下单梁 G_f^{I} 的影响；利用方案 41～方案 44 和方案 45～方案 48 分别研究了上、下单梁 E 的影响；利用方案 57～方案 60 和方案 61～方案 64 分别研究了上、下单梁 μ 的影响；利用方案 69～方案 72 研究了 K_n 的影响。

11.2.3 抗拉强度的影响

图 11-9(a) 和(c) 是上硬下软叠梁的载荷-位移曲线, 此载荷是以叠梁厚度 2cm 折算后的载荷。其中, 在图 11-9(a) 中, 上单梁 σ_t 不同, 但均大于下单梁的; 在图 11-9(c) 中, 下单梁 σ_t 不同, 但均小于上单梁的。图 11-9(b) 和(d) 是上软下硬叠梁的载荷-位移曲线。其中, 在图 11-9(b) 中, 下单梁 σ_t 不同, 但均大于上单梁的; 在图 11-9(d) 中, 上单梁 σ_t 不同, 但均小于下单梁的。应当指出, 在载荷-位移曲线中, 载荷和位移是速度施加点的垂直载荷和位移。

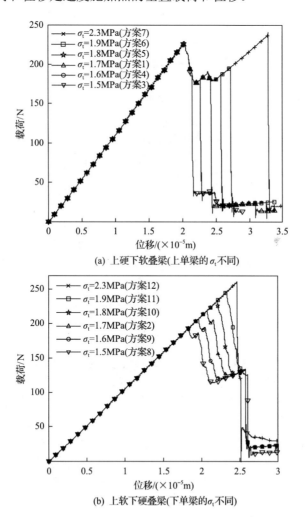

(a) 上硬下软叠梁(上单梁的 σ_t 不同)

(b) 上软下硬叠梁(下单梁的 σ_t 不同)

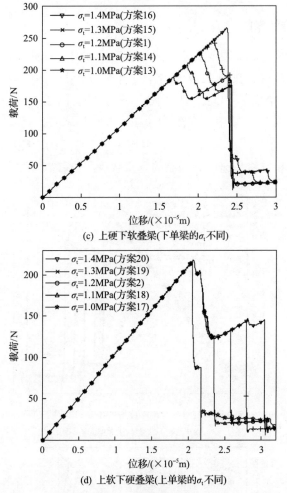

(c) 上硬下软叠梁(下单梁的σ_t不同)

(d) 上软下硬叠梁(上单梁的σ_t不同)

图 11-9　不同σ_t时叠梁的载荷-位移曲线

　　限于篇幅,在图 11-10 中,仅给出了方案 3 和方案 17 的变形-开裂过程。在各叠梁的变形-开裂过程中,单元颜色代表最大主应力σ_3,正、负分别代表拉应力、压应力,节点位移的放大倍数为 100。下同,不再赘述。

　　由图 11-9(a)可以发现,上单梁σ_t的减小使上硬下软叠梁的载荷-位移曲线由双峰或多峰向单峰转变。当上单梁σ_t=2.3MPa 时(方案 7),第 3 峰值载荷大于第 1 峰值载荷。在其他情况下,第 1 峰值载荷均大于第 2、第 3 峰值载荷。

　　上单梁σ_t的减小使上硬下软叠梁的开裂模式发生变化:下单梁完全开裂后上单梁开裂→下单梁未完全开裂时上单梁开裂(图 11-10(a)～(d))→下单梁未开裂且上单梁开裂(图 11-10(e)～(h))。应当指出,所谓的完全开裂不是指裂纹完全贯穿单梁,而是单梁左、右两部分仍会有少量节点相连。当上单梁σ_t降至极小时,下单梁未开裂而上单梁开裂的现象会出现。

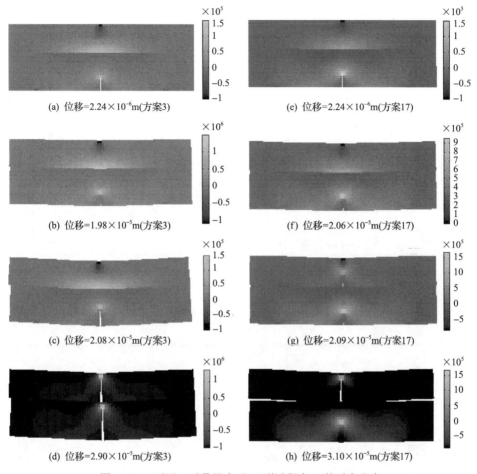

图 11-10 不同 σ_t 时叠梁变形-开裂过程中 σ_3 的时空分布

图 11-9(a) 和 (d) 有类似之处，不再赘述。在图 11-9(d) 中，第 1 峰值载荷均大于第 2、第 3 峰值载荷。

由图 11-9(b) 可以发现，下单梁 σ_t 的增大使上软下硬叠梁的载荷-位移曲线由双峰或多峰向单峰转变，第 1 峰值载荷增大。

下单梁 σ_t 的增大使上软下硬叠梁的开裂模式发生变化：下单梁完全开裂后上单梁开裂→下单梁未完全开裂时上单梁开裂→下单梁未开裂且上单梁开裂。当 $\sigma_t=2.3\text{MPa}$ 时 (方案 12)，上单梁开裂而下单梁未开裂。

图 11-9(b) 和 (c) 相类似，不再赘述。

11.2.4 断裂能的影响

图 11-11(a) 和 (c) 是上硬下软叠梁的载荷-位移曲线。其中，在图 11-11(a) 中，

上单梁 G_f^I 不同，但均不小于下单梁的；在图 11-11(c)中，下单梁 G_f^I 不同，但均不大于上单梁的。图 11-11(b) 和(d)是上软下硬叠梁的载荷-位移曲线。其中，在图 11-11(b)中，下单梁 G_f^I 不同，但均不小于上单梁的；在图 11-11(d)中，上单梁 G_f^I 不同，但均不大于下单梁的。

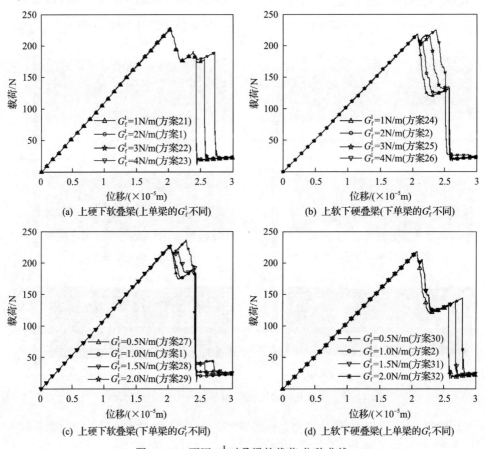

(a) 上硬下软叠梁(上单梁的 G_f^I 不同)　　　　　(b) 上软下硬叠梁(下单梁的 G_f^I 不同)

(c) 上硬下软叠梁(下单梁的 G_f^I 不同)　　　　　(d) 上软下硬叠梁(上单梁的 G_f^I 不同)

图 11-11　不同 G_f^I 时叠梁的载荷-位移曲线

限于篇幅，仅给出了方案 26 的变形-开裂过程(图 11-12)。

由图 11-11(a)可以发现，上单梁 G_f^I 的增大使叠梁的载荷-位移曲线呈现双峰或多峰特征。

由图 11-11(d)可以发现，载荷-位移曲线基本呈现双峰；上单梁 G_f^I 越小，第 2 峰值载荷越小，即上单梁越容易开裂。在非线性断裂力学中，众所周知，G_f^I 影响试样或结构的应力峰值和对应的位移，即二者随着 G_f^I 的减小而减小。由于下单梁完全开裂后，叠梁的载荷-位移曲线第 2 峰值载荷主要由上单梁决定，所以，第 2 峰值载荷和对应的位移将随着上单梁 G_f^I 的减小而减小。

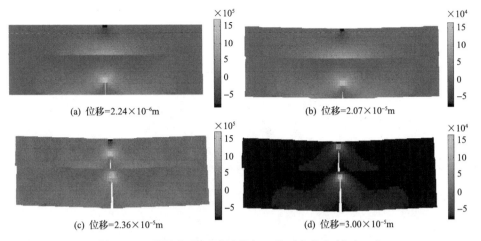

(a) 位移=2.24×10⁻⁶m

(b) 位移=2.07×10⁻⁵m

(c) 位移=2.36×10⁻⁵m

(d) 位移=3.00×10⁻⁵m

图 11-12 叠梁变形-开裂过程中 σ_3 的时空分布(方案 26)

由图 11-11(b)和(c)可以发现,下单梁 $G_{\rm f}^{\rm I}$ 的增大使叠梁的载荷-位移曲线呈现双峰或多峰特征,上砂岩下泥岩叠梁第 2 峰值载荷大于上泥岩下砂岩叠梁的。在下单梁缓慢开裂过程中,上单梁将发生首次开裂(图 11-12(c))。此后,上、下单梁的裂纹交替扩展,载荷-位移曲线呈现双峰和多峰(图 11-12(d))。

11.2.5 弹性模量和泊松比的影响

图 11-13(a)和(c)是上硬下软叠梁的载荷-位移曲线。其中,在图 11-13(a)中,上单梁 E 不同,但均大于下单梁的;在图 11-13(c)中,下单梁 E 不同,但均小于上单梁的。图 11-13(b)和(d)是上软下硬叠梁的载荷-位移曲线。在图 11-13(b)中,下单梁 E 不同,但均大于上单梁的;在图 11-13(d)中,上单梁 E 不同,但均小于下单梁的。限于篇幅,未给出叠梁的变形-开裂过程。

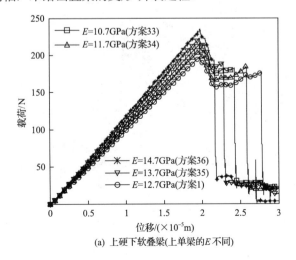

(a) 上硬下软叠梁(上单梁的 E 不同)

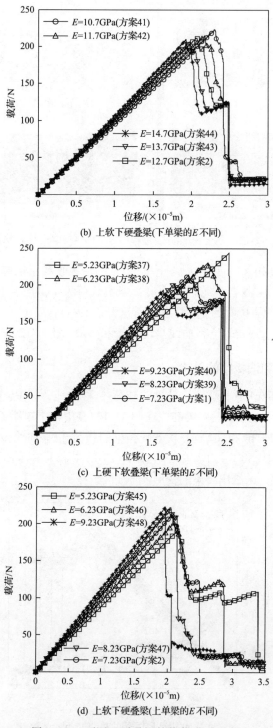

(b) 上软下硬叠梁(下单梁的 E 不同)

(c) 上硬下软叠梁(下单梁的 E 不同)

(d) 上软下硬叠梁(上单梁的 E 不同)

图 11-13　不同 E 时叠梁的载荷-位移曲线

由图 11-13(a)可以发现：

(1)上硬下软叠梁的载荷-位移曲线均呈现双峰特征，第 1 峰值载荷大于第 2 峰值载荷。计算表明，叠梁的开裂模式均为下单梁先开裂而上单梁后开裂。

(2)随着上单梁 E 的增大，第 1 峰值载荷增大。当载荷-位移曲线呈双峰时，若不考虑第 1 峰值载荷之前的应变硬化现象，则可以认为第 1 峰值载荷出现是由下单梁开裂造成的。而且，在第 1 峰值载荷时，可以近似认为下单梁应力基本相同；E 较大的上单梁应力较高。叠梁能承受的峰值载荷取决于此时上、下单梁的应力分布。所以，上述结果是合理的。

(3)随着上单梁 E 的增大，第 2 峰值载荷对应的位移减小。在第 1 峰值载荷时，E 较大的上单梁已储存了较高的应力。因此，在随后的加载过程中，上单梁将很快开裂。所以，第 2 峰值载荷对应的位移将减小。

(4)随着上单梁 E 的增大，第 1 峰值载荷对应的位移基本不变。

图 11-13(a)和(d)有类似之处，不再赘述。由图 11-13(d)可以发现：

(1)上单梁 E 的减小使上软下硬叠梁的载荷-位移曲线由单峰向双峰或多峰转变。对于方案 47 和方案 48，计算表明，载荷-位移曲线呈现单峰特征，上单梁开裂且下单梁未开裂。

(2)随着上单梁 E 的减小，第 1 峰值载荷对应的位移稍有增加。当载荷-位移曲线呈双峰时，若认为第 1 峰值载荷出现是由下单梁开裂造成的，当上单梁未开裂时，改变上单梁的 E 不会影响第 1 峰值载荷出现的时刻或对应的位移。然而，上述结果并非如此，这说明下单梁开裂过程中上单梁发生开裂，计算结果也表明了这一点。

由图 11-13(b)可以发现：

(1)下单梁 E 的减小使上软下硬叠梁的载荷-位移曲线由双峰向单峰转变，第 1 峰值载荷大于第 2 峰值载荷。对于方案 41，上单梁开裂且下单梁未开裂；对于其他方案，下单梁先开裂上单梁后开裂。

(2)随着下单梁 E 的减小，第 1 峰值载荷对应的位移增大，这是由于欲使 E 较小的下单梁开裂需要的时间较长。

(3)随着下单梁 E 的减小，第 1 峰值载荷增大。上文已指出，若认为，在第 1 峰值载荷时，下单梁应力基本相同；E 较小的下单梁开裂所需要的时间较长，变形较大。考虑到上、下单梁的变形是协调的，所以，变形较大的上单梁应力较高。这样，载荷-位移曲线第 1 峰值载荷将随着下单梁 E 的减小而增大。

(4)随着下单梁 E 的减小，第 2 峰值载荷和对应的位移基本不变。

图 11-13(b)和(c)有类似之处，不再赘述。

限于篇幅，未给出 μ 影响的各种曲线和云图。在此，仅给出结论。对于上硬下软叠梁，随着上单梁 μ 的减小，第 1 峰值载荷不变，第 2 峰值载荷变化很小；随着下单梁 μ 的减小，第 2 峰值载荷不变，第 1 峰值载荷变化很小；随着上单梁或下单梁 μ 的减小，第 1、第 2 峰值载荷对应的位移不变。

对于上软下硬叠梁，μ 的影响规律与上述规律具有类似之处，不再赘述。

11.2.6 法向刚度系数的影响

图 11-14 是不同 K_n 时上硬下软叠梁和上软下硬叠梁的载荷-位移曲线。

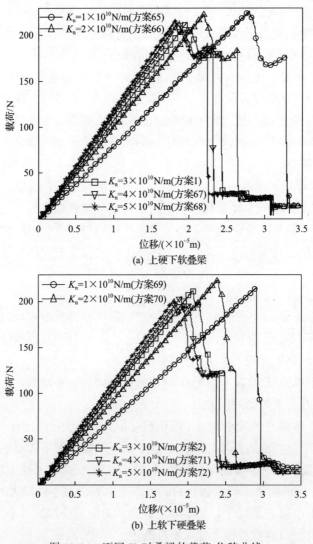

(a) 上硬下软叠梁

(b) 上软下硬叠梁

图 11-14 不同 K_n 时叠梁的载荷-位移曲线

由图 11-14(a)可以发现：

(1)上硬下软叠梁的载荷-位移曲线均呈现双峰特征。

(2)随着 K_n 的减小，第 1 峰值载荷对应的位移增大。随着 K_n 的减小，在加载点位移相同时，上、下单梁之间的作用力将减小，因此，下单梁开裂需要的时间增加，第 1 峰值载荷对应的位移增加，下单梁开裂变晚。

(3)随着 K_n 的减小，第 2 峰值载荷对应的位移增大。上文已指出，K_n 越小，下单梁开裂越晚，这使上、下单梁之间的作用力持续的时间越长，从而延缓了上单梁开裂，由此可以解释随着 K_n 的减小，第 2 峰值载荷对应的位移增大的现象。

(4)随着 K_n 的减小，第 2 峰值载荷基本不变；第 1 峰值载荷大于第 2 峰值载荷。

图 11-14(a)和(b)有一些类似之处，不再赘述。由图 11-14(b)可以发现，随着 K_n 的减小，上软下硬叠梁的载荷-位移曲线由双峰或多峰向单峰转变。对于方案 69，载荷-位移曲线呈现单峰特征，上单梁开裂且下单梁未开裂。

11.3　物理实验的精细模拟

11.3.1　模型和参数

上单梁的长和高分别为 20cm 和 3cm，下单梁的长和高分别为 20cm 和 4cm。两单梁之间无任何黏结作用。在叠梁下端面，设置两个铰支座，左边为固定铰支座，右边为活动铰支座。其中，固定铰支座距叠梁左端面 3.0cm；活动铰支座距叠梁右端面 3.0cm。在上单梁上端面中点，施加垂直向下的速度 v，其大小为 3.4×10^{-4}m/s。在下单梁跨中下部，设置长度为 1.0cm 的预置裂纹。将上、下单梁分别剖分成 3840 个和 5120 个尺寸相同的正方形单元，其边长为 0.125cm。预置裂纹长度等于 8 个单元边长。通过分离指定位置左、右两侧节点以实现裂纹的预置。对于上砂岩下泥岩叠梁模型，各种计算参数取值如下：砂岩与泥岩的弹性模量 E 分别为 12.7GPa 和 7.23GPa，抗拉强度 σ_t 分别为 1.1MPa 和 1.05MPa，I 型断裂能 G_f^I 分别为 4.5N/m 和 1.0N/m，泊松比 μ 分别为 0.166 和 0.26，法向刚度系数 K_n 为 18GPa。对于上泥岩下砂岩叠梁模型，除了砂岩、泥岩的 σ_t 和泥岩的 G_f^I 与上砂岩下泥岩叠梁模型的不同之外，其余参数均与上砂岩下泥岩叠梁模型的相同。砂岩、泥岩的 σ_t 分别为 1.7MPa 和 1.6MPa，泥岩的 G_f^I 为 3.0N/m。上、下单梁之间无摩擦。应当指出，在两个模型中，砂岩的 σ_t 取值不同，泥岩的 σ_t 取值不同，泥岩的 G_f^I 取值不同，这是为了使数值解与代树红(2013)的实验结果更为吻合。不同模型中相同介质的某些力学参数取值不同是因为考虑了力学参数的离散性。

11.3.2　结果和分析

图 11-15 给出了上砂岩下泥岩叠梁的载荷-位移曲线的数值解和实验结果,同时,还给出了上、下单梁的裂纹区段数目(当节点应力满足开裂判据时,节点将分离,两个原本相连的单元之间的裂纹被称为 1 个裂纹区段。裂纹区段的形状为四边形。若干裂纹区段连在一起构成裂纹)随位移的演变规律。应该指出,上述载荷是以叠梁厚度 2cm 折算后的载荷。由此可见,数值解与实验结果较为吻合;二者均呈现双峰特征(第 1 峰值大于第 2 峰值),且两个峰值之间存在一个低谷。

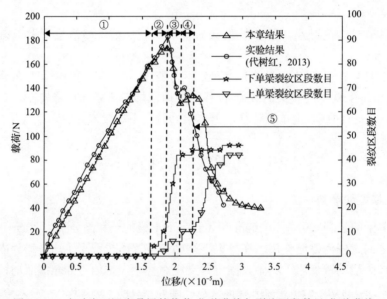

图 11-15　上砂岩下泥岩叠梁的载荷-位移曲线与裂纹区段数目-位移曲线

根据载荷-位移曲线数值解的特点(例如,两个峰值和之间低谷的位置)和上、下单梁的裂纹区段数目随位移的演变特点(例如,裂纹区段数目非零时的位置),现将载荷-位移曲线数值解划分为阶段①~阶段⑤。

图 11-16 给出了上砂岩下泥岩叠梁的变形-开裂过程,图 11-16(a)~(e)分别是阶段①~阶段⑤某一时刻的结果,图 11-16(f)为上、下单梁均已几乎完全开裂(并非指裂纹完全贯穿下单梁,而是下单梁左、右两部分仍有少量节点相连)时的结果。其中,单元颜色代表最大主应力 σ_3,正、负分别代表拉应力、压应力,节点位移的放大倍数为 100。

在阶段①,载荷-位移曲线经历近似线弹性阶段。在此阶段,载荷随位移的增加呈近似线性增加;上、下单梁的裂纹区段数目均等于零。当位移为 1×10^{-5}m 时(图 11-16(a)),下单梁预置裂纹尖端附近存在 σ_3 集中现象;上单梁中性层下方明显受拉区呈直立的等腰钝角三角形。

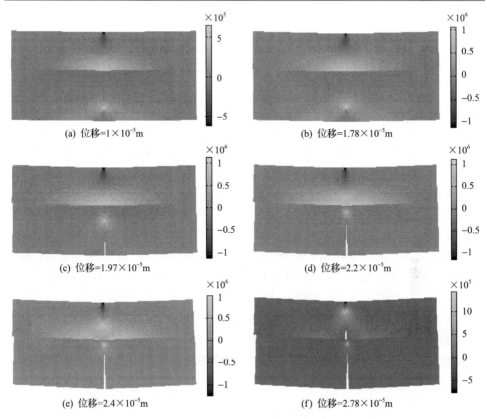

(a) 位移=1×10^{-5}m

(b) 位移=1.78×10^{-5}m

(c) 位移=1.97×10^{-5}m

(d) 位移=2.2×10^{-5}m

(e) 位移=2.4×10^{-5}m

(f) 位移=2.78×10^{-5}m

图 11-16　上砂岩下泥岩叠梁的变形-开裂过程中 σ_3 的时空分布

在阶段②，载荷-位移曲线经历第 1 次应变硬化阶段。在此阶段，载荷随位移的增加而增加，但载荷-位移曲线的斜率随位移的增加而减小；下单梁首先出现裂纹，然后上单梁出现裂纹，下单梁的裂纹区段数目由 0 增至 7，上单梁的裂纹区段数目由 0 增至 1。当下单梁的裂纹区段数目达到 7 时，载荷达到第 1 峰值。当位移为 1.78×10^{-5}m 时(图 11-16(b))，下单梁裂纹尖端附近存在明显的 σ_3 集中现象；上单梁中性层下方明显受拉区呈直立的等腰钝角三角形，上单梁裂纹尖端附近未出现 σ_3 集中现象，尽管上单梁已发生少量开裂，这意味着上单梁裂纹尖端处法向黏聚力较高并接近砂岩的 σ_t。上述结果说明，叠梁的第 1 次应变硬化主要是由下单梁少量开裂引起的。

在阶段③，载荷-位移曲线经历第 1 次应变软化阶段。在此阶段，载荷随位移的增加而减小；下单梁的裂纹区段数目由 7 增至 21，上单梁的裂纹区段数目亦有所增加，由 1 增至 3，但远不如下单梁的裂纹区段数目增加得多。当下单梁的裂纹区段数目达到 21 时，载荷达到低谷。当位移为 1.97×10^{-5}m 时(图 11-16(c))，下单梁裂纹尖端附近存在明显的 σ_3 集中现象；上单梁中性层下方明显受拉区仍呈直立的等腰钝角三角形，上单梁裂纹尖端附近的现象与阶段②的基本相同。上述结果说明，叠梁的第 1 次应变软化主要是由下单梁大量开裂引起的。

在阶段④，载荷-位移曲线经历第 2 次应变硬化阶段。在此阶段，载荷随位移的增加再次增加；下单梁裂纹区段数目由 21 增至 22，下单梁已几乎完全开裂，而上单梁的裂纹区段数目由 3 增至 7。当上单梁的裂纹区段数目达到 7 时，载荷达到第 2 峰值。当位移为 2.2×10^{-5}m 时（图 11-16(d)），下单梁的 σ_3 几乎为零，这是由于下单梁已几乎完全开裂；上单梁中性层下方明显受拉区仍呈直立的等腰钝角三角形，上单梁裂纹尖端附近已存在微弱的 σ_3 集中现象。上述结果说明，叠梁的第 2 次应变硬化主要是由上单梁少量开裂引起的。

在阶段⑤，载荷-位移曲线经历第 2 次应变软化阶段。在此阶段，载荷随位移的增加再次减小；下单梁的裂纹区段数目由 22 增至 23，而上单梁的裂纹区段数目快速增加，直至上单梁几乎完全开裂；上单梁裂纹尖端附近已存在较为明显的 σ_3 集中现象，随着裂纹的逐渐扩展，上单梁的 σ_3 逐渐减小（图 11-16(e)和(f)）。上述结果说明，叠梁的第 2 次应变软化几乎是由上单梁大量开裂引起的。

图 11-17 给出了上泥岩下砂岩叠梁的载荷-位移曲线的数值解和实验结果，同时，还给出了上、下单梁的裂纹区段数目随位移的演变规律。由此可见，数值解与实验结果较为吻合。应当指出，上述实验结果并不完整，后期曲线缺失。

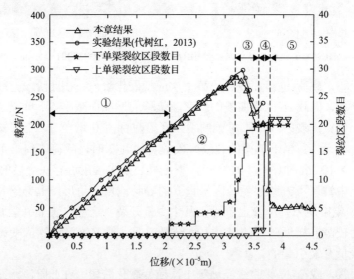

图 11-17　上泥岩下砂岩叠梁的载荷-位移曲线与裂纹区段数目-位移曲线

根据载荷-位移曲线数值解的特点（例如，两个峰值和之间低谷的位置）和上、下单梁的裂纹区段数目随位移的演变特点（例如，裂纹区段数目非零时的位置），现将载荷-位移曲线数值解划分为阶段①~阶段⑤。

　　图 11-18 给出了上泥岩下砂岩叠梁的变形-开裂过程,图 11-18(a)～(e)分别是阶段①～阶段⑤某一时刻的结果, 图 11-18(f)为上、下单梁均已几乎完全开裂时的结果。其中, 单元颜色代表 σ_3, 正、负分别代表拉应力、压应力, 节点位移的放大倍数为 100。

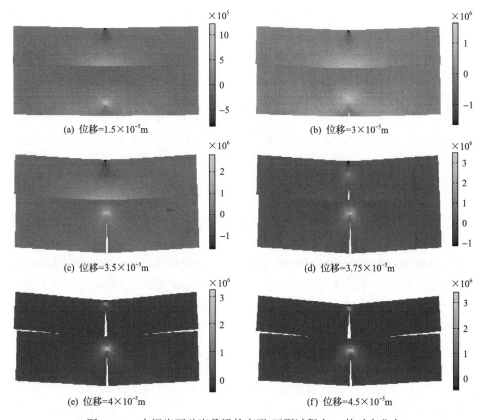

(a) 位移=1.5×10^{-5}m　　　　　　　　　　(b) 位移=3×10^{-5}m

(c) 位移=3.5×10^{-5}m　　　　　　　　　　(d) 位移=3.75×10^{-5}m

(e) 位移=4×10^{-5}m　　　　　　　　　　(f) 位移=4.5×10^{-5}m

图 11-18　上泥岩下砂岩叠梁的变形-开裂过程中 σ_3 的时空分布

　　在阶段①, 载荷-位移曲线经历近似线弹性阶段。在此阶段, 载荷随位移的增加呈近似线性增加; 上、下单梁的裂纹区段数目均等于零。当位移为 1.5×10^{-5}m 时(图 11-18(a)), 下单梁预置裂纹尖端附近存在 σ_3 集中现象; 上单梁中性层下方明显受拉区呈直立的等腰钝角三角形。

　　在阶段②, 载荷-位移曲线经历第 1 次应变硬化阶段。在此阶段, 载荷随位移的增加而增加; 仅下单梁出现裂纹, 下单梁的裂纹区段数目由 0 增至 8。当下单梁的裂纹区段数目达到 8 时, 载荷达到第 1 峰值。当位移为 3×10^{-5}m 时(图 11-18(b)), 下单梁裂纹尖端附近存在明显的 σ_3 集中现象; 上单梁中性层下方明显受拉区呈直立的等腰钝角三角形。上述结果说明, 叠梁的第 1 次应变硬化完全是由下单梁少量开裂引起的。

在阶段③，载荷-位移曲线经历第 1 次应变软化阶段。在此阶段，载荷随位移的增加而减小；下单梁的裂纹区段数目首先快速增加，然后增加速度变慢，直至达到 20，这说明下单梁已几乎完全开裂。当下单梁裂纹区段数目达到 20 时，上单梁才出现裂纹，上单梁裂纹区段数目仅为 1。此时，载荷达到低谷。当位移为 3.5×10^{-5}m 时（图 11-18(c)），下单梁已几乎完全开裂，下单梁裂纹尖端附近存在明显的 σ_3 集中现象；上单梁中性层下方明显受拉区仍呈直立的等腰钝角三角形，上单梁裂纹尖端附近不存在 σ_3 集中现象，尽管上单梁已发生少量开裂，这意味着上单梁裂纹尖端处法向黏聚力较高并接近泥岩的 σ_t。上述结果说明，叠梁的第 1 次应变软化主要是由下单梁大量开裂引起的。

在阶段④，载荷-位移曲线经历第 2 次应变硬化阶段。在此阶段，载荷随位移的增加而略微增加；下单梁的裂纹区段数目不再改变，而上单梁的裂纹区段数目由 1 快速增至 21，这说明上单梁已几乎完全开裂。当上单梁的裂纹区段数目达到 21 时，载荷达到第 2 峰值。当位移为 3.75×10^{-5}m 时（图 11-18(d)），下单梁已几乎完全开裂；上单梁发生很大程度的开裂，上单梁裂纹尖端附近存在明显的 σ_3 集中现象。上述结果说明，叠梁的第 2 次应变硬化完全是由上单梁大量且快速开裂引起的。

在阶段⑤，载荷-位移曲线经历第 2 次应变软化阶段。在此阶段，载荷随位移的增加迅速减少，直至稳定；上单梁裂纹区段数目少量增加。当位移为 4×10^{-5}m 和 4.5×10^{-5}m 时（图 11-18(e)和(f)），上、下单梁的 σ_3 均几乎为零。上述结果说明，叠梁的第 2 次应变软化呈现明显脆性是在上、下单梁均已几乎完全开裂的情形下上单梁又发生少量开裂引起的。

下面，对两种叠梁不同阶段的力学行为进行比较。

阶段①：上泥岩下砂岩叠梁的弹性阶段比上砂岩下泥岩叠梁的长，这是由于下单梁砂岩的 σ_t 大，裂纹不易产生。

阶段②：上泥岩下砂岩叠梁的第 1 次硬化阶段比上砂岩下泥岩叠梁的长，这是由于下单梁砂岩的 σ_t 大，裂纹不易产生，G_f^I 大，虚拟裂纹面之间的法向黏聚力不易丧失。

阶段③：上泥岩下砂岩叠梁的上单梁裂纹出现比上砂岩下泥岩叠梁的晚，这是由于上砂岩下泥岩叠梁的下单梁已几乎完全开裂，只有上单梁砂岩承担载荷，而上泥岩下砂岩叠梁的下单梁仍有一定承载力，下单梁对上单梁具有一定的承托作用，上单梁泥岩和下单梁砂岩共同承担载荷。上泥岩下砂岩叠梁的第 1 次软化阶段比上砂岩下泥岩叠梁的长，这是由于下单梁砂岩的 G_f^I 大，虚拟裂纹面之间的法向黏聚力不易丧失。

阶段④：上泥岩下砂岩叠梁的上单梁裂纹扩展速度比上砂岩下泥岩叠梁的快，且第 2 次硬化阶段不明显，这是由于上单梁泥岩的 σ_t 小，裂纹容易产生，G_f^I 小，虚拟裂纹面之间的法向黏聚力容易丧失。

阶段⑤：上砂岩下泥岩叠梁的上单梁仍持续开裂，第 2 次软化阶段长，而上泥岩下砂岩叠梁的上单梁发生少许开裂，第 2 次软化阶段不明显，呈明显脆性，这是由于上单梁泥岩的 σ_t 小，裂纹容易产生，G_f^I 小，虚拟裂纹面之间的法向黏聚力容易丧失。

为了有利于阅读，根据上述结果，表 11-2 简明总结了两种叠梁的载荷-位移曲线不同阶段的特点。

表 11-2　两种叠梁的载荷-位移曲线不同阶段的特点总结

阶段	上砂岩下泥岩叠梁	上泥岩下砂岩叠梁
阶段①	上、下单梁无裂纹；弹性阶段短	上、下单梁无裂纹；弹性阶段长
阶段②	上、下单梁出现裂纹，裂纹区段数目少量增加；第 1 次硬化阶段短	只下单梁出现裂纹，裂纹区段数目少量增加；第 1 次硬化阶段长
阶段③	下单梁裂纹区段数目大量增加，直至下单梁几乎完全开裂；上单梁裂纹区段数目少量增加；第 1 次软化阶段短	下单梁裂纹区段数目大量增加，直至下单梁几乎完全开裂；上单梁出现裂纹；第 1 次软化阶段长
阶段④	上单梁裂纹区段数目少量增加；第 2 次硬化阶段长	上单梁裂纹区段数目大量增加，直至上单梁几乎完全开裂；第 2 次硬化阶段短，且不明显
阶段⑤	上单梁裂纹区段数目大量增加，直至上单梁几乎完全开裂；第 2 次软化阶段长	上单梁发生少许开裂；第 2 次软化阶段呈明显脆性

11.4　本 章 小 结

通过开展叠放次序和尺寸对双层叠梁荷载-位移曲线影响的研究，得到了如下结论：

(1)对于长高比相同且尺寸不同的叠梁，载荷-位移曲线呈现 5 个阶段：第 1 峰值载荷之前的弹性阶段和应变硬化阶段、第 1 峰值载荷之后的应变软化阶段、第 2 峰值载荷之前的应变硬化阶段、第 2 峰值载荷之后的应变软化阶段和残余阶段。随着尺寸的增大，载荷-位移曲线的第 1、第 2 峰值载荷和对应的位移增大，开裂被推迟；第 2 峰值载荷之后的载荷下降量增大。

(2)对于高度相同但长度不同的叠梁，随着长度的增大，载荷-位移曲线的第 1、第 2 峰值载荷减小，第 1、第 2 峰前斜率减小，第 1、第 2 峰值载荷对应的位移均增大；上砂岩下泥岩叠梁第 2 峰值载荷大于上泥岩下砂岩叠梁的。

(3)对于长度和高度不变但单梁高度不同的叠梁，载荷-位移曲线可呈现单峰、双峰和多峰特征。当下单梁较薄时，下单梁开裂较快，下单梁对叠梁的作用较小，叠梁的峰值载荷主要由上单梁决定，叠梁的载荷-位移曲线呈现单峰特征；当下单梁高度增大时或上单梁高度减小时，下单梁开裂变慢，在下单梁开裂过程中，上单梁发生开裂，此后，上、下单梁的裂纹交替扩展，或下单梁完全开裂后上单梁再开裂，叠梁的载荷-位移曲线呈现双峰或多峰特征。当上单梁高度减小时或下单梁高度增大时，上砂岩下泥岩叠梁第 1 峰值载荷和第 1 峰前斜率减小；上泥岩下砂岩叠梁第 1 峰值载荷先减小后增大。

通过开展力学参数的影响研究，得到了如下结论：

(1)对于上硬下软叠梁和上软下硬叠梁，载荷-位移曲线可呈现单峰、双峰和多峰特征。在上单梁开裂且下单梁未开裂时，该曲线呈现单峰；在下单梁完全开裂后上单梁开裂时或在下单梁开裂到一定程度后上、下单梁交替开裂时，该曲线呈现双峰或多峰特征。

(2)对于上硬下软叠梁和上软下硬叠梁，下单梁抗拉强度的增大或上单梁抗拉强度的减小使载荷-位移曲线由双峰或多峰向单峰特征转变。

(3)对于上硬下软叠梁和上软下硬叠梁，当上单梁断裂能较大时，载荷-位移曲线可呈现双峰或多峰特征；当下单梁断裂能较小时，载荷-位移曲线呈现双峰特征。

(4)对于上硬下软叠梁和上软下硬叠梁，上单梁弹性模量越大，第 1 峰值载荷越大，第 2 峰值载荷对应的位移越小；下单梁弹性模量越小，第 1 峰值载荷和对应的位移越大，第 2 峰值载荷和对应的位移基本不变；泊松比的影响不大。

(5)对于上硬下软叠梁和上软下硬叠梁，法向刚度系数越小，第 1、第 2 峰值载荷对应的位移越大，第 2 峰值载荷基本不变。

通过开展物理实验的精细模拟，得到了如下结论：

(1)在载荷-位移曲线的近似线弹性阶段，对于上砂岩下泥岩叠梁和上泥岩下砂岩叠梁，上、下单梁的裂纹区段数目均等于零；下单梁预置裂纹尖端附近存在最大主应力集中现象；上单梁中性层下方明显受拉区呈直立的等腰钝角三角形。

(2)在载荷-位移曲线的第 1 次应变硬化阶段，对于上砂岩下泥岩叠梁和上泥岩下砂岩叠梁，下单梁裂纹尖端附近存在明显的最大主应力集中现象，上单梁中性层下方明显受拉区呈直立的等腰钝角三角形；上砂岩下泥岩叠梁的下单梁首先出现裂纹，然后上单梁出现裂纹，上单梁裂纹尖端处的法向黏聚力较高，并接近砂岩的抗拉强度，叠梁的第 1 次应变硬化主要是由下单梁少量开裂引起的；上泥岩下砂岩叠梁仅下单梁出现裂纹，叠梁的第 1 次应变硬化完全是由下单梁少量开裂引起的。

(3)在载荷-位移曲线的第 1 次应变软化阶段，对于上砂岩下泥岩叠梁和上泥岩下砂岩叠梁，下单梁裂纹尖端附近存在明显的最大主应力集中现象；上单梁中性层下方明显受拉区仍呈直立的等腰钝角三角形；上单梁裂纹尖端附近未出现最大主应力集中现象；下单梁的裂纹区段数目大量增加，直至下单梁几乎完全开裂；上单梁的裂纹区段数目仅少量增加；叠梁的第 1 次应变软化主要是由下单梁大量开裂引起的。

(4)在载荷-位移曲线的第 2 次应变硬化阶段,对于上砂岩下泥岩叠梁和上泥岩下砂岩叠梁,下单梁已几乎完全开裂,下单梁的最大主应力几乎为零;上砂岩下泥岩叠梁的上单梁发生少量开裂,上单梁中性层下方明显受拉区仍呈直立的等腰钝角三角形,上单梁裂纹尖端附近已存在微弱的最大主应力集中现象,叠梁的第 2 次应变硬化主要是由上单梁少量开裂引起的;上泥岩下砂岩叠梁的上单梁发生很大程度的开裂,上单梁裂纹尖端附近存在明显的最大主应力集中现象,叠梁的第 2 次应变硬化完全是由上单梁大量且快速开裂引起的。

(5)在载荷-位移曲线的第 2 次应变软化阶段,上砂岩下泥岩叠梁的上单梁的裂纹区段数目快速增加,直至上单梁几乎完全开裂,上单梁裂纹尖端附近已存在较为明显的最大主应力集中现象,随着裂纹的逐渐扩展,上单梁的最大主应力逐渐减小,叠梁的第 2 次应变软化几乎是由上单梁大量开裂引起的;上泥岩下砂岩叠梁的上单梁的裂纹区段数目少量增加,上、下单梁的最大主应力均几乎为零,叠梁的第 2 次应变软化是上、下单梁均已几乎完全开裂的情形下上单梁发生少量开裂引起的。

(6)上泥岩下砂岩叠梁和上砂岩下泥岩叠梁的共性如下:载荷-位移曲线均呈现双峰特征和 5 个阶段;下单梁均先于上单梁开裂。二者的差异如下:前者各单梁裂纹出现的时刻晚于后者的;前者的第 1 次硬化阶段和第 1 次软化阶段比后者的长;前者的第 2 次硬化阶段不如后者的明显;前者的第 2 次软化阶段比后者的脆。

第 12 章　开采与均布载荷下无黏结双层叠梁的变形-开裂-垮落模拟

煤层开采将引起上覆岩层的变形-开裂-垮落。从力学角度看,上述现象是连续介质向非连续介质转化或非连续介质的进一步演化。当岩层之间存在黏聚力时,可将岩层整体视为连续介质,离层出现是连续介质向非连续介质转化。当岩层之间不存在黏聚力时,尽管可将各岩层视为连续介质,但岩层整体是非连续介质的,离层出现是非连续介质的进一步演化。另外,各岩层的开裂也是连续介质向非连续介质转化。单纯采用连续方法(例如,有限元方法(李向阳等,2005;张百胜等,2006)、有限差分方法(刘金辉,2011;严红等,2014)等)或非连续方法(例如,离散元方法(赵团芝等,2009;张鑫等,2016)等),上述复杂现象难以被有效模拟。连续方法通过单元屈服可近似地模拟岩层之间的离层和各岩层的开裂。在非连续方法中,在采动之前,各岩层被剖分成颗粒或块体,这有失准确,需要大量经验。模拟上述复杂现象的有效方法应该是将连续方法与非连续方法相结合,即连续-非连续方法(Lisjak and Grasselli,2014;Mahabadi et al.,2014)。此类方法兼顾了连续方法和非连续方法的各自优势,例如,连续方法处理连续介质的高精度、高效率,非连续方法处理非连续介质的灵活性和普适性,正在快速发展。

上覆岩层由不同厚度、岩性和排列方式的若干岩层构成。不同的上覆岩层在相同的开采条件下会呈现不同的力学形为。从沉积学、地质学角度,煤层顶板可被划分为上软下硬、上硬下软等类型(刘海燕等,2006)。岩层的不同叠放顺序应予以不同的对待。例如,在煤层开采过程中,上软下硬型顶板稳定性极好,但大面积冒顶容易发生;上硬下软型顶板是一种易于管理的顶板类型。在实验室中,刘金辉(2011)展示了抽条过程中上软下硬和上硬下软双层叠梁的变形-离层-垮落过程,研究发现,上硬下软叠梁容易发生离层,而上软下硬叠梁则不然。相关的数值模拟研究尚局限于采用连续方法或非连续方法。

本章模拟了开采和均布载荷条件下上硬下软和上软下硬无黏结(对于一些层间黏聚力很弱的岩层,可认为岩层之间无黏结)双层叠梁的变形-开裂-垮落过程,研究了开采速度、开采深度和单梁叠放顺序对叠梁的变形-开裂-垮落过程的影响,丰富了对双层组合岩梁力学行为的认识。

12.1　模型和方案

建立的双层叠梁-垫层模型见图 12-1。当岩层 1 为硬岩、岩层 2 为软岩时，模型为上硬下软模型，反之，为上软下硬模型。叠梁由两单梁构成，在叠梁下部，设有垫层。两根单梁之间和垫层与下单梁之间无黏结、无摩擦。通过删除垫层部分单元的方式模拟开采过程。在模型的左、右边界，施加水平方向的活动铰支座约束，在模型下边界，施加垂直方向的活动铰支座约束，在模型上边界，施加垂直方向均布应力 p。在两根单梁上距模型左边界 27cm 处分别设置监测节点 1 和监测节点 2（分别简称为测点 1 和测点 2）。测点 1 和测点 2 具有相同的原始坐标。两单梁和垫层的长度均为 69cm，每根单梁高度均为 1.5cm，垫层高度为 2cm，两单梁和垫层均被剖分成边长为 0.5cm 的正方形单元。

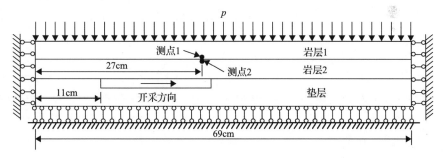

图 12-1　双层叠梁-垫层模型

各种计算参数取值如下：重力加速度 g 为 $10\mathrm{m/s}^2$，法向刚度系数 K_n 为 4GPa，时间步长 Δt 为临界时间步长的 1/4，即 $1.58339\times10^{-6}\mathrm{s}$，局部自适应阻尼系数 α 为 0.2，其余参数取值见表 12-1。计算在平面应变、大变形条件下进行。

表 12-1　物理、力学参数

参数	软岩	硬岩	垫层
面密度 ρ/(kg/m²)	1600	1600	1600
剪切模量 G/GPa	0.082	0.331	0.199
抗拉强度 σ_t/kPa	25	50	100
体积模量 K/GPa	0.159	0.406	0.303
内摩擦角 φ/(°)	28	32	30

计算过程包括如下两步：

（1）使模型在重力和 p 作用下趋于平衡。

（2）从距模型左边界 11cm 处开始向右删除垫层最上层单元（采高=0.5cm）。对于每次开采，删除 2 个单元（步距=1cm）。两次开采间隔一定的时步数目。

为了研究两次开采间隔的时步数目(简称为开采间隔)、p 和单梁叠放顺序的影响,共选择了 18 个计算方案。方案 1~方案 5 和方案 6~方案 10 的叠梁分别为上硬下软和上软下硬叠梁,方案 1~方案 5 或方案 6~方案 10 的开采间隔分别为 2000、4000、6000、8000 和 10000,$p=0$。方案 11~方案 14 和方案 15~方案 18 的叠梁分别为上硬下软和上软下硬叠梁,方案 11~方案 14 或方案 15~方案 18 中 p 分别为 480Pa、960Pa、1440Pa 和 1920Pa,开采间隔均为 4000。

方案 1~方案 10 被用于研究开采间隔和单梁叠放顺序的影响,方案 2、方案 7 和方案 11~方案 18 被用于研究 p 和单梁叠放顺序的影响。开采间隔可被比拟为开采速度,开采间隔越小,开采速度越快;p 可被比拟为开采深度,p 越大,开采深度越大。应当指出,在方案 1~方案 10 中,垫层最上层单元的垂直应力为 480Pa,方案 11~方案 14 或方案 15~方案 18 中模型上边界的垂直应力分别为 480Pa、960Pa、1440Pa 和 1920Pa(开采深度分别相当于方案 1~方案 10 的 2 倍、3 倍、4 倍和 5 倍);方案 1~方案 10 的模型主要是根据刘金辉(2011)的物理实验模型建立的。

12.2　结果和分析

图 12-2~图 12-3 和图 12-6~图 12-7 分别给出了方案 4、方案 9、方案 13 和方案 17 的变形-开裂-垮落过程,单元颜色代表最大主应力 σ_3,正、负分别代表拉应力、压应力。图 12-4 给出了方案 1~方案 10 中两测点的垂直位移值-开采距离 D 曲线,图 12-8 给出了方案 2、方案 7 和方案 11~方案 18 中两测点的垂直位移值-D 曲线。图 12-5 给出了方案 1~方案 10 中节点分离数目-D 曲线,图 12-9 给出了方案 2、方案 7 和方案 11~方案 18 中节点分离数目-D 曲线。应当指出,节点分离数目是指由开裂引起的新增节点数目,可被用于描述开裂位置的多少。

12.2.1　开采间隔(开采速度)和单梁叠放顺序的影响

由图 12-2~图 12-4 可以发现:

(1)随着 D 的增加,上硬下软叠梁出现离层(图 12-2(d)和(e)),而上软下硬叠梁则不然。例如,图 12-2(d)呈现了两单梁之间跨度约为 6cm 的离层,而图 12-3 未呈现离层。

(2)随着 D 的增加,对于上硬下软叠梁的上单梁,测点的垂直位移值非线性快速增加;对于上硬下软叠梁的下单梁和上软下硬叠梁,测点的垂直位移值首先非线性快速增加,然后近似线性增加。

(3)对于上硬下软叠梁,测点 1 的垂直位移值小于测点 2 的,随着 D 的增加,测点 1 与测点 2 的垂直位移值之差增大(图 12-4(a)),这说明叠梁出现离层,且离层越来越明显。对于上软下硬叠梁，两测点的垂直位移-D 曲线基本重合(图 12-4(b))，这说明叠梁未发生离层，这与采矿工程中坚硬顶板上方不易离层相类似。

(4)随着开采间隔的增加，两测点的垂直位移值首先增加，然后基本不变(图 12-4(a)和(b))。例如，当 D=46cm 时，从方案 1 到方案 2，测点 2 的垂直位移值增大了 0.2mm，而从方案 4 到方案 5，测点 2 的垂直位移值变化较小，这是由于开采间隔增加到一定程度后，在下一次开采之前，叠梁已基本平衡。

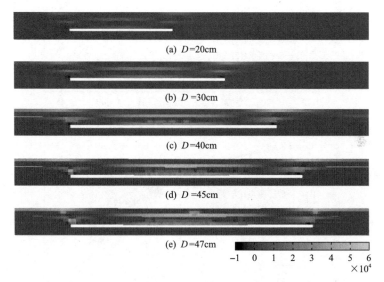

图 12-2　采动诱发无黏结双层叠梁变形-开裂-垮落过程中 σ_3 的时空分布(方案 4)

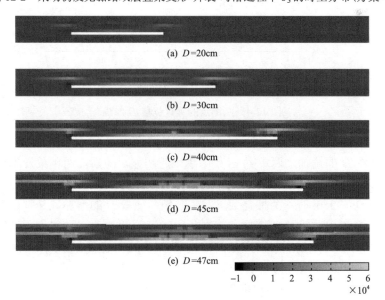

图 12-3　采动诱发无黏结双层叠梁变形-开裂-垮落过程中 σ_3 的时空分布(方案 9)

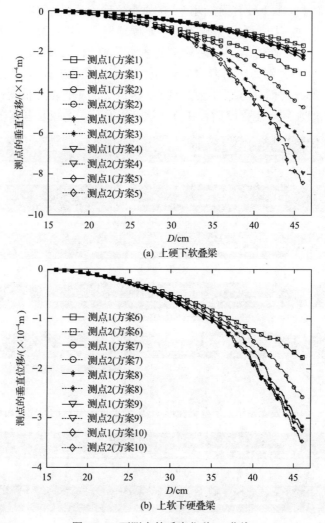

(a) 上硬下软叠梁

(b) 上软下硬叠梁

图 12-4　两测点的垂直位移-D 曲线

由图 12-2 和图 12-5 可以发现:

(1)随着 D 的增加,两单梁 σ_3 集中越来越明显,随后,两单梁发生开裂,开裂位置越来越多。

(2)当 $D<32\mathrm{cm}$ 时,两种叠梁未发生开裂;随着 D 的增加,开裂位置以阶梯方式增多;随着开采间隔的增加,首次开裂对应的 D 减小,开裂位置增多;当开采间隔较大时,开采间隔对节点分离数目-D 曲线的影响较小(图 12-5(a)和(b))。

(3)对于上硬下软叠梁,首次开裂对应的 $D=32\sim37\mathrm{cm}$(图 12-5(a)),而对于上软下硬叠梁,首次开裂对应的 $D=36\sim41\mathrm{cm}$(图 12-5(b)),比上硬下软叠梁的大。

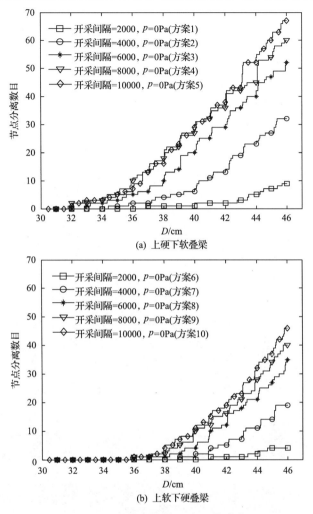

图 12-5　节点分离数目随 D 的演变

在无黏结条件下，刘金辉(2011)仅给出了某种开采条件下两种叠梁的两测点的垂直位移值-时步数目曲线的有限差分方法结果，这与本章不同 D 时的结果(随着 D 的增加，两测点的垂直位移值之差增加或为零)相类似。刘金辉(2011)展示了无黏结条件下两种叠梁的变形-离层-垮落过程。结果表明，上硬下软叠梁发生离层，当 $D=36\text{cm}$ 时，下单梁垮落，这与本章结果(下单梁首次开裂对应的 $D=32\sim37\text{cm}$)有类似之处；上软下硬叠梁未发生离层，这与本章结果相类似。应当指出，刘金辉(2011)未指明具体抽条速度，但指明了边抽条边挪去压在采空区上方岩层上的石块。后者与本章的计算条件有所不同。

提高开采速度可使煤岩体破坏范围和位移减少，可降低来压危害(谢广祥等，2007)，这与本章结果(若开采间隔小，则开裂位置少，测点的垂直位移值小)相类似。

12.2.2　均布应力(开采深度)和单梁叠放顺序的影响

由图 12-6～图 12-8 可以发现:

(1)在 p 不同时,可将测点垂直位移-D 曲线划分成三种类型(图 12-8(a)和(b)):非线性快速增加型(方案 2、方案 7、方案 11 和方案 15)、非线性快速增加-近似线性增加型(方案 12 和方案 16)和非线性快速增加-近似线性增加-恒定型(方案 13 和方案 14 及方案 17 和方案 18)。在非线性快速增加阶段,尽管单梁可能开裂,但裂纹并未贯穿单梁(图 12-6(a)和(b)及图 12-7(a)和(b));在近似线性增加阶段,裂纹已贯穿单梁(图 12-6(c)和图 12-7(c)),导致两测点的垂直位移值快速增大;在恒定阶段,下单梁与底板接触,接触位置和左侧岩层保持静止(图 12-6(d)和(e)及图 12-7(d)和(e)),由于两测点位于接触位置的上方或左侧,所以,继续开采对两测点的垂直位移值影响不大。以方案 13(图 12-6 和图 12-8(a))为例,非线性快速增加阶段与近似线性增加阶段交汇于 $D≈35$cm 时(图 12-8(a)),当 $D=30～40$cm 时,裂纹贯穿两单梁(图 12-6);近似线性增加阶段与恒定阶段交汇于 $D≈42$cm 时(图 12-8(a)),当 $D=40～45$cm 时,下单梁与底板接触,接触位置及其左侧岩层保持静止(图 12-6),由于两测点位于接触位置上方,所以,两测点的垂直位移值达到 0.5cm(采高)。对于方案 14 和方案 17,在恒定阶段,两测点的垂直位移值均未达到 0.5cm,这是由于两测点位于接触位置左方,在两测点位置,下单梁与底板存在空隙。

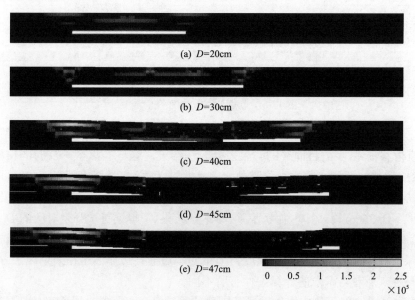

(a) $D=20$cm

(b) $D=30$cm

(c) $D=40$cm

(d) $D=45$cm

(e) $D=47$cm

0　0.5　1　1.5　2　2.5
×10⁵

图 12-6　采动诱发无黏结双层叠梁变形-开裂-垮落过程中 σ_3 的时空分布(方案 13)

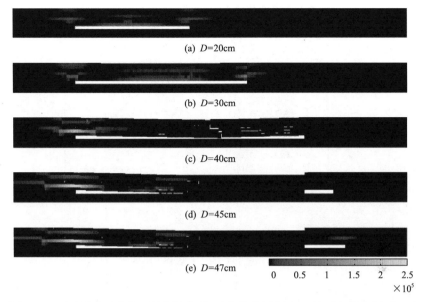

(a) $D=20\mathrm{cm}$

(b) $D=30\mathrm{cm}$

(c) $D=40\mathrm{cm}$

(d) $D=45\mathrm{cm}$

(e) $D=47\mathrm{cm}$

0　0.5　1　1.5　2　2.5
$\times 10^5$

图 12-7　采动诱发无黏结双层叠梁变形-开裂-垮落过程中 σ_3 的时空分布(方案 17)

(2)当 $p{-}0$ 时，上硬下软叠梁发生离层；增大 p 后，离层变得不明显(图 12-8(a))，这是由于上单梁挤压着下单梁一起向下运动。上软下硬叠梁始终未发生离层(图 12-8(b))。

(3)随着 p 的增加，两测点的垂直位移值增大，但不超过采高。

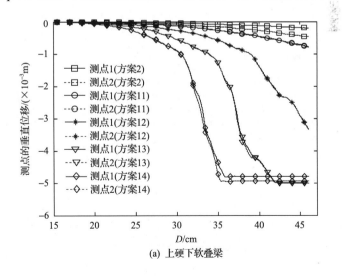

(a) 上硬下软叠梁

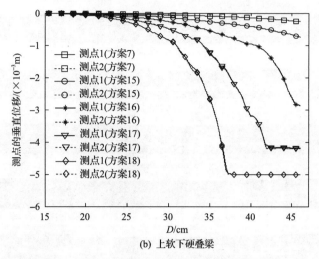

(b) 上软下硬叠梁

图 12-8　两测点的垂直位移-D 曲线

由图 12-9 可以发现:

(1)p 的增加使首次开裂对应的 D 减小。

(2)随着 p 的增加,开裂位置有增多的趋势。当 p 较小时(方案 2、方案 7、方案 11 和方案 12 及方案 15 和方案 16),节点分离数目-D 曲线较为简单,总体上较为光滑,而当 p 较大时(方案 13 和方案 14 及方案 17 和方案 18),上述曲线较为复杂,呈间歇性特点,这反映了叠梁开裂后岩块之间复杂的相互作用。

(3)当 p 较小时,上硬下软叠梁的开裂位置比上软下硬叠梁的多,但当 p 较大时,二者多少不能确定。当 p 较大时,单梁叠放顺序的影响变小(图 12-9(a)和(b))。

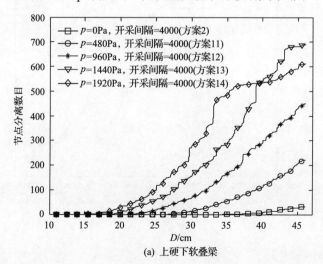

(a) 上硬下软叠梁

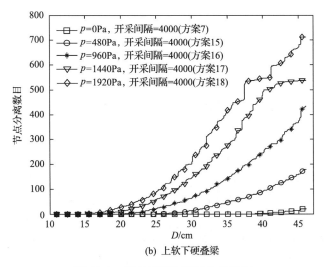

(b) 上软下硬叠梁

图 12-9   节点分离数目随 D 的演变

12.3   本 章 小 结

(1)当均布应力为零时,随着开采距离的增加,上硬下软叠梁的离层变得越来越明显,而上软下硬叠梁未发生离层;随着开采间隔的增加,叠梁的位移值先增加后基本不变,首次开裂对应的开采距离减小,开裂位置增多,但增速变慢。

(2)随着均布应力的增加,叠梁先由弹性变形向开裂转化,再由开裂向垮落转化。在弹性变形和开裂阶段,两测点的垂直位移值随着开采距离的增加呈非线性快速增加;在垮落阶段,上述位移值随着开采距离的增加首先近似线性增加,然后,基本恒定。随着均布应力的增加,离层变得不明显,两测点的垂直位移值增大,但不超过采高,首次开裂对应的开采距离减小,开裂位置增多。

(3)当均布应力较小时,上硬下软叠梁的开裂位置多于上软下硬叠梁的,但当均布应力较大时,二者孰多孰少不确定,这反映了叠梁开裂后岩块之间复杂的相互作用。当均布应力较大时,单梁叠放顺序的影响变小。

第13章 不同加载速度下矩形洞室围岩的变形-开裂-运动过程模拟

在煤矿开采中，巷道围岩会遭受到顶板破断、断层错动等诱发的不同程度的冲击，从而巷道冲击地压灾害可能发生(刘祥鑫等，2016)。据统计，超过70%的冲击地压发生在巷道位置。目前，对不同加载速度下洞室围岩的变形-开裂过程还缺乏规律性认识。

本章模拟了不同加载速度下矩形洞室围岩的变形-开裂-运动过程，考察了V形坑尖端的扩展过程。应当指出，在本章中，对于满足莫尔-库仑准则的单元，考虑了应力脆性跌落效应，即应力由初始强度参数决定的初始剪裂面上跌落至由残余强度参数决定的残余剪裂面上，在此过程中，最大主应力σ_3保持不变。

13.1 模型和方案

在洞室开挖之前，模型被剖分成160×160个正方形单元，模型的高度和宽度均为40m。各种计算参数同9.7.3节。计算在平面应变、大变形条件下进行。计算过程包括如下3步：

(1)洞室开挖之前模型的逐渐平衡阶段。在此阶段，在模型下表面，施加活动铰支座约束，在左、右和上表面，施加27MPa的压应力和黏性边界。在此条件下，进行计算，直至洞室开挖之前模型趋于静力平衡状态。

(2)洞室开挖和之后模型的逐渐平衡阶段。在此阶段，在模型中部，开挖1个$8m \times 8m$的洞室，约束和加载条件同步骤(1)。在此条件下进行计算，直到洞室围岩趋于静力平衡阶段。

(3)压缩位移控制加载阶段。在模型上表面，施加垂直向下的速度v。

共选择了5个计算方案。方案1～方案5中v的大小分别为0.005m/s、0.01m/s、0.05m/s、0.1m/s和0.15m/s。

13.2 结果和分析

13.2.1 加载速度对载荷-位移曲线的影响

各方案的洞室围岩上表面载荷F-上表面位移δ曲线(简称载荷-位移曲线，即

F-δ 曲线)见图 13-1，其中，δ 是从步骤(3)开始算起的。应当指出，此载荷为以模型厚度 0.25m 折算后的载荷。由此可以发现：

(1)对于方案 1 和方案 2，F-δ 曲线经历了两个阶段：峰前阶段和峰后阶段；峰前阶段该曲线大致呈线性，峰后阶段该曲线呈应变软化行为，较为复杂；峰值载荷($F_{max}=4.72485\times10^8$N)发生于 $\delta=0.04255$m 时。

(2)对于方案 3，当 δ 小于 0.04255m 时，F-δ 曲线基本呈线性；此后，F-δ 曲线呈现多次应变硬化和应变软化行为，较为复杂，F-δ 曲线出现多个局部峰值，全局峰值载荷($F_{max}=5.1086\times10^8$N)发生于 $\delta=0.06488$m 时。

(3)对于方案 4 和方案 5，当 δ 小于 0.04255m 时，F-δ 曲线基本呈线性；此后，F-δ 曲线波动性较大，应变硬化和应变软化行为区别十分明显，应变软化行为呈现 3 次。对于方案 4，全局峰值载荷($F_{max}=5.7507\times10^8$N)发生于 $\delta=0.08419$m 时；对于方案 5，全局峰值载荷($F_{max}=6.1921\times10^8$N)发生于 $\delta=0.10460$m 时。

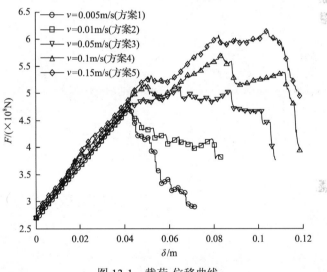

图 13-1　载荷-位移曲线

13.2.2　加载速度对围岩变形-开裂-运动过程的影响

方案 1、方案 3 和方案 4 的洞室围岩的变形-开裂过程分别见图 13-2～图 13-4，单元颜色代表最小主应力 σ_1(第 1 主应力)。

1. v 低时(方案 1 和方案 2)

下面，以方案 1 为例阐述围岩的变形-开裂过程：

(1)在位移控制加载初期(图 13-2(a))，σ_1 呈中心对称分布，这与模型四周受到大小相同的压应力有关；洞室四角位置 σ_1 较低，挤压程度剧烈。

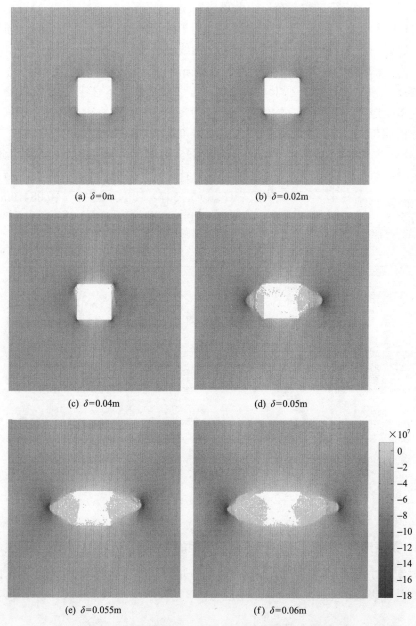

(a) δ=0m　　　　　　　　　　　　(b) δ=0.02m

(c) δ=0.04m　　　　　　　　　　　(d) δ=0.05m

(e) δ=0.055m　　　　　　　　　　(f) δ=0.06m

图 13-2　洞室围岩的变形-开裂-运动过程(方案 1)

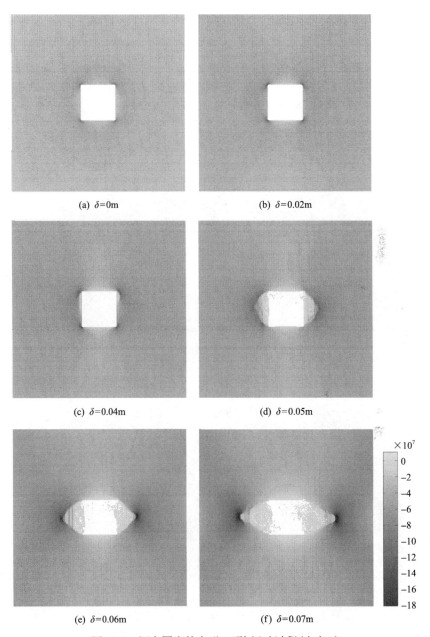

图 13-3 洞室围岩的变形-开裂-运动过程(方案 3)

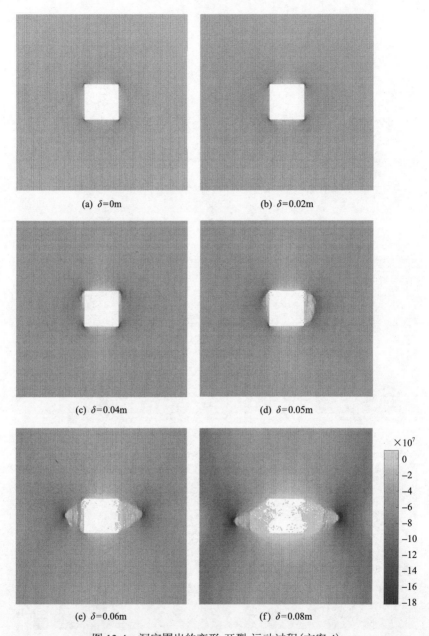

(a) $\delta=0$m　　　　　　　　　　(b) $\delta=0.02$m

(c) $\delta=0.04$m　　　　　　　　　　(d) $\delta=0.05$m

(e) $\delta=0.06$m　　　　　　　　　　(f) $\delta=0.08$m

图 13-4　洞室围岩的变形-开裂-运动过程（方案 4）

　　(2)随着位移控制加载的进行（图 13-2(b)），洞室顶、底板 σ_1 有所上升，挤压程度有所减轻；洞室两帮 σ_1 有所下降，挤压程度有所增强，由洞室左上角和左下角扩展出的 σ_1 低值区(σ_1 较低区域)有连通的趋势，由洞室右上角和右下角扩展出的 σ_1 低值区也如此。

(3) 随着位移控制加载的继续进行(图 13-2(c)～(f))，洞室两帮开裂深度逐渐增加，洞室两帮 σ_1 低值区不断向围岩内部迁移，最终，洞室两帮开裂区呈三角形(V 形坑)。在上述过程中，脱离围岩的一些岩块发生弹射，大量岩块涌入洞室；最终，大量岩块散乱地堆砌在洞室底板上。岩块涌入洞室的运动方式包括滑动和滚动。若干岩块可以形成一个集合体，以整体方式涌入洞室。洞室顶板基本未发生开裂，这既与洞室两帮不断开裂和引起顶板整体向下运动有关，又与模型所受围压较大有关。在位移控制加载过程中，模型左、右表面所受的水平方向压应力为 27MPa，这将对顶板的拉裂起到极大的阻碍作用。

2. v 适中时(方案 3)

方案 3 的变形-开裂过程(图 13-3)与方案 1 的(图 13-2)有许多类似之处。下面，仅提方案 3 和方案 1 的显著不同之处：

(1) 在相同 δ 条件下，方案 3 的开裂范围比方案 1 的小。方案 3 的 v 是方案 1 的 10 倍。在相同 δ 条件下，方案 3 的脱离围岩的岩块数目较少，洞室两帮开裂深度较小，这与应力传播不充分有关(局限于有限区域之内)。

(2) 方案 3 发生弹射的岩块数目比方案 1 的多，这意味着方案 3 的围岩开裂更加迅猛。

3. v 高时(方案 4)

方案 4 的变形-开裂过程(图 13-4)与方案 1 和方案 3 的有许多类似之处。下面，仅提及方案 4 与方案 1 和方案 3 的显著不同之处：

(1) 在相同 δ 条件下，方案 4 的开裂范围比方案 1 和方案 3 的小。

(2) 与方案 1 和方案 3 的结果相比，方案 4 的围岩的变形-开裂过程呈现明显的间歇性：在一段时间内，围岩开裂形态基本维持不变，此阶段是应变积聚阶段；随后，围岩开裂形态发生剧烈改变，围岩释放能量剧烈。这样的过程呈现 3 次。之所以会出现上述间歇性或阶段性，是由于在 δ 增加过程中，围岩中过去形成的一种较为稳定的结构(拱)被打破，并在其外围形成了新的稳定结构(拱)。

4. v 对 V 形坑扩展过程的影响

下面，将重点研究 V 形坑的扩展过程。以洞室右侧围岩为例，获取 σ_1 最小处单元水平方向(横)坐标 d 随 δ 的演变规律。σ_1 最小处单元处于 V 形坑尖端附近，此处单元受到的挤压程度最剧烈。各方案的 d-δ 曲线均呈现两个阶段(图 13-5)：恒定阶段和阶梯形增长阶段。

在恒定阶段，各方案的 d 相同，为 24m，该位置处于洞室右帮中部(图 13-5 中插图)。此时，洞室两帮未发生开裂。对于不同方案，恒定阶段结束时的 δ 有略微差异。

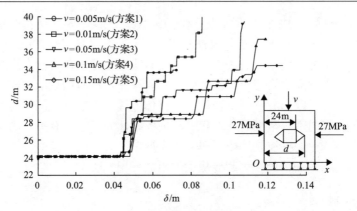

图 13-5　V 形坑尖端的扩展过程

在阶梯形增长阶段，各方案的 d-δ 曲线有明显差异。当 v 低时（方案 1 和方案 2），阶梯数目较多且阶梯尺寸较小，这意味着洞室围岩开裂呈渐进性特点。当 v 高时（方案 4 和方案 5），阶梯数目较少且阶梯尺寸较大，这意味着洞室围岩开裂呈间歇性特点。

对比图 13-1 和图 13-5 可以发现，当 d 快速增加时，载荷发生下降，能量发生释放；当 d 保持不变时（V 形坑形态保持不变），载荷有所提升，V 形坑形态保持恒定，能量不断积聚。

由图 13-5 还可以发现，当 δ 相同时，随着 v 的降低，d 有增加趋势，这说明当 v 低时，洞室围岩两帮开裂深度（V 形坑水平方向尺寸）较大，例如，若 δ=0.06m，则当 v=0.005m/s 时 d=33.6353m，而当 v=0.15m/s 时 d=28.1269m，这与由图 13-2～图 13-4 观察到的现象相符。

本章 v 低时的计算结果（例如，V 形坑内岩块涌入洞室）与片帮类似，而本章 v 高时的计算结果（例如，岩块的弹射）与岩爆类似。

13.3　本 章 小 结

(1) 不同加载速度时洞室围岩的载荷-位移曲线呈现不同的特点。当加载速度低时，载荷-位移曲线呈单峰特点；当加载速度高时，载荷-位移曲线呈多峰特点。

(2) 不同加载速度时洞室围岩开裂过程有所不同。加载速度低时围岩开裂呈渐进性特点；加载速度高时围岩开裂呈间歇性特点，这是由于在加载过程中围岩中过去形成的一种较为稳定的结构（拱）被打破，并在其外围新的稳定结构（拱）形成。

(3) 不同加载速度时洞室两帮 V 形坑尺寸随时间或加载位移的增加呈现不同特点。在相同加载位移时，加载速度低时洞室两帮开裂深度较大，这说明加载速度低时应力传递较为均匀。加载速度低时的结果（V 形坑内岩块涌入洞室）与片帮类似；加载速度高时的结果（岩块的弹射）与岩爆类似。

第14章 静水压力条件下洞室直径和卸荷时间对洞室围岩的变形-开裂-运动的影响模拟

在开挖地下洞室时，在满足使用、安全和经济等要求下，开挖断面尺寸过大的洞室往往并不必要。一方面，断面过大会增加施工成本，另一方面，易于发生灾害，例如，在开挖大断面引水隧洞时锦屏二级水电站和天生桥水电站，发生了剧烈岩爆(张春生等，2015；谭以安，1989)。然而，断面过小会受大型设备难以运行和工作环境欠佳等问题的困扰。从追求施工效率的角度，工期需要被尽量压缩。然而，快速掘进容易导致灾害发生(殷志强等，2011；陈卫忠等，2010)。由此可见，追求大断面洞室和快速掘进的需求均不利于安全。因此，探索洞室尺寸和掘进快慢的影响具有重要的理论和实际意义。

在深部高应力条件下，开挖卸荷极易引发洞室围岩的开裂和失稳(刘祥鑫等，2016)。无论是在实验室中，还是在现场观测中，静水压力条件下洞室围岩发生均匀开裂都极为少见，更多的是发生局部开裂(例如，出现 1~4 个 V 形坑(陆家佑和王昌明，1994；Vardoulakis et al.，1988；王学滨等，2009))。因此，洞室围岩的局部开裂规律值得深入研究。

数值模拟研究是洞室围岩局部开裂研究的主要手段之一。目前，主要采用连续方法(Lisjak and Grasselli，2014)和非连续方法(Mahabadi et al.，2014)开展研究。例如，Zheng 等(1989)采用边界元方法模拟了洞室围岩 V 形坑的增长和稳定，并认为 V 形坑尖角对其稳定至关重要，V 形坑尺寸和施加应力并没有明确的关系；张文举等(2013)采用有限元方法模拟了准静态和瞬态卸荷条件下洞室围岩的破坏形态，无论何种卸荷，非静水压力条件下洞室围岩均呈现 V 形坑，而静水压力条件下洞室围岩发生圆环形破坏；王学滨等(2009，2012b)采用 FLAC^{3D} 模拟了多种条件下洞室围岩的局部破坏过程，并认为非轴对称模型中剪应力的存在是形成 V 形坑的原因；董春亮等(2017)基于弹性卸荷理论，对高地应力条件下轴对称洞室围岩模型受开挖卸荷扰动问题进行了模拟，结果表明，圆环形破坏区随着开挖卸荷时间和岩体强度的增加而减小，随着洞室尺寸和初始地应力的增加而增加；邓博团和马宗源(2016)采用有限元方法模拟了冲击载荷作用下矩形洞室围岩的破坏形态，当初始应力为 100MPa、冲击载荷分别为 100MPa 和 200MPa 时，洞室围岩的两帮和顶、底板分别出现 V 形坑。连续方法可以较好地描述洞室围岩的应力、应变和塑性区分布，但不适于模拟洞室围岩的开裂和坍塌；非连续方法可以较好地模拟节理围岩中岩块运动和岩块之间的相互作用问题，通过引入黏聚力(Potyondy and Cundall，2004)也可模拟开裂，但往往刚度系数需要被引入，这会对应力、应变产生一定的影响。为了弥补连续方法和非连续方法各自的缺陷，连续-非连续方法应运而生，正在快速发展(Mitelman and Elmo，2014)。

本章开展了静水压力条件下洞室围岩的变形-开裂-运动过程的数值模拟研究，通过考察剪裂纹和最大主应力 σ_3 的时空分布以及剪裂纹区段数目的演变规律，探究了洞室直径与开挖卸荷时间的影响。

14.1　模型和参数

模型的高度和宽度均为 40m，被剖分成 160×160 个正方形单元。在该模型下端面，施加垂直方向铰支座约束，在左、右两侧面和上端面，施加 27MPa 的压应力(图 14-1(a))。各种计算参数取值如下：面密度 ρ 为 $2430 \mathrm{kg/m^2}$，弹性模量 E 为 12GPa，泊松比 μ 为 0.27，抗拉强度 σ_t 为 4MPa，法向刚度系数 K_n 为 10GPa，莫尔-库仑准则中的黏聚力 c 和内摩擦角 φ 分别为 10MPa 和 $25°$，摩擦系数 f 为 0.1，I 型断裂能 G_f^I 为 10.5N/m，II 型断裂能 G_f^{II} 为 1005N/m，局部自适应阻尼系数 α 为 0.2，时间步长 Δt 为 $2.516 \times 10^{-5} \mathrm{s}$，$\Delta t$ 小于临界时步($1.0064 \times 10^{-4} \mathrm{s}$)，以确保数值稳定性。计算在平面应变、大变形条件下进行。

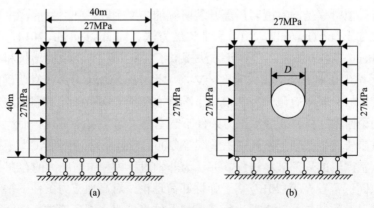

图 14-1　开挖洞室之前和之后的模型

计算过程包括如下 3 步。

第 1 步：对开挖洞室之前模型进行计算，直至趋于静力平衡状态，此步所用的时步数目 N 为 10000。

第 2 步：开挖圆形洞室，洞室中心与开挖洞室之前模型中心重合。采用由该模型中心向外逐圈删除单元的方式模拟洞室开挖过程,当洞室直径达到设定值时,该步骤停止。开挖卸荷时间是指从洞室开挖开始到洞室完全形成所需要的时间。应当指出,由于该模型被剖分成正方形单元,圆形洞室表面呈锯齿状。

　　第 3 步:对开挖洞室之后模型进行计算。

　　共选择了 7 个计算方案。方案 1~方案 4 被用于研究洞室直径 D 的影响;方案 3 和方案 5~方案 7 被用于研究开挖卸荷时间 T 的影响。方案 1~方案 4 的 D 分别为 8m、6m、5m 和 4m,T 均为 $1.0064 \times 10^{-1}\text{s}(N=4000)$。方案 3 和方案 5~方案 7 的 T 分别为 $1.0064 \times 10^{-1}\text{s}(N=4000)$、$6.0384 \times 10^{-1}\text{s}(N=24000)$、$9.0576 \times 10^{-1}\text{s}(N=36000)$ 和 $1.20768\text{s}(N=48000)$,D 均为 5m。

14.2　结果和分析

14.2.1　洞室直径的影响

　　图 14-2~图 14-4 分别给出了方案 1、方案 3 和方案 4 的剪裂纹和 σ_3 的时空分布,黑色线段代表剪裂纹区段,单元颜色代表 σ_3,正、负分别代表拉应力、压应力。应当指出,由于一些节点发生分离,两个原本相连的单元之间的剪裂纹被称为 1 个剪裂纹区段,剪裂纹区段的形状为四边形,若干剪裂纹区段连在一起构成狭长的剪裂纹;考虑到单元脱离围岩后裂纹区段将变得很大,图 14-2~图 14-4 仅显示了尺寸较小的剪裂纹区段,即各边长度均小于等于 1 个单元边长的剪裂纹区段。图 14-5 给出了不同方案的剪裂纹区段数目-N 曲线,其中,剪裂纹区段数目是从洞室完全形成时开始统计的。应当指出,统计的剪裂纹区段数目包括图 14-2~图 14-4 显示的剪裂纹区段数目和单元脱离围岩后尺寸较大的剪裂纹区段数目。

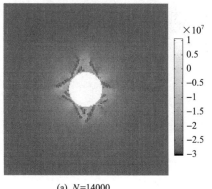

(a) N=14000

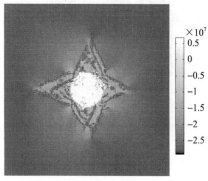

(b) N=24000

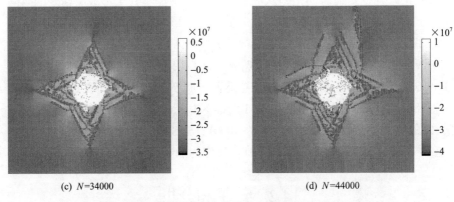

(c) N=34000　　　　　　　　　　　　(d) N=44000

图 14-2　洞室开挖后围岩中剪裂纹和 σ_3 的时空分布（方案 1）

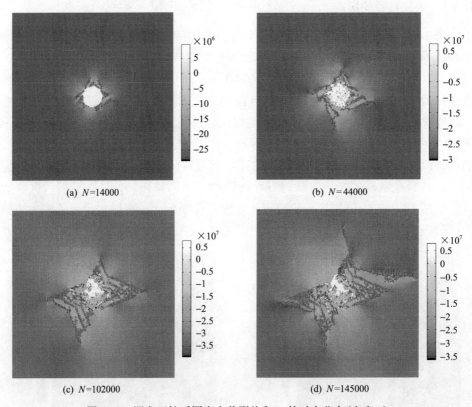

(a) N=14000　　　　　　　　　　　　(b) N=44000

(c) N=102000　　　　　　　　　　　(d) N=145000

图 14-3　洞室开挖后围岩中剪裂纹和 σ_3 的时空分布（方案 3）

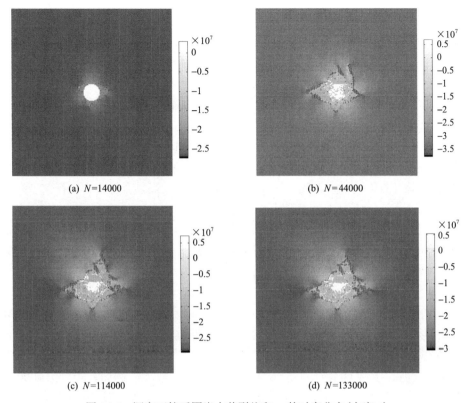

(a) N=14000   (b) N=44000

(c) N=114000   (d) N=133000

图 14-4　洞室开挖后围岩中剪裂纹和 σ_3 的时空分布(方案 4)

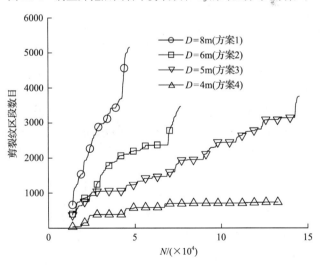

图 14-5　剪裂纹区段数目-N 曲线

以方案 1 为例，详细介绍洞室围岩的变形-开裂-运动过程。

由图 14-2 可以发现：

(1)当 $N=14000$ 时(洞室开挖刚完成,图 14-2(a)),洞室周边 σ_3 较高,为拉应力;远离洞室位置(模型周边)σ_3 较低,为压应力;在洞室周边与模型周边之间,存在 1 个不规则的环形 σ_3 过渡区;在模型两条对角线与洞室表面 4 个交汇处,多条弯曲的剪裂纹扩展出来(例如,在洞室右肩附近,2 条剪裂纹扩展出来,1 条顺时针,另 1 条逆时针);从上述 4 个交汇处扩展出的剪裂纹在洞室两帮和顶、底板附近有相交并形成 V 形坑的趋势。

(2)当 $N=24000$ 时(图 14-2(b)),在洞室两帮和顶、底板,若干 V 形坑已形成,外侧大 V 形坑内包围内侧小 V 形坑,V 形坑最大深度约 8m;剪裂纹层数约为 2;少量脱离围岩的单元涌入洞室;在 V 形坑内部,σ_3 较高,为拉应力;在 V 形坑外部,σ_3 过渡区分化成约 4 个,形状不规则。

(3)当 $N=34000$ 时(图 14-2(c)),在洞室右帮和底板的 V 形坑外部,尺寸更大的 V 形坑(深度约 9m)出现,剪裂纹层数增加到 3,而洞室左帮和顶板的 V 形坑大小近似不变;大量脱离围岩的单元涌入洞室;V 形坑外 σ_3 过渡区范围增大。

(4)当 $N=44000$ 时(图 14-2(d)),多条剪裂纹出现,V 形坑尺寸和剪裂纹层数进一步增大;1 条剪裂纹扩展至模型上端面,这将导致洞室围岩模型不平衡;涌入洞室的单元数目比过去增加很多;σ_3 过渡区外边界已接近模型周边。

由图 14-2~图 14-4 可以发现:

(1)从剪裂纹数目上看,随着 D 的减小,数目减少。例如,当 $N=14000$ 时(图 14-2(a)、图 14-3(a)和图 14-4(a)),方案 1 的数目约为 13,方案 3 的数目约为 9,而方案 4 的数目为 0;当 $N=44000$ 时(图 14-2(d)、图 14-3(b)和图 14-4(b)),方案 1 的数目约为 28,方案 3 的数目约为 11,方案 4 的数目约为 7。出现上述现象的原因是 D 越小时,洞室围岩的面积越大,围岩的应力越低,所以,围岩的开裂越不严重。

(2)从剪裂纹层数和 V 形坑最大深度上看,随着 D 的减小,层数减少,最大深度减小。例如,当 $N=44000$ 时(图 14-2(d)、图 14-3(b)和图 14-4(b)),方案 1 的层数约为 4,最大深度约为 9m;方案 3 的层数约为 2,最大深度约为 4.7m;方案 4 的层数约为 1,最大深度约为 4m。出现上述现象的原因与 D 越小时剪裂纹数目越少的原因相同。

(3)从 V 形坑形态上看,随着 D 的减小,V 形坑变得不规则、不对称。例如,当 $N=44000$ 时(图 14-2(d)、图 14-3(b)和图 14-4(b)),方案 1 的 V 形坑呈对称分布,而方案 3 和方案 4 的则不然。出现上述现象的原因应与 D 越大,洞室围岩的开裂越猛烈有关。当 D 较大时,洞室一旦开裂,围岩在各方向上同时向洞室迅速涌入,从而导致洞室围岩不同部位 V 形坑大小相差不大,且对称性较好,而当 D 较小时,洞室围岩的开裂不严重、不充分、不猛烈,剪裂纹启动位置应主要受锯齿形洞室表面应力不均匀控制。

由图 14-5 可以发现，在洞室开挖完成后，随着 N 的增加，方案 1 和方案 4 的剪裂纹区段数目在一定阶段呈阶梯形增长。D 最小时（方案 4），最终，剪裂纹区段数目趋于不变，这意味着洞室围岩已趋于平衡，而 $D=5\sim8m$ 时（方案 1～方案 3）的结果，则不然。

另外，由图 14-5 还可发现，D 越大，则相同 N 时，剪裂纹区段数目越大；D 越小，则洞室围岩越早平衡。这些结果与由图 14-2～图 14-4 中观察到的现象一致。

14.2.2　卸荷时间的影响

图 14-6 和图 14-7 分别给出了方案 5 和方案 7 的剪裂纹和 σ_3 的时空分布，其中，黑色线段代表剪裂纹区段，正、负分别代表拉应力、压应力。图 14-8 给出了方案 3 和方案 5～方案 7 的剪裂纹区段数目-N 曲线，其中，剪裂纹区段数目是从洞室完全形成时开始统计的。应当指出，图 14-6 和图 14-7 仅显示了较小尺寸的剪裂纹区段；图 14-8 统计的剪裂纹区段数目是全部的。

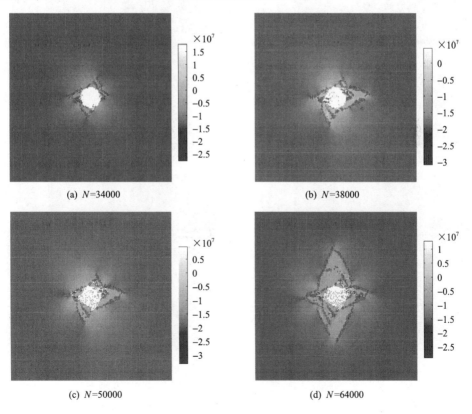

(a) $N=34000$

(b) $N=38000$

(c) $N=50000$

(d) $N=64000$

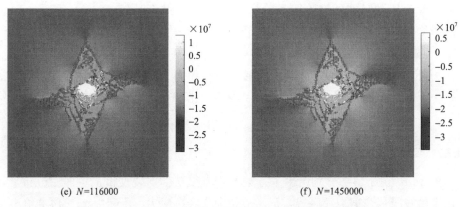

(e) N=116000　　　　　　　　　　　　　　(f) N=1450000

图 14-6　洞室开挖后围岩中剪裂纹和 σ_3 的时空分布(方案 5)

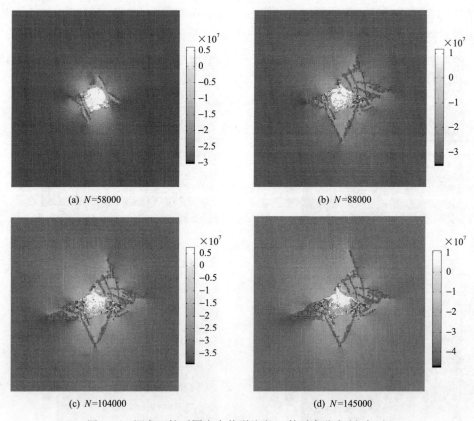

(a) N=58000　　　　　　　　　　　　　　(b) N=88000

(c) N=104000　　　　　　　　　　　　　(d) N=145000

图 14-7　洞室开挖后围岩中剪裂纹和 σ_3 的时空分布(方案 7)

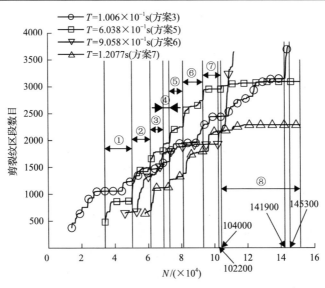

图 14-8 剪裂纹区段数目-N 曲线

对于方案 3(图 14-3),随着 N 的增加,洞室围岩中的剪裂纹数目增多,剪裂纹层数增多,V 形坑最大深度增加。当 N=145000 时,由洞室顶板附近扩展出的一条剪裂纹已接近模型右侧面,这将导致洞室围岩模型不平衡。由图 14-8 可以发现,当 N=141900~145300 时,剪裂纹区段数目急剧增加。

对于方案 5(图 14-6),当 N<104000 时,随着 N 的增加,剪裂纹数目、剪裂纹层数和 V 形坑最大深度亦经历与方案 3 相类似的过程。然而,当 N≥104000 时,随着 N 的增加,洞室围岩的开裂形态变化很小,洞室围岩趋于平衡。

对于方案 6(限于篇幅,洞室围岩的开裂形态未给出),当 N≥102200 时(图 14-8),剪裂纹区段数目急剧增加,洞室围岩不能平衡。

对于方案 7(图 14-7),洞室围岩的开裂形态与方案 5 的(图 14-6)有类似之处,但洞室围岩平衡时开裂较少,在此,不再赘述。

综上所述,随着 T 的增加,洞室围岩的开裂呈现一定的规律性和复杂性。方案 7 的洞室围岩平衡时开裂范围小于方案 5 的,方案 5 的最终开裂范围小于方案 3 的,这是规律性的例子。方案 6 的洞室围岩难以平衡,且大量剪裂纹很早就出现,方案 6 的结果不介于方案 5 与方案 7 的结果之间,等等,这是复杂性的例子。复杂性应与锯齿形洞室表面有一定关系。锯齿会引起应力集中,从而在不同 T 时,洞室表面的不同位置会出现剪裂纹。而且,剪裂纹之间还存在复杂的相互作用。这些因素将导致随着 T 的增加,难以获得关于洞室围岩开裂的有章可循的规律。

14.2.3 剪裂纹区段数目阶梯形增加过程分析

由图 14-8 可以发现,方案 3 和方案 6 的剪裂纹区段数目随着 N 的增加一直呈阶梯形增长，而方案 5 和方案 7 的剪裂纹区段数目在最终稳定之前随着 N 的增加呈阶梯形增长。下面，以方案 5 为例，对剪裂纹区段数目阶梯形增长过程进行分析。

方案 5 的剪裂纹区段数目-N 曲线大致包括 7 个大阶梯，即阶段①~阶段⑦。每个大阶梯可被划分为剪裂纹区段数目快速增加阶段和趋近不变阶段。前一阶段对应于剪裂纹快速扩展，而后一阶段对应于剪裂纹扩展基本停滞。例如，对于第 1 个大阶梯(阶段①)，当 $N=34000\sim37650$ 时，剪裂纹区段数目-N 曲线呈密集的锯齿形，剪裂纹区段数目由 479 增加到 855，这主要是由洞室右帮和底板的剪裂纹扩展造成的(图 14-6(a)和(b))；当 $N=37650\sim50170$ 时，剪裂纹区段数目维持在 860，剪裂纹扩展基本停滞，这与围岩中某种有利于平衡的结构形成有关(图 14-6(b)和(c))，应力处于调整之中。第 7 个大阶梯之后为阶段⑧。在此阶段，剪裂纹区段数目先缓慢增长，再近似保持不变(约 3092 个)，这与洞室左、右两帮的剪裂纹先小幅度扩展再扩展基本停滞有关(图 14-6(d)和(f))。

剪裂纹区段数目随着 N 的增加呈阶梯形增长表明了剪裂纹扩展具有间歇性，即洞室围岩经历应力集中、释放(剪裂纹快速扩展)→应力调整(剪裂纹扩展基本停滞，围岩中有某种有利于平衡的结构形成)→应力调整失败(结构平衡被打破)→应力再次集中、释放(剪裂纹再次扩展)的循环历程。刘祥鑫等通过物理实验研究了洞室开挖卸荷后岩爆的演化过程，认为岩爆将多次经历"岩爆→应力调整→应力调整失败→再次发生岩爆"的过程，这与本章方案 3 和方案 5~方案 7 的结果具有一定的类似性。

另外，由图 14-8 还可以发现，一些方案的剪裂纹区段数目-N 曲线发生交叉。出现该现象的主要原因是不同方案的 T 相差不大且剪裂纹间歇性扩展不同步，例如，某一方案的围岩中某种结构形成(剪裂纹扩展基本停滞)时，另一方案的围岩中应力正在释放(剪裂纹快速扩展)，于是曲线发生交叉。

14.3 本 章 小 结

在静水压力条件下，随着时步数目的增加，多条剪裂纹由洞室周边向围岩内部扩展，一些剪裂纹相互交叉形成 V 形坑，最终围岩或不平衡或趋于平衡。在上述过程，剪裂纹扩展呈间歇性，时而扩展，时而扩展基本停滞，剪裂纹在一些位置呈间隔排列。

随着洞室直径的减小，剪裂纹区段数目减少，V 形坑最大深度减小，剪裂纹层数减少。当洞室直径较小时，模型最终易于平衡。开挖卸荷时间不同时洞室围岩的开裂既呈现一定的规律性(例如，规律性体现在随着开挖卸荷时间的增加，洞室围岩的开裂范围减小)，又呈现一定的复杂性。

第15章 不同围压条件下洞室围岩的
变形-开裂过程模拟

在采矿、交通、水利和国防等工程中，在地下岩土体中开挖洞室十分常见。裂纹的起裂、扩展和贯通将导致洞室周围岩土体的破坏和失稳。因此，研究含孔洞模型的变形-开裂过程对一些地质灾害的机理分析和预防具有重要的理论和实际意义。

Carter 等(1992)将单轴压缩条件下含孔洞模型的裂纹划分为孔洞周边拉应力集中区的初始拉裂纹、孔洞周边压应力集中区的剪裂纹和远离孔洞的远场裂纹。宋义敏等(2010)采用数字图像相关方法和声发射技术观测了含孔洞模型的破坏过程，认为远场裂纹的产生主要是由于拉应变集中，即以拉裂为主，拉应力与压应力共同作用的结果。郭晓菲等(2016)根据弹塑性理论，分析了不同侧压系数时含孔洞模型的塑性区分布，并给出了圆形、椭圆形和蝶形塑性区的判定准则。张纯旺等(2017)采用 FLAC^{3D} 模拟了孔洞半径对含孔洞模型的塑性区分布的影响，研究发现，同一角度处的塑性区半径随孔洞半径的增加呈线性增加。黎崇金等(2017)采用 PFC^{2D} 模拟了单轴压缩条件下含孔洞模型的裂纹扩展过程，认为剪裂纹与远场拉裂纹共同导致了含孔洞模型的宏观破坏。

到目前为止，含孔洞模型的远场裂纹的数值模拟研究还比较少见，而且，多采用连续方法(如 FLAC^{3D} 等)或非连续方法(如 PFC^{2D} 等)进行研究。连续方法适于模拟连续介质的变形和破坏问题，仅能在一定程度上处理非连续问题；非连续方法适于模拟颗粒或块体的运动和接触问题，对于应力和应变的描述一般较为粗糙。为了模拟连续介质向非连续介质转化，目前，一些连续-非连续方法已被发展(Lisjak and Grasselli，2014；Mahabadi et al.，2014)，它们兼具连续方法和非连续方法的各自优势。

本章考虑了裂纹沿四边形单元对角线扩展，模拟了不同围压时位移控制加载条件下含孔洞模型的变形-开裂过程，获得了不同围压时含孔洞模型的拉裂纹和剪裂纹区段数目随时步数目 N 的演变规律，讨论了围压的影响。

15.1 模型和参数

含圆形孔洞模型(简称模型)边长为 0.1m，孔洞直径为 0.03m，模型被剖分成 6202 个四边形单元，在模型下端面的节点上，施加活动铰支座约束，在模型上端面的节点上，施加竖直向下的速度 v，其大小为 0.05m/s，在模型左、右两侧，施加围压 p（图 15-1）。计算在平面应变、大变形条件下进行。

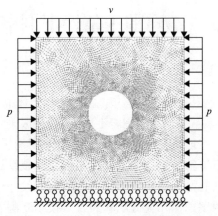

图 15-1　含圆形孔洞模型

各种计算参数取值如下：面密度 ρ 为 2700kg/m^2，局部自适应阻尼系数 α 为 0.2，弹性模量 E 为 3.5GPa，泊松比 μ 为 0.2，抗拉强度 σ_t 为 2.0MPa，黏聚力 c（为抗剪强度参数之一，出现在莫尔-库仑准则中，不同于虚拟裂纹的法向黏聚力和切向黏聚力）为 10MPa，内摩擦角 φ 为 30°，Ⅰ型断裂能 G_f^I 为 50N/m，Ⅱ型断裂能 G_f^{II} 为 2000N/m，时间步长 Δt 为 1.83746×10^{-8}s，法向刚度系数 K_n 为 100GPa。应当指出，对于满足莫尔-库仑准则的单元，考虑了应力脆性跌落效应，在此过程中，球应力保持不变，应力跌落系数 α' 为 0.25（应力跌落之后莫尔应力圆半径与应力跌落之前莫尔应力圆半径的比值），由于考虑了单元应力跌落，所以，G_f^{II} 几乎不起作用。

共选择了 3 个计算方案。方案 1～方案 3 的 p 分别为 0MPa、1MPa 和 2MPa。

15.2　结果和分析

15.2.1　无侧压时

方案 1 的变形-开裂过程见图 15-2，单元颜色代表最大主应力 σ_3，黑色线段代表拉裂纹区段，白色线段代表剪裂纹区段。由于一些节点发生分离，两个原本相连的单元之间的裂纹被称为 1 个裂纹区段。可以发现，在加载初期（图 15-2(a)），σ_3 集中于孔洞顶、底部。当 N=32000 时（图 15-2(b)），孔洞顶、底部已出现初始拉裂纹，初始拉裂纹左、右两侧已出现 4 个 σ_3 集中区。当 N=40000 时（图 15-2(c)），这些 σ_3 集中区出现远场拉裂纹。当 N=67000 时（图 15-2(d)），远场拉裂纹数目和过去相比增多，孔洞左、右两侧出现少量剪裂纹。当 N=69000 和 75000 时（图 15-2(e)

和(f)），孔洞左、右两侧的剪裂纹分别向模型的左上角和右下角扩展，直至贯穿模型。

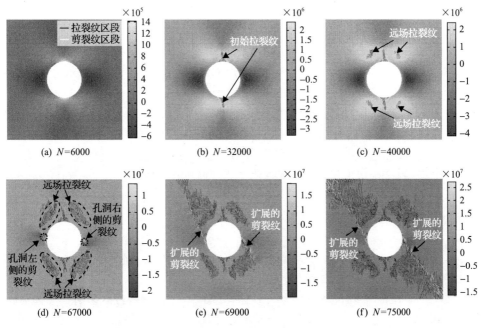

图 15-2　含圆形孔洞模型 σ_3 和裂纹的时空分布(方案 1)

方案 1 的模型上端面应力、拉裂纹和剪裂纹区段数目随 N 的演变规律见图 15-3。应当指出，由于在模型上端面进行位移控制加载，所以，上端面垂直位移与 N 一一对应。

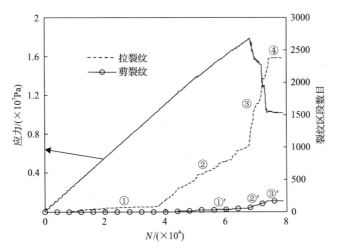

图 15-3　应力、拉裂纹和剪裂纹区段数目随 N 的演变(方案 1)

①～④分别为第 1～第 3 个增加阶段和恒定阶段；①′～③′分别为第 1～第 2 个增加阶段和恒定阶段

由图 15-3 可以发现：

(1) 应力-N 曲线可被划分为近似线性阶段($N<50000$)、应变硬化阶段($N=50000\sim68000$)、峰后应变软化阶段($N=68000\sim72000$)和残余阶段($N>72000$)。拉裂纹区段数目-N 曲线可被划分为阶段①～阶段④，阶段①～阶段③的 N 分别为 $8000\sim38000$、$38001\sim68000$ 和 $68001\sim72000$，阶段④的 $N>72000$。剪裂纹区段数目-N 曲线可被划分为阶段①′～阶段③′，阶段①′和阶段②′的 N 分别为 $50000\sim68000$ 和 $68001\sim72000$，阶段③′的 $N>72000$。

(2) 在应力-N 曲线的近似线性阶段，一些拉裂纹已出现(例如，当 $N=40000$ 时，拉裂纹区段数目约为 200。结合图 15-2(c) 可以发现，拉裂纹包括孔洞顶、底部初始拉裂纹和远场拉裂纹)。在阶段①，拉裂纹区段数目的增速较慢，结合图 15-2(a)～(c) 可以发现，此阶段的拉裂纹为初始拉裂纹；当 $N=38000\sim49999$ 时，拉裂纹区段数目的增速快于阶段①的，结合图 15-2(b)～(d) 可以发现，此阶段新增的拉裂纹主要为远场拉裂纹。

(3) 在应力-N 曲线的应变硬化阶段，拉裂纹区段数目的增速与 $N=38000\sim49999$ 时的接近。此阶段新增的拉裂纹主要为远场拉裂纹。此阶段与阶段①′相对应，新增的剪裂纹位于孔洞左、右两侧。

(4) 在应力-N 曲线的峰后应变软化阶段，拉裂纹和剪裂纹区段数目的增速高于此前其他阶段的。结合图 15-2(e) 和(f) 可以发现，此阶段与阶段③和②′相对应。孔洞左、右两侧剪裂纹分别向模型左上角和右下角扩展，增加的拉裂纹主要位于这些新增的剪裂纹附近。

(5) 在应力-N 曲线的残余阶段，拉裂纹和剪裂纹区段数目基本不变，模型左上、右下两部分之间发生相对滑动(图 15-2(f))。

15.2.2　有侧压时

方案 2 和方案 3 的变形-开裂过程分别见图 15-4 和图 15-5，单元颜色代表 σ_3，黑色线段代表拉裂纹区段，白色线段代表剪裂纹区段。由此可以发现，方案 2 的裂纹扩展过程主要如下：孔洞顶、底部的初始拉裂纹扩展；初始拉裂纹左、右两侧的远场拉裂纹扩展；孔洞左、右两侧的剪裂纹分别向模型的左上角和右下角扩展。该过程与方案 1 的基本类似。对于方案 3，初始拉裂纹左、右两侧的远场拉裂纹扩展与孔洞左、右两侧的剪裂纹分别向模型左上角和右下角扩展的界限不明显。该过程与方案 1 和方案 2 的很不相同。

方案 2 的应力、拉裂纹和剪裂纹区段数目随 N 的演变规律见图 15-6。由此可以发现：

(1) 应力-N 曲线可被划分为近似线性阶段、应变硬化阶段、峰后应变软化阶段和残余阶段。

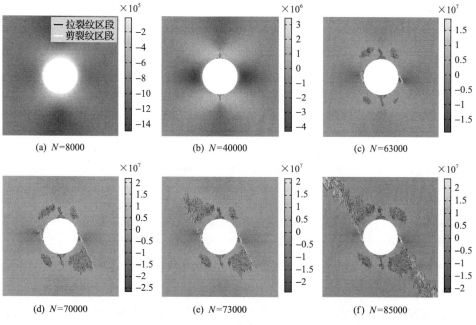

图 15-4 含圆形孔洞模型 σ_3 和裂纹的时空分布(方案 2)

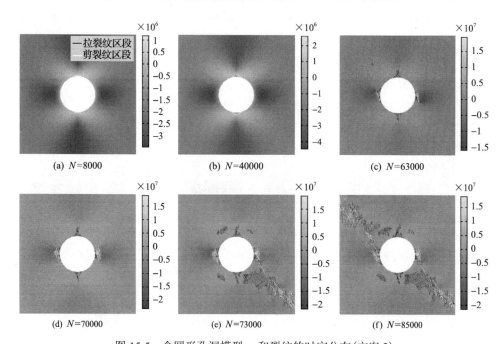

图 15-5 含圆形孔洞模型 σ_3 和裂纹的时空分布(方案 3)

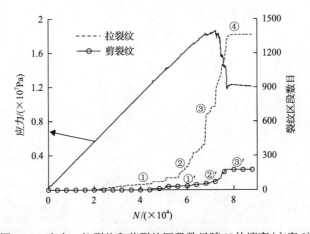

图 15-6　应力、拉裂纹和剪裂纹区段数目随 N 的演变(方案 2)

①～④分别为第 1～第 3 个增加阶段和恒定阶段；①'～③'分别为第 1～第 2 个增加阶段和恒定阶段

(2)拉裂纹区段数目-N 曲线可被划分为阶段①～阶段④。在阶段①～阶段③(N 分别为 23000～56000、56001～68000 和 68001～76000)，可以分别观察到孔洞顶、底部的初始拉裂纹扩展(图 15-4(b))、远场拉裂纹扩展(图 15-4(c))和剪裂纹向模型左上角和右下角扩展过程中附近的拉裂纹扩展(图 15-4(d)和(e))。

(3)剪裂纹区段数目-N 曲线可被划分为阶段①'～阶段③'。在阶段①'～阶段②'(N 分别为 50000～72000 和 72001～76000)，可以分别观察到孔洞左、右两侧的剪裂纹扩展(图 15-4(b))和孔洞左、右两侧的剪裂纹分别向模型的左上角和右下角扩展(图 15-4(d)和(e))。

方案 3 的应力、拉裂纹和剪裂纹区段数目随 N 的演变规律见图 15-7。由此可以发现：

(1)应力-N 曲线可被划分为近似线性阶段、应变硬化阶段、峰后应变软化阶段和残余阶段。

(2)拉裂纹区段数目-N 曲线可被划分为阶段①～阶段④，阶段①和阶段②～阶段③的 N 分别为 38000～80000 和 80001～90000。在阶段①，可以观察到孔洞顶、底部的初始拉裂纹扩展(图 15-5(c))；在阶段②和阶段③，可以观察到远场拉裂纹扩展和孔洞左、右两侧的剪裂纹分别向模型左上、右下角扩展过程中附近的拉裂纹扩展(图 15-5(e)和(f))。

(3)剪裂纹区段数目-N 曲线可被划分为阶段①'～阶段③'，阶段①'和阶段②'的 N 分别为 45000～80000 和 80001～90000。在阶段①'，可以观察到孔洞左、右两侧的剪裂纹扩展(图 15-5(c)和(d))；在阶段②'，孔洞左、右两侧的剪裂纹分别向模型的左上角和右下角扩展(图 15-5(e)和(f))。

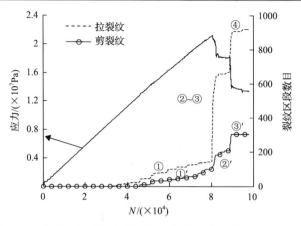

图 15-7　应力、拉裂纹和剪裂纹区段数目随 N 的演变(方案 3)

①、②～③和④分别为第 1～第 2 个增加阶段和恒定阶段；①′～③′分别为第 1～第 2 个增加阶段和恒定阶段

15.2.3　围压的影响

由方案 1～方案 3 的应力-N 曲线(图 15-8)可以发现，随着围压的增加，应力峰值增大，应力峰值对应的 N 增大，残余应力增大。

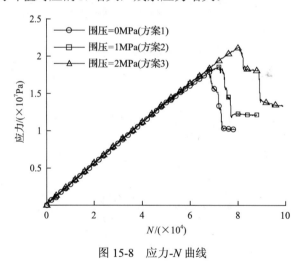

图 15-8　应力-N 曲线

由方案 1～方案 3 的拉裂纹区段数目-N 曲线(图 15-9)可以发现：

(1)随着围压的增加，拉裂纹出现变晚，阶段①变长，这说明围压阻碍了初始拉裂纹扩展。

(2)随着围压的增加，远场拉裂纹区段数目变少。方案 1 和方案 2 的阶段②增加的拉裂纹区段数目分别约为 900 和 300；而方案 3 的阶段②增加的拉裂纹区段数目较少(图 15-5(e))，方案 3 的阶段②和阶段③的界限不明显。该结果说明，围压阻碍了远场拉裂纹扩展。

(3)随着围压的增加，在阶段③，剪裂纹向模型左上角和右下角扩展过程中附近的拉裂纹区段数目减少，方案 1～方案 3 的阶段③增加的拉裂纹区段数目分别约为 1400、1000 和 800。该结果说明，围压阻碍了剪裂纹向模型左上角和右下角扩展过程中附近的拉裂纹扩展。

(4)随着围压的增加，阶段④的拉裂纹区段数目变少，该结果说明，围压总体上阻碍了拉裂纹扩展。

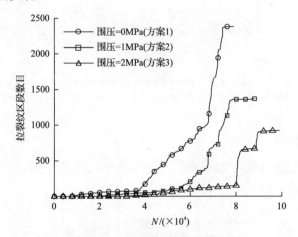

图 15-9　拉裂纹区段数目-N 曲线

由方案 1～方案 3 的剪裂纹区段数目-N 曲线(图 15-10)可以发现：

(1)随着围压的增加，阶段①′变长，方案 1～方案 3 的阶段①′增加的剪裂纹区段数目分别约为 50、80 和 100。该结果说明，围压阻碍了孔洞左、右两侧的剪裂纹扩展。

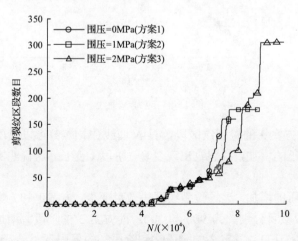

图 15-10　剪裂纹区段数目随 N 的演变

(2)随着围压的增加,阶段③'的剪裂纹区段数目有增大趋势。方案 1~方案 3 的阶段③'增加的剪裂纹区段数目分别约为 150、170 和 300。该结果说明,围压总体上阻碍了剪裂纹扩展。

15.3　本章小结

(1)当围压较小时,初始拉裂纹首先出现在孔洞顶、底部;然后,向模型的上、下端扩展,初始拉裂纹左、右两侧的拉应力集中区产生远场拉裂纹;然后,孔洞左、右两侧出现剪裂纹;最后,剪裂纹贯穿模型。当围压较大时,远场拉裂纹数目较少,远场拉裂纹未充分扩展,远场拉裂纹与剪裂纹的扩展阶段界限不分明。

(2)含孔洞模型峰后应变软化是由孔洞左、右两侧的剪裂纹分别向模型的左上、右下角扩展造成的。

(3)随着围压的增加,拉裂纹出现变晚;初始拉裂纹两侧的远场拉裂纹数目变少,远场拉裂纹出现变晚;在阶段③,剪裂纹向模型左上角和右下角扩展的过程中,附近的拉裂纹区段数目减少;阶段①'变长,阶段③'的剪裂纹区段数目有增大趋势。

第16章 岩样直接剪切实验和开裂亚失稳模拟

岩石变形、开裂和运动全过程研究对一些地质灾害(例如,地震、矿震和滑坡等)的机理分析和预防具有重要的理论和实际意义。作为科学研究的主要手段之一,数值模拟研究具有一些独特优势(例如,提取有关力学量方便,不受实验环境的干扰,不受各种元件的相互影响等),随着科技的进步,将发挥越来越重要的作用(Barbot et al.,2012;Shibazaki et al.,2012;Wang et al.,2012,2013a,2013b;Noda and Lapusta,2013;王学滨等,2014c;王学滨,2017)。

近年来,连续-非连续方法应运而生,正在快速发展(Munjiza,2004;张楚汉等,2008;常晓林等,2011;马刚等,2011;Lisjak et al.,2014a,2014b;Mahabadi et al.,2014;Mitelman and Elmo,2014;严成增等,2014b;王杰等,2015)。该方法适于模拟连续介质向非连续介质转化或非连续介质进一步演化,可以避免连续方法(例如,众所周知的有限元方法和有限差分方法等)和非连续方法(例如,离散元方法和非连续变形分析方法等)各自的缺陷。连续方法适于模拟连续介质的变形和破坏问题,仅能在一定程度上处理非连续介质问题,但通常不能很好地处理多条任意分布裂纹的相互作用和大尺度流动问题(Lisjak et al.,2014b)。非连续方法适于模拟颗粒或块体的运动、接触和开裂问题,而对于应力和应变的描述相对粗糙,例如,在弹性阶段,引入有关的刚度系数会对应力和应变产生一定的影响(Lisjak et al.,2014b;Mahabadi et al.,2014)。

近年来,关于亚失稳理论的探索(Ma et al.,2012;任雅琼等,2013;Zhuo et al.,2013,2015,2018;马瑾和郭彦双,2014;Ren et al.,2018;宋春燕等,2018)正在不断深化,也愈发得到重视。从实验角度看,亚失稳阶段是指差应力由峰值到快速下降之间的过渡阶段(Zhuo et al.,2013)。从断层力学上看,亚失稳阶段是断层临近失稳的最后阶段。正确识别该阶段,可为提前判断断层失稳做出准备(Zhuo et al.,2013)。识别断层亚失稳阶段应力状态,研究其力学机理和与之相关物理场的演化特性,对于分析地震潜在的危险性和危险时段具有十分重要的理论及实际意义(Zhuo et al.,2013)。Ma 等(2012)以 5°拐折断层变形和温度演化的实验为例,探索了地震前亚失稳阶段应力状态的识别问题。Zhuo 等(2013)利用数字图像相关方法,研究了平直走滑断层亚失稳阶段的位移协同化特征。Zhuo 等(2015)通过定义两个归一化参数描述断层位移协同化程度,开展了平直走滑断层亚失稳阶段的识别研究。然而,目前的工作主要集中在实验方面,相关的数值模拟研究尚未见报道。从数值模拟研究角度,开展亚失稳相关问题研究是有益的尝试,有助于深刻、全面认识有关的现象。

　　本章模拟了直接剪切条件下岩样弹性-应变硬化-亚失稳-失稳-残余阶段的整个过程。通过比较计算采用的和计算得到的Ⅱ型断裂能，验证了引入Ⅱ型断裂能后连续-非连续方法的正确性。通过考察不同阶段岩样的剪应力和虚拟裂纹分布以及未来剪裂面或断层位置测点位移等量的演化，探索了不同阶段有关规律的共性和差异，对于亚失稳阶段给予了重点的关注。

16.1　模型和参数

　　岩样的宽度和高度均为 0.2m，岩样被剖分成 80×80 个正方形单元。在岩样下端面，施加固定铰支座约束；在岩样上端面，施加活动铰支座约束和水平向右的速度 v（图 16-1），其大小为 0.01m/s。为了避免岩样发生复杂开裂，在岩样上、下对称线上，预设允许开裂位置（仅允许该位置的节点在应力满足强度准则时发生分离，而不控制开裂方向）。各种计算参数取值如下：面密度 ρ 为 2700kg/m^2，弹性模量 E 为 12GPa，泊松比 μ 为 0.3，抗拉强度 σ_t 为 10MPa，法向刚度系数 K_n 为 10GPa，莫尔-库仑准则中的黏聚力 c 为 5MPa，内摩擦角 φ 为 25°，摩擦系数 f 为 0.1，Ⅰ型断裂能 G_f^{I} 为 100N/m，Ⅱ型断裂能 G_f^{II} 为 1000N/m，时间步长 Δt 为 2.55519×10^{-7}s。计算在平面应变、大变形条件下进行。

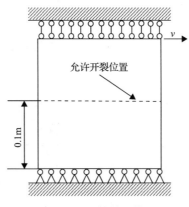

图 16-1　直接剪切模型

16.2　方案和分析

16.2.1　模型

　　图 16-2 给出了岩样上端面的平均剪应力 $\bar{\tau}$-时步数目 N 曲线和三种裂纹长度-N

曲线。由于对岩样上端面的节点施加速度，所以，N 正比于上端面的水平位移。三种裂纹包括水平(切向)虚拟裂纹、总虚拟裂纹和真实裂纹，其长度分别用 l_f、l_t 和 l_r 表示。应当指出，总虚拟裂纹包括水平和垂直虚拟裂纹。在允许开裂位置上、下行单元之间，水平虚拟裂纹产生；在允许开裂位置上或下行单元左、右边界上，垂直虚拟裂纹产生。图 16-3 给出了节点 A 分离前、后的示意图。$A\sim E$ 代表节点编号，①~④代表节点 A 周围单元编号(图 16-3(a))。当节点 A 分离成 4 个节点($A^①$、$A^②$、$A^③$ 和 $A^④$)时(图 16-3(b))，在两个方向上虚拟裂纹区段将产生，其中，水平虚拟裂纹区段为 $A^③BA^①$ 和 $A^②CA^④$，垂直虚拟裂纹区段为 $A^①DA^②$ 和 $A^④EA^③$；当节点 A 分离成 2 个节点($A^①$ 和 $A^②$)时(图 16-3(c))，在垂直方向上虚拟裂纹区段 $A^①DA^②$ 和 $A^①EA^②$ 将产生。图 16-4 给出了不同 N 时剪应力 τ 云图，其中，黑色四边形表示已有节点发生分离的单元。

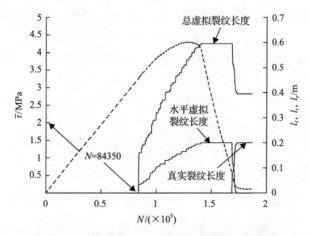

图 16-2　平均剪应力和三种裂纹长度随 N 的演变

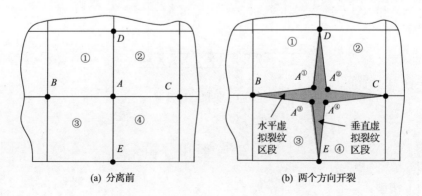

(a) 分离前　　　　　　　　　　(b) 两个方向开裂

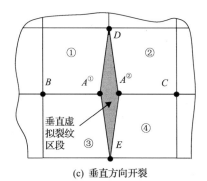

(c) 垂直方向开裂

图 16-3　节点 A 分离和虚拟裂纹不同方式扩展的示意图

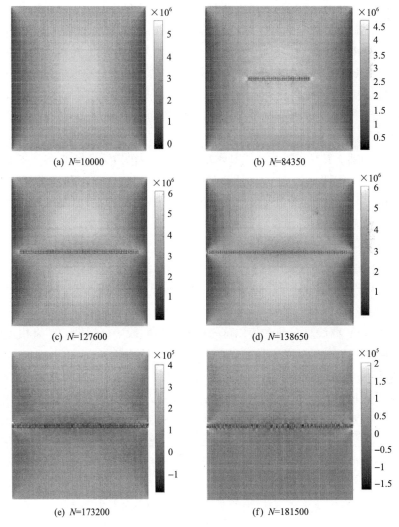

(a) N=10000 　　　　　　(b) N=84350

(c) N=127600 　　　　　(d) N=138650

(e) N=173200 　　　　　(f) N=181500

图 16-4　直接剪切条件下岩样的剪应力的时空分布

16.2.2 不同阶段岩样上端面的平均剪应力、内部剪应力和裂纹长度的演变特点

由图 16-2 可以发现，$\bar{\tau}$-N 曲线可被划分为 4 个阶段：弹性阶段、应变硬化阶段、应变软化阶段和残余阶段。下面，对各阶段和与之对应的云图(图 16-4)进行分析：

(1)在弹性阶段(N=0~84349)，$\bar{\tau}$-N 曲线呈线性，岩样未出现裂纹，τ 在岩样两侧较小，而在岩样中部较高(图 16-4(a))。

(2)在应变硬化阶段(N=84350~127600)，随着 N 的增加，$\bar{\tau}$ 增速变缓，直至达到应力峰值(4.301MPa)。当 N=84350 时，l_f 和 l_t 发生突增，虚拟裂纹出现在岩样中部(图 16-4(b))。l_f 突增量达到 0.035m(共计 14 个水平虚拟裂纹区段，占岩样宽度的 17.5%，每个虚拟裂纹区段长度相当于 1 个单元边长)；l_t 突增量达到 0.16m(共计 64 个虚拟裂纹区段)。应当指出，若允许开裂位置每个节点均分离成 4 个(图 16-3(b))，则 14 个水平虚拟裂纹区段应配以 26 个垂直虚拟裂纹区段。这样，总虚拟裂纹区段将共有 40 个，然而，图 16-2 的结果并非如此。通过观察允许开裂位置各节点的分离情况可以发现，水平和垂直虚拟裂纹可以以跳跃方式扩展，而非总以连续方式扩展。随后，随着 N 的增加，l_f 和 l_t 呈阶梯形增长。在应变硬化阶段初期，l_f-N 和 l_t-N 曲线基本呈直线，这表明 l_f 和 l_t 近似匀速增长；在应变硬化阶段中、后期，上述两种曲线呈上凸趋势，这表明 l_f 和 l_t 增速变缓。当 N=127600 时，$\bar{\tau}$ 达到应力峰值，l_f 和 l_t 分别达到 0.175m 和 0.5125m。0.175m 相当于 70 个水平虚拟裂纹区段长度，占岩样宽度的 87.5%。此时，岩样左、右两边界附近各有 5 个单元未发生节点分离(图 16-4(c))。

(3)在应变软化阶段(N=127601~173200)，可将 $\bar{\tau}$-N 曲线划分为两个阶段。在第 1 个阶段(N=127601~138650)，$\bar{\tau}$ 缓慢下降，该阶段为亚失稳阶段。在第 2 个阶段(N=138651~173200)，$\bar{\tau}$ 近似线性下降，该阶段为失稳阶段。在亚失稳阶段，l_f-N 和 l_t-N 曲线呈上凸趋势，这与应变硬化阶段中、后期的结果相类似。当 N=138650 时，允许开裂位置所有节点已全部发生分离(图 16-4(d))，这表明此时水平虚拟裂纹已贯通岩样。由于法向或切向黏聚力随法向张开度或切向滑移量的增加而衰减，所以，岩样开裂已冲破最后的障碍。此后，断层面将全面应变软化。在失稳阶段，l_f 和 l_t 首先保持不变；然后，在应变软化阶段后期，二者快速下降，岩样中 τ 迅速下降，变得均匀(图 16-4(e))。与此同时，真实裂纹迅速产生，l_t 达到 0.2m，这意味着所有水平虚拟裂纹已完全转变成真实裂纹，真实裂纹贯通岩样。

(4)在残余阶段(N=173201~181500)，随着 N 的增加，$\bar{\tau}$ 首先缓慢减小，最后稳定在 0.156MPa 附近；岩样被剪裂成上、下两部分(图 16-4(f))。

在理论上，$\bar{\tau}$-水平位移曲线与横轴所围面积应为 G_f^{II}。通过对上述面积进行

计算，可得 G_f^{II} 为 1093.7N/m，这与计算采用的 G_f^{II}（1000N/m）十分接近。由此，可以在一定程度上说明上述结果和引入 G_f^{II} 后连续-非连续方法的正确性。

16.2.3　不同阶段岩样未来剪裂面或断层位置测点位移值的演变特点

为了了解不同阶段允许开裂位置不同节点位移值 s 的演变规律，在该位置布置了 81 个测点。在本章中，1 个节点可能分离成 2～4 个，含 1 个原节点和 1～3 个新节点，测点的 s 是指原节点的。下面，仅给出有代表性的结果。

图 16-5 给出了等间隔排列的 11 个测点的 s 随着 N 的演变规律，同时，为了对比方便，也给出了 $\bar{\tau}$-N 曲线。应当指出，从宏观上看，多条 s-N 曲线较相近，因此，未具体标明各曲线对应的测点编号。图 16-6 给出了岩样左侧 5 个测点弹性阶段（图 16-6(a)）、应变硬化阶段（图 16-6(b)）、亚失稳阶段（图 16-6(c)）和应变软化阶段（含亚失稳阶段，图 16-6(d)）的 s-N 曲线，同时，给出了各阶段的 $\bar{\tau}$-N 曲线。通过计算可以发现，与岩样左、右两侧对称线相同距离的测点的 s 基本相同，所以，图 16-6 仅给出了岩样左侧测点的结果。

由图 16-5～图 16-6 可以发现：

(1)在 $\bar{\tau}$-N 曲线的弹性阶段（图 16-6(a)），随着 N 的增加，s 近似线性增加；当 N 较小时，s-N 曲线之间的差别较小，而当 N 较大时，这些曲线之间的差别较大；岩样左边界 $1^{\#}$测点的 s-N 曲线（该曲线的斜率可比拟为速度）最陡，这表明该测点的速度最大。

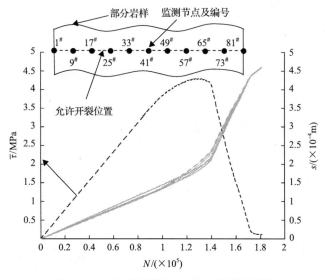

图 16-5　$\bar{\tau}$ 和部分测点的 s 随 N 的演变规律

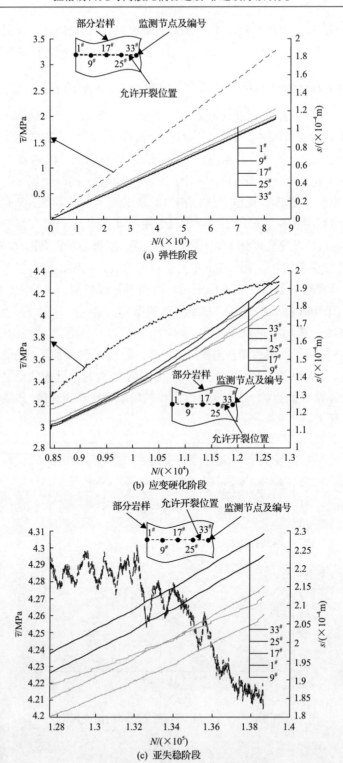

(a) 弹性阶段

(b) 应变硬化阶段

(c) 亚失稳阶段

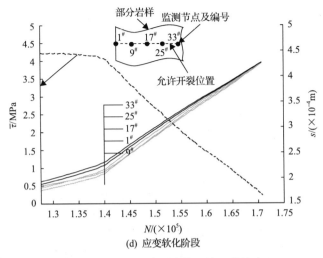

图 16-6　$\bar{\tau}$ 和部分测点的 s 随 N 的演变

（2）在 $\bar{\tau}$-N 曲线的应变硬化阶段（图 16-6(b)），一些测点的 s-N 曲线呈上凹特点，有的 s-N 曲线发生交叉；距离岩样左、右两侧对称线最近的 33# 测点的 s 最先于 $N=84350$ 时发生突增，这表明该测点附近的节点发生分离。上述突增导致了 s-N 曲线的斜率增大，从而使一些测点的 s-N 曲线发生交叉。最终，33# 测点的 s 最大，其次是 25# 测点的。距离岩样左边界较近的 1# 测点和 9# 测点的 s-N 曲线基本保持线性。

（3）在 $\bar{\tau}$-N 曲线的亚失稳阶段（图 16-6(c)），各测点的 s-N 曲线均呈上凹趋势，这表明各测点的速度有增加趋势；随着 N 的增加，各测点的 s 差别变大；9# 测点的速度稍小于 17# 测点、25# 测点和 33# 测点的，相同 N 时 33# 测点、25# 测点、17# 测点和 9# 测点的 s 依次降低，这与虚拟裂纹由岩样中部向左、右两侧扩展有关，先发生分离的节点将有较大的 s。应当指出，在亚失稳阶段后期，1# 测点的 s 才增加较快，这是由于该测点分离较晚。为了更细致地了解亚失稳阶段岩样左边界附近的 5 个测点的运动规律，给出了这些测点的 s 随着 N 的演变规律（图 16-7）。由此可以发现，N 较小时各测点的 s 差别较大；N 较大时各测点的 s 差别较小；1# 测点～5# 测点的 s 依次减小；1# 测点的 s 最大，这或许与该测点位于岩样左边界有关；5# 测点的 s 最小，但最先发生分离，s 增加较快，最终导致 5# 测点与其他测点的 s 较为接近。

（4）在 $\bar{\tau}$-N 曲线的失稳阶段（图 16-6(d) 中 $N=138651\sim173200$），各测点的 s-N 曲线基本呈直线，各曲线基本无交叉。应当指出，该阶段各测点的速度高于以往。随着 N 的增加，各测点的 s 先差别较大，后基本相同。相比之下，9# 测点的速度最快，而越靠近岩样左、右对称线，测点的速度越慢。

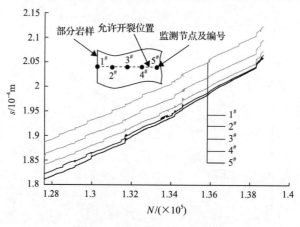

图 16-7　测点的 s 随 N 的演变

(5)在 $\bar{\tau}$-N 曲线的残余阶段(图 16-5 中 N=173201～181500),各测点的速度基本相同,低于失稳阶段的,这说明岩样被剪裂成上、下两部分,上部分基本做刚体平动。

16.3　讨　论

(1)关于模型。目前的模型相对较简单。一方面,没有考虑岩石的非均质性,另一方面,边界条件和加载条件等均较为理想。在实验室进行简单或直接剪切实验时,岩样受到剪切盒的作用。这样,岩样的受力状态将较复杂。岩样的上半部分除了受到垂直压力(对于直接剪切情形),还受到水平压力。显然,本章的模型与实际实验条件存在差距。本章的模型与李锡夔和 Cescoto(1996)的基本一致,如此简化模型是为了在岩样中创造较为简单的应力分布。应当指出,Pamin 和 Borst(1995)通过预制缺陷(降低岩样边界附近的单元的力学参数)以激发剪切带的启动。本章并未沿此思路,而允许岩样在特定位置发生节点分离。通过计算可以发现,若不预设允许开裂位置,而允许岩样随意开裂,则可能导致相对较复杂的开裂形态,这不利于研究的开展。所以,在计算过程中,对岩样的允许开裂位置做了一些限定,以突出主要矛盾。这样,可以确保计算结果与大量简单或直接剪切实验结果在宏观上一致。

(2)关于亚失稳过程。不同的研究人员对于亚失稳过程的内涵有不同的关注点和解读。本章呈现的是断层诞生过程的亚失稳,而不是既有断层黏滑过程的亚失稳。显然,后者的研究更有意义。但是,前者的研究也并非没有意义,可为后者的研究奠定一定的基础。本章重点关注了直接剪切条件下岩样变形、开裂过程中剪应力的分布和测点位移值的演化,结合岩样上端面的平均剪应力-时步数目(正比例于上端面的水平位移)曲线和虚拟裂纹长度等信息,认识到亚失稳阶段是岩样开裂冲破最后障碍的阶段,此后,断层面全面应变软化,断层失稳不可避免。不同阶段测点的位移值随着时步数目的演变规律有所不同。测点位移值-时步数目曲线的包络线经历了"合久必分,分久必合"的现象:在弹性阶段,随着加载的进行,各测点的位移值开始分化;在亚失稳阶段,随着加载的进行,各测点的位移值分化最为严重,相互交叉;在失稳阶段,随着加载的进行,各测点的位移值分化逐渐消失。作为初次的亚失稳过程的数值模拟研究,目前的工作意图是既关注更值得关注的亚失稳阶段,又关注亚失稳前、后的各阶段,这样,会呈现一个全貌,也有助于对亚失稳过程的深化认识。可以期待,随着研究的不断深入,例如,考察其他力学量的时空分布,考察有关因素(例如,加载条件和断裂能等)的影响,亚失稳过程的神秘面纱将在数值模拟研究的层面上被层层揭开。本章采用数值模拟手段开展亚失稳过程研究毫无疑问是初次尝试,尽管该尝试不能与实验研究中直击关键核心问题和难题相提并论,但至少也是有益的。

16.4　本章小结

(1)直接剪切条件下岩样上端面的平均剪应力-时步数目(正比例于上端面的水平位移)曲线可被划分为 4 个阶段:弹性阶段、应变硬化阶段、应变软化阶段(亚失稳阶段和失稳阶段)和残余阶段。

(2)总体上,切向虚拟裂纹长度随着时步数目的演变规律呈上凸趋势,应变硬化阶段初期除外。

(3)亚失稳阶段是岩样开裂冲破最后障碍的阶段。此后,断层面全面应变软化,断层失稳不可避免。

(4)在弹性阶段,随着加载的进行,岩样上、下对称线上测点的位移值开始分化;在亚失稳阶段,分化最为严重;随后,分化逐渐消失。

第17章 采动条件下水平无黏结叠合岩层的变形-开裂-运动过程模拟

在自然界中，层状岩体分布广泛，矿物沉积、矿物入侵和矿物定向迁移等地质作用是形成其结构面的主要原因(王燚钊等，2018)。在采矿、水利、土木及建筑等工程中，层状岩体较为常见。以采矿工程为例，层状岩体的连续性和稳定性较差，顶板冒落和塌方等灾害容易发生。因此，对层状岩体的力学行为研究具有重要的理论和实际意义。

在层状岩体的力学行为研究中，岩层之间结构面往往是关注的重点。按照岩层之间结构面的性质，可以将岩层划分为弱黏结岩层和强黏结岩层。弱黏结岩层既容易发生相对滑动，又容易发生离层(王妍等，2019)。在采矿工程中，弱黏结岩层较为常见。例如，泊江海子矿113101工作面巷道顶板为弱黏结遇水软化顶板(李守好等，2017)；鄂尔多斯准格尔煤田的部分井田顶板为弱黏结顶板，强度较低，表现出散体材料特性(刘结高，2019)；唐家会煤矿顶板为弱黏结顶板(方恩才等，2017)。实践证明，弱黏结顶板更容易引发地质灾害。例如，古汉山煤矿"4.4"顶板事故，造成3人死亡，2人轻伤，其主要原因是弱黏结顶板冒落；2011年4月20日，兰新铁路第二双线删丹军马场隧道发生坍塌事故，造成2人死亡，其主要原因是该隧道岩层节理发育、岩层间的黏结力较小，渗水后结构面软化导致围岩强度降低。因此，对弱黏结岩层的变形-开裂过程研究具有重要的理论和实际意义。

在力学上，岩层之间结构面的处理方法主要包括三种。其一是采用软弱的实体单元模拟结构面，也就是说，采用连续方法近似处理非连续问题，这种方法的原理简单，但不具有广泛适用性。其二是采用节理单元等单元模拟两连续体之间的结构面(张志强等，2007)，通过法向和切向弹簧模拟非连续问题。其三是采用非连续方法(例如，离散元方法和非连续变形分析方法)的固有功能处理结构面，无须引入其他方法。在非连续方法中，两相邻块体单元之间即为结构面。在离散元方法中，允许块体单元之间发生嵌入，通过嵌入量和滑移量计算法向接触力和摩擦力(田振农和李世海，2007)。在非连续变形分析方法中，结构面两侧的块体可以发生滑动、开裂与脱离，但不可以发生嵌入，且结构面不能承受拉应力(付晓东等，2012)。

本章通过将若干岩层叠合在一起建立了无黏结叠合岩层模型。各岩层之间没有黏性。在载荷作用下，通过嵌入各岩层之间的相互作用得以实现。分别建立了简化采场模型和真实采场模型。对于简化采场模型，研究了开采速度对直接顶垮落的影响，并对结果的合理性进行了解释，而且，还从直接顶翘曲角度阐明了煤层部分弹性区的支承压力低于远场垂直应力的反常现象的机理。对于真实采场模型，给出了不同推进距离时煤层支承压力、工作面煤壁前方和开切眼后方的煤层破碎区尺寸、工作面煤壁前方和开切眼后方的采动影响范围等的变化规律，并呈现了岩层弯曲、裂纹扩展、梁式破断、离层、层间错动、垮落、煤层被挤出和采空区局部闭合等重要现象，进一步展现了本书拉格朗日元与离散元耦合连续-非连续方法在此方面模拟的突出能力。

17.1 简化采场模型模拟

17.1.1 模型和参数

建立的用于直接顶垮落模拟的简化采场模型见图 17-1，在该模型中，共包括 4 个岩层。从下至上分别为中粒砂岩层(底板，被剖分成 $400×25$ 个正方形单元，单元边长为 1cm，下同)、煤层(被剖分成 $400×5$ 个正方形单元)、细粒砂岩层(直接顶，被剖分成 $400×4$ 个正方形单元)和中粒砂岩层(被剖分成 $400×25$ 个正方形单元)。除了中粒砂岩层，其余岩层均允许发生开裂，以突出直接顶垮落模拟。模型建立过程如下：

首先，在特定位置建立各岩层的几何模型，进行单元剖分。在此过程中，两相邻岩层之间既无空隙也无重叠，岩层之间无任何黏结作用。

其次，赋予物理、力学参数，选择强度准则和计算条件。单元的力学参数主要包括弹性模量 E、泊松比 μ、抗拉强度 σ_t、黏聚力 c、内摩擦角 φ 和法向刚度系数等(表 17-1)，应当指出，Ⅰ 型断裂能 G_f^I 和 Ⅱ 型断裂能 G_f^{II} 均为 0，这是为了反映岩石类材料的峰后脆性行为。单元之间的接触参数只有摩擦系数 f，统一为 0.5。另外，局部自适应阻尼系数 α 为 0.2，准静力计算的时间步长为 1，动力计算的时间步长 $\Delta t = 4.85693×10^{-5}$s。应当指出，对于满足莫尔-库仑准则的单元，考虑了应力脆性跌落效应，在此过程中，球应力保持不变，应力跌落系数 α' 为 0.25(应力跌落之后莫尔应力圆半径与应力跌落之前莫尔应力圆半径的比值)。计算条件为准静力、平面应变和大变形。强度准则包括最大主应力准则和莫尔-库仑准则。

最后，施加边界条件和加载条件。在模型的左、右边界，施加水平约束，在下边界，施加垂直约束，在上边界施加垂直均布载荷 $p = 15$MPa。

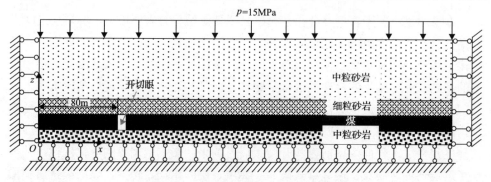

图 17-1　直接顶垮落模拟简化采场模型

表 17-1　煤岩的物理、力学参数

参数	中粒砂岩	细粒砂岩	煤
面密度 $\rho/(kg/m^2)$	2760	2760	1400
弹性模量 E/GPa	71.5	8.3	8.8
抗拉强度 σ_t/MPa	—	2.94	5.5
泊松比 μ	0.1	0.16	0.3
黏聚力 c/MPa	—	5.5	7.8
内摩擦角 $\varphi/(°)$	—	28	38
法向刚度系数 K_n/GPa	6.2	3	1

计算过程如下：

首先，在距模型左端面 80m 处开切眼，即一次性删除该列煤层单元；然后，间隔一定的时步数目 N 后再删除其右侧最邻近的一列单元。以此类推，以模拟开采过程。删除两列相邻近单元间隔的 N 称为开采间隔。开采间隔越大，代表开采越慢。共采用了 5 个计算方案，方案 1～方案 5 的开采间隔分别为 4000、6000、8000、10000 和 12000。

17.1.2　结果和分析

图 17-2(a) 给出了 $N=636000$ 时（相当于工作面推进距离 $L=102m$）煤层中间单元的支承压力（垂直应力）-坐标曲线（方案 2）。本节建立的直角坐标系 xOz 见图 17-1，坐标原点 O 位于模型左下角，x 轴水平向右为正，z 轴竖直向上为正。由图 17-2(a) 可以发现：

(1) 受采动影响的支承压力-坐标曲线包括两个阶段：阶段 I 和阶段 II，分别对应于破碎区和弹性区。在阶段 I，支承压力随着远离工作面以震荡方式上升。阶段 II 包括两个阶段：阶段 II-1 和阶段 II-2。在阶段 II-1，支承压力随着远离工作面下降，直至达到最低点。在阶段 II-2，支承压力随着远离工作面上升，直至达到远场垂直应力。应当指出，阶段Ⅱ的支承压力分布与煤层弹性区的支承压力分布的通常结果(随着远离工作面，支承压力单调下降直至达到远场垂直应力)(刘学生等，2016)有所不同，其原因将在下文解释。

(2)处于阶段Ⅰ的煤层位于工作面煤壁前方 0～50m，处于阶段Ⅱ的煤层位于工作面煤壁前方 50～168m。所以，支承压力的影响范围约为 168m。支承压力的最大值位于工作面煤壁前方 50m，约为 50MPa。支承压力的最小值位于工作面煤壁前方 93m，约为 9MPa。

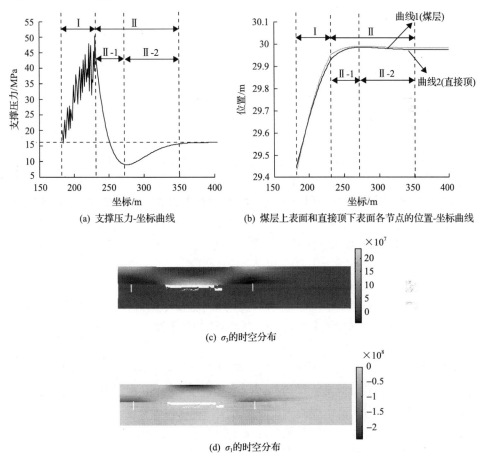

(a) 支撑压力-坐标曲线　　(b) 煤层上表面和直接顶下表面各节点的位置-坐标曲线

(c) σ_3 的时空分布

(d) σ_1 的时空分布

图 17-2　L=102m 时多种量与坐标之间的关系及应力分布(方案 2)

图 17-2(b)给出了 N=636000 时煤层上表面各节点的位置(曲线 1)和直接顶下表面各节点的位置(曲线 2)(方案 2)。应当指出，当未开采的模型处于静力平衡状态时，上述两个表面处于同一位置，即 z=29.9757m。由图 17-2(b)可以发现：

(1)在工作面煤壁前方 70m 范围内，随着远离工作面，直接顶和煤层的下沉量逐渐减小。在工作面煤壁前方 70～168m，直接顶和煤层均发生不同程度的翘曲

(例如，直接顶下表面的位置高于静力平衡状态时直接顶下表面的位置)。在工作面煤壁前方 168~218m(远离工作面煤壁，垂直应力不受采动影响)，直接顶和煤层的位置即为静力平衡状态时的位置。直接顶和煤层的下沉量最大处于工作面煤壁，分别达到 0.52m 和 0.54m。在工作面煤壁前方 70~93m，随着远离工作面，直接顶和煤层的翘曲高度逐渐增加，直至达到最大翘曲高度(当前直接顶下表面和煤层上表面的位置与处于静力平衡状态时二者位置的差值的绝对值)，分别为 0.0113m 和 0.0157m，该最大翘曲高度与阶段Ⅱ-1 和阶段Ⅱ-2 的交界处相对应。

(2)通常，直接顶下表面的节点位于煤层上表面的节点之下，这说明直接顶单元与煤层单元发生嵌入。相同横坐标下二者纵坐标的差值的绝对值即为嵌入量。嵌入量最大值位置与支承压力峰值相对应，最大值为 0.02m，而嵌入量最小值与阶段Ⅱ-1 和阶段Ⅱ-2 的交界处相对应，最小值为 0.0044m。

下面，对阶段Ⅱ支承压力反常现象进行解释。图 17-2(c)和(d)分别给出了 $N=636000$ 时最大应力 σ_3 和最小主应力 σ_1 的分布(方案 2)。由此可以发现：采空区上方压力拱存在，工作面煤壁前方 10~62m 的直接顶的上方岩层 σ_1 较低，为压应力，与此同时，此位置的 σ_3 较低，为压应力。所以，工作面煤壁前方直接顶上方岩层在一定范围内将既受垂直方向较大应力-挤压作用，又受水平方向较大应力的挤压作用。这样，直接顶上方岩层将局部发生翘曲，这将导致直接顶局部翘曲，从而使直接顶局部与煤层的嵌入量下降，进而导致煤层的支承压力低于远场垂直应力。岩层的翘曲现象在采矿工程中并非没有被发现。于健洋等(2018)的研究涉及基本顶翘曲，该文献认为，基本顶的悬露部分在上覆岩层重力和自重引起的弯矩作用下将发生转动，而基本顶的工作面前方部分在岩层的约束下难以转动，这将导致基本顶局部发生翘曲。此种解释与本节的解释主要差别在于：

(1)对象不同。于健洋等(2018)的研究对象为基本顶，而本节的研究对象为直接顶和基本顶。

(2)作用机理不同。于健洋等(2018)强调重力作用下基本顶悬露部分的转动，而本节不需要此前提，本节强调直接顶上方岩层受到 σ_1 和 σ_3 的共同作用。应当指出，只强调重力作用和基本顶的工作面前方部分难以转动，也不能必然导致基本顶翘曲。基本顶也可能发生下沉量随着远离工作面单调减小的弯曲变形。

应当指出，当未开采的模型处于静力平衡状态时，对于直接顶下表面，$z=29.9757m$；当工作面推进 102m 时，工作面煤壁前方 70~168m 直接顶发生翘曲，其中，在工作面煤壁前方 93m 处，直接顶下表面的位置达到最高，$z=29.987m$。所以，本节与文献(于健洋等，2018)对翘曲的理解基本相同，均是相对于静力平衡状态时的翘曲。

图 17-3 和图 17-4 分别给出了方案 1 和方案 5 不同 L 时垂直应力 σ_z 的分布，单元颜色代表 σ_z，正、负分别代表拉应力、压应力。图中已用线段标明了煤层破

碎区与弹性区的交界位置。

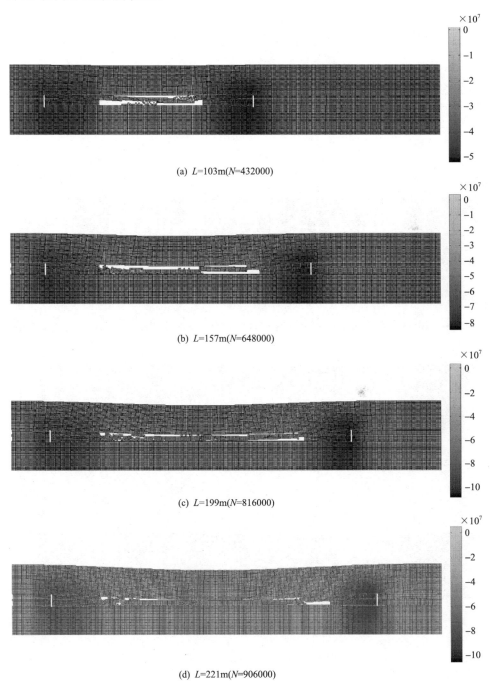

(a) $L=103\text{m}(N=432000)$

(b) $L=157\text{m}(N=648000)$

(c) $L=199\text{m}(N=816000)$

(d) $L=221\text{m}(N=906000)$

图 17-3　不同 L 时 σ_z 的时空分布（方案 1）

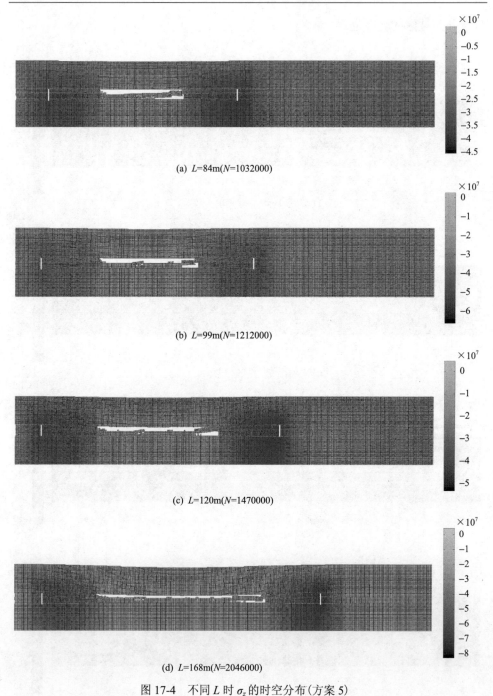

(a) $L=84\text{m}(N=1032000)$

(b) $L=99\text{m}(N=1212000)$

(c) $L=120\text{m}(N=1470000)$

(d) $L=168\text{m}(N=2046000)$

图 17-4　不同 L 时 σ_z 的时空分布(方案 5)

由此可以发现：

(1)工作面煤壁前方和开切眼煤壁后方一定范围内 σ_z 较低，为强烈受挤压区。

在该挤压区，σ_z 的分布并不均匀。

(2)随着远离工作面煤壁，煤层的 σ_z 先有降低的趋势，后有所升高，再降低至远场垂直应力的趋势。

(3)随着 L 的增加，采空区上方岩层的弯曲变形和下沉量越来越大，直接顶发生梁式破断和垮落。对于方案 1，采空区在一定范围内发生了闭合。

表 17-2 给出了开采速度对直接顶垮距的影响。由此可以发现：

(1)开采速度越慢，初次垮距越小。但是，方案 1 和方案 2 的初次垮距相差不大，方案 3～方案 5 的也是如此。

(2)开采速度快的方案 1 和方案 2 的周期来压次数少于开采速度慢的方案 3～方案 5 的，但前者的垮距一般大于后者。例如，方案 1 和方案 2 的周期来压次数为 3，而方案 3～方案 5 的为 4；方案 1～方案 5 的最小周期垮距分别为 36m、29m、11m、13m 和 13m；方案 1～方案 5 的最大周期垮距分别为 47m、38m、25m、33m 和 27m。

(3)开采速度快的方案 1 的周期垮距变化不大，方案 2 的也是如此，而方案 3～方案 5 的周期垮距变化较大，最大周期垮距接近最小周期垮距的 2 倍。例如，方案 1～方案 5 的最大周期垮距与最小周期垮距之比分别为 1.3、1.3、2.3、2.5 和 2.1。

上述结果表明，开采速度将对初次垮距、周期垮距和周期来压次数产生一定的影响。当开采速度较快时，上覆岩层向下运动并未充分，直接顶垮落将主要受自身和开采卸荷的影响，所以，有关垮距通常将较大。反之，上覆岩层运动将对直接顶垮落有多重复杂的影响，这将导致有关垮距通常减小和周期性不严格。

表 17-2　不同方案的垮距

垮距/m	方案 1	方案 2	方案 3	方案 4	方案 5
初次垮距	90	88	81	79	77
第一次周期垮距	44	29	11	33	13
第二次周期垮距	47	38	24	17	16
第三次周期垮距	36	31	10	13	20
第四次周期垮距	—	—	25	18	27

17.2　真实采场模型模拟

17.2.1　模型和参数

针对山西潞安常村煤矿 S6-7 工作面建立力学模型(图 17-5)(张广霖，2013；韩强，2013)。所采煤层为 3 号煤层，厚度在 5.65～6.05m，一次采全高。表 17-3 给出了煤岩的物理、力学参数。

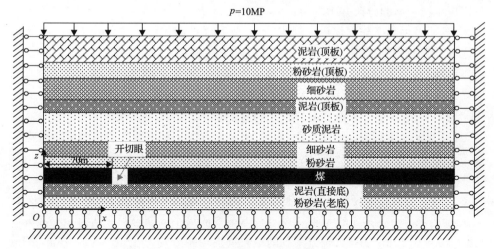

图 17-5　真实采场力学模型

表 17-3　煤岩的物理、力学参数

参数	粉砂岩(顶板)	粉砂岩(老底)	泥岩(顶板)	泥岩(直接底)	煤	细砂岩	砂质泥岩
面密度 ρ /(kg/m²)	2500	2500	2400	2400	1400	2600	2450
弹性模量 E /GPa	9.7	9.7	4.5	4.5	1.6	10.3	8.9
抗拉强度 σ_t /MPa	3.1	3.1	2.2	2.2	1.4	5.8	3.5
泊松比 μ	0.26	0.26	0.28	0.28	0.3	0.24	0.27
黏聚力 c /MPa	7.3	7.3	6.2	6.2	3.1	8.2	7.7
内摩擦角 φ /(°)	40	40	30	30	38	39	32
法向刚度系数 K_n /GPa	150	50	150	50	50	150	150

模型建立过程如下：

(1)建立直角坐标系 xOz，O 为坐标原点，x 轴水平向右为正，z 轴竖直向上为正。

(2)按照由下至上的顺序分别建立各岩层，老底左下角位于 O 点。模型共包括 10 个岩层：从下至上分别为粉砂岩层(老底，被剖分成 300×6 个正方形单元)、泥岩层(直接底，被剖分成 300×5 个正方形单元)、煤层(被剖分成 300×6 个正方形单元)、粉砂岩层(被剖分成 300×5 个正方形单元)、细砂岩层(被剖分成 300×5 个正方形单元)、砂质泥岩层(被剖分成 300×11 个正方形单元)、泥岩层(被剖分成 300×4 个正方形单元)、细砂岩层(被剖分成 300×7 个正方形单元)、粉砂岩层(被剖分成 300×3 个正方形单元)和泥岩层(被剖分成 300×5 个正方形单元)，单元边长均为 1m。在此过程中，两相邻岩层之间既无空隙也无重叠。

(3)赋予不同岩石物理、力学参数，选择强度准则。单元的力学参数包括弹性

模量 E、泊松比 μ、抗拉强度 σ_t、黏聚力 c、内摩擦角 φ 和法向刚度系数 K_n。单元之间力学参数只有摩擦系数 f，统一为 0.1。局部自适应阻尼系数 α 统一为 0.1。准静力计算的时间步长为 1，动力计算的时间步长 $\Delta t = 1.15695 \times 10^{-4}$s。应当指出，对于满足莫尔-库仑准则的单元，考虑了应力脆性跌落效应，在此过程中，球应力保持不变，应力跌落系数 α' 为 0.25（应力跌落之后应力圆半径与应力跌落之前应力圆半径的比值）。计算条件为准静力、平面应变和大变形。强度准则包括最大主应力准则和莫尔-库仑准则。

（4）确定边界条件和加载条件。在模型的左、右边界，施加水平约束，在下端面，施加垂直约束，在上端面，施加垂直向下的均布载荷 $p = 10$MPa。

计算过程如下：首先，在 p 作用下，通过计算使模型平衡，所用的 N 为 10000；其次，在距模型左边界 70m 处开切眼；然后，以开采间隔为 3000 的方式模拟开采过程。

17.2.2　岩层的变形-开裂-运动过程

图 17-6 给出了不同工作面推进距离 L 时，采场上覆岩层 σ_3 的时空分布，单元颜色代表 σ_3，正、负分别代表拉应力、压应力。

当 $L=6$m 时（图 17-6(a)），工作面煤壁前方和开切眼后方的煤层的 σ_3 较低，随着远离工作面，σ_3 逐渐升高至定值。在直接顶、邻近直接顶的细砂岩层、砂质泥岩层和远离直接顶的细砂岩层的中性层下方，在工作面煤壁前方和开切眼后方，均可观察到两个 σ_3 低值区；在采空区上方，可观察到 1 个 σ_3 高值区。在上述岩层的中性层上方，在工作面煤壁前方和开切眼后方，均可观察到两个 σ_3 高值区；在采空区上方，可观察到 1 个 σ_3 低值区。在采空区上方由下至上的 3 个岩层中，均可观察到由下至上扩展的裂纹。

当 $L=10$m 时（图 17-6(b)），少量岩块落入采空区。在采空区上方，在邻近直接顶的细砂岩层和砂质泥岩层的中性层下方，最长裂纹长度分别已达 3m 和 6m；在远离直接顶的细砂岩层的中性层下方，可观察到由下至上扩展的裂纹。

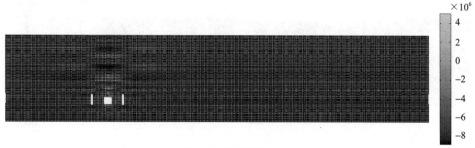

(a) $L=6$m($N=30000$)

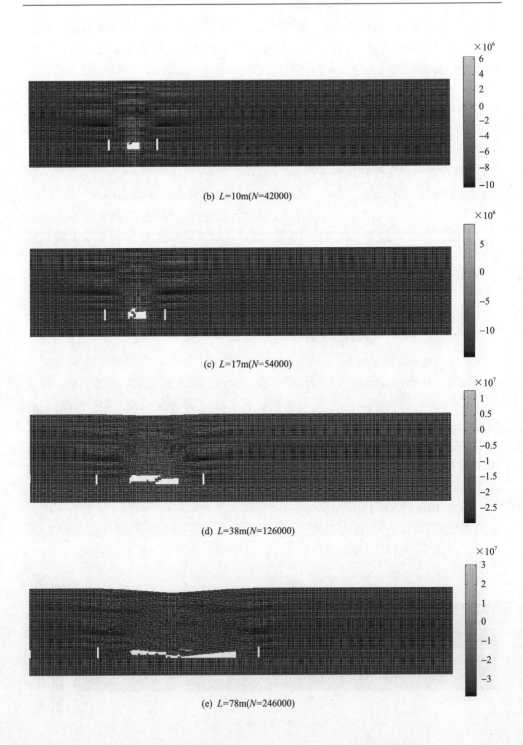

(b) L=10m(N=42000)

(c) L=17m(N=54000)

(d) L=38m(N=126000)

(e) L=78m(N=246000)

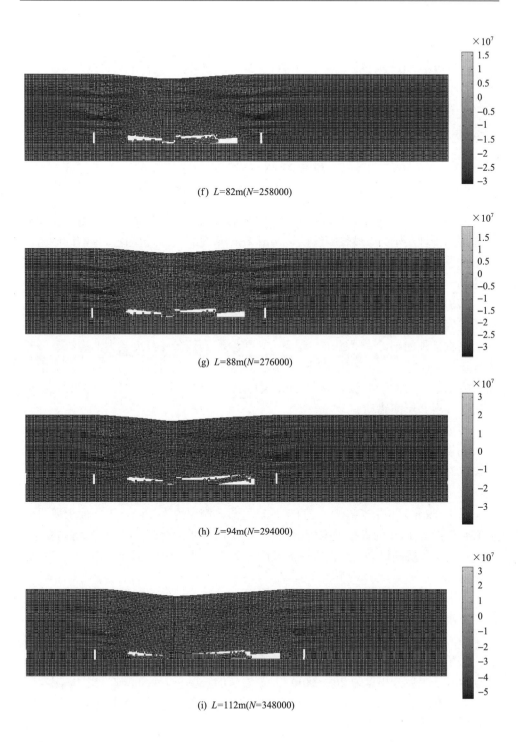

(f) L=82m(N=258000)

(g) L=88m(N=276000)

(h) L=94m(N=294000)

(i) L=112m(N=348000)

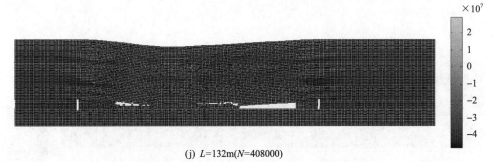

(j) L=132m(N=408000)

图 17-6　不同 L 时 σ_3 的时空分布规律

当 L=17m 时（图 17-6（c）），各岩层的开裂更为严重。在采空区上方，在砂质泥岩层的中性层下方，最长裂纹已达 7m；在砂质泥岩层和远离直接顶的细砂岩层的中性层上方，均可观察到由上至下扩展的裂纹，其中，砂质泥岩层中最长裂纹已达 4m。

当 L=38m 时（图 17-6（d）），一些岩块已与底板发生接触。在采空区上方，在砂质泥岩层的中性层下方，可观察到 3 条张开度较大的裂纹，最长裂纹已达 9m；在远离直接顶的细砂岩层的中性层下方，可观察到两条张开度较大的裂纹，最长裂纹已达 4m；在工作面煤壁前方，在砂质泥岩层和远离直接顶的细砂岩层的中性层上方，最长裂纹分别已达 6m 和 3m。采场上覆岩层发生了一定程度的弯曲变形、下沉、离层和层间错动。

当 L=78m 时（图 17-6（e）），直接顶悬顶距约为 40m；距开切眼后方煤壁右侧约 15m 处的直接顶与邻近直接顶的细砂岩层发生了较为明显的离层，距开切眼后方煤壁右侧约 18m 处的邻近直接顶的细砂岩层和砂质泥岩层发生了较为明显的离层；采场上覆岩层发生了较为明显的弯曲变形、下沉、离层和层间错动。

当 L=82m 时（图 17-6（f）），直接顶已垮落，垮距约为 30m，工作面煤壁附近尚有长度约为 14m 的直接顶未垮落，其上岩层已破断，并发生了明显的弯曲变形、下沉、离层和层间错动；悬露岩层的长度与 L=78m 时的相比减小，而此前其长度不断增加。

当 L=88m 时（图 17-6（g）），直接顶悬顶距约为 20m；采场上覆岩层的弯曲变形、下沉、离层和层间错动仍在持续发展。

当 L=94m 时（图 17-6（h）），直接顶再次垮落，垮距约为 21m，其上岩层已破断；采场上覆岩层弯曲变形、下沉、离层和破断造成了采空区局部闭合，局部闭合处距开切眼后方煤壁为 26～28m；悬露岩层的长度与 L=88m 时的相比减小。

当 L=112m 时（图 17-6（i）），直接顶悬顶距约为 21m；采空区局部闭合处距开切眼后方煤壁为 25～38m。

当 L=132m 时（图 17-6（j）），工作面煤壁前方上覆岩层的裂纹与 L=112m 时的相比多；采空区局部闭合面积增大，其位置距开切眼后方煤壁为 25～51m；悬露岩层的长度与 L=112m 时的相比减小。

综上所述，随着 L 的增加，首先，直接顶由下至上开裂，少量岩块落入采空区；其次，远离直接顶的较硬岩层(砂质泥岩层和远离直接顶的细砂岩层)由上至下开裂，采场上覆岩层发生一定程度的弯曲变形、下沉、离层和层间错动；然后，直接顶垮落，其上岩层破断，并发生明显的弯曲变形、下沉、离层和层间错动，采空区发生局部闭合。此后，上述过程循环往复。

17.2.3 采动影响范围的演化

在工作面煤壁前方和开切眼后方的直接顶、邻近直接顶的细砂岩层、砂质泥岩层和远离直接顶的细砂岩层的中性层上方，均可观察到 σ_3 高值区(图 17-6)，这意味着该范围内的岩层容易被拉裂，这种现象与上述岩层远处只处于受压状态显然不同。所以，可将上述岩层 σ_3 大于零的最大范围定义为采动影响范围。表 17-4 给出了不同 L 时工作面煤壁前方和开切眼后方的采动影响范围。由此可以发现：

(1)在 L 从 6m 增至 78m 的过程中(图 17-6(a)～(e))，工作面煤壁前方和开切眼后方的采动影响范围均增大，前者从 6m 增至 35m，后者从 6m 增至 36m，上述现象与悬露岩层的长度不断增加有关。

(2)当 L=82m 时(图 17-6(f))，工作面煤壁前方和开切眼后方的采动影响范围与 L=78m 时的相比减小，前者已减至为 29m，后者已减至为 33m，上述现象与悬露岩层的长度与 L=78m 时的相比减小有关。

(3)当 L 从 88m 增至 132m 的过程中(图 17-6(g)～(j))，工作面煤壁前方的采动影响范围呈减小-增大-减小的规律，其最大值为 31m，最小值为 27m，上述现象与悬露岩层的长度变化有关；开切眼后方的采动影响范围基本不发生改变，为 33m，上述现象与采空区局部闭合有关。

表 17-4 不同 L 时工作面煤壁前方和开切眼后方的采动影响范围

L/m	工作面煤壁前方的采动影响范围/m	开切眼后方的采动影响范围/m
6	6	6
10	23	22
17	27	26
38	30	32
78	35	36
82	29	33
88	31	33
94	27	32
112	30	33
132	27	33

综上所述，随着 L 的增加，工作面煤壁前方的采动影响范围呈增大-减小-增大的循环规律；开切眼后方的采动影响范围呈增大-减小-基本不变的规律。

若悬露岩层越长，则工作面煤壁前方的上覆岩层受到的弯矩越大，因而该部分的采动影响范围越大；反之，则不然。随着 L 的增加，开切眼后方的采动影响范围呈先增大再减小的原因同上所述；在采空区局部闭合后，开切眼后方的上覆岩层受到的弯矩基本不变，因而该部分的采动影响范围后基本不变。

17.2.4　煤层支承压力及破碎区尺寸的演化

图 17-7 给出了不同 L 时工作面煤壁前方煤层中间单元的支承压力(垂直应力)-坐标曲线。由此可以发现，支承压力-坐标曲线包括三个阶段：阶段Ⅰ、阶段Ⅱ和阶段Ⅲ，分别对应于煤层破碎区、受采动影响的弹性区和未受采动影响的弹性区。在图 17-7 中，以 L=38m 时的曲线为例进行了阶段划分。在阶段Ⅰ，支承压力随着远离工作面以震荡方式上升。阶段Ⅱ包括两个阶段：阶段Ⅱ-1 和阶段Ⅱ-2。在阶段Ⅱ-1，支承压力随着远离工作面下降，直至达到最低点。在阶段Ⅱ-2，支承压力随着远离工作面上升，直至达到远场垂直应力。在阶段Ⅲ，支承压力始终等于远场垂直应力。

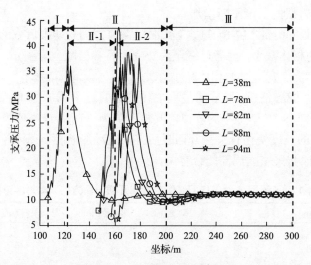

图 17-7　支承压力-坐标曲线

在 L 从 38m 增至 78m 的过程中，支承压力峰值从 40MPa 增至 43.63MPa，在此阶段，悬露岩层的长度不断增加。在 L 从 78m 增至 82m 的过程中，支承压力峰值从 43.63MPa 减至 37.73MPa，当 L=82m 时，悬露岩层的长度与 L=78m 时的相比减小。在 L 从 82m 增至 88m 的过程中，支承压力峰值从 37.73MPa 增至 38.78MPa，在此阶段，悬露岩层的长度不断增加。在 L 从 88m 增至 94m 的过程中，支承压力峰值从 38.78MPa 减至 37.6MPa，当 L=94m 时，悬露岩层的长度与 L=88m 时的相比减小。上述结果表明，悬露岩层越长，工作面煤壁前方的支承压力峰值越大；反之，则不然。

另外，由图 17-7 还可以发现，部分受采动影响的弹性区的支承压力低于远场垂直应力。当 L=38m、78m、82m、88m 和 94m 时，工作面煤壁前方的支承压力低于远场垂直应力的范围分别为 147～195m、181～224m、187～229m、191～235m 和 198～242m。煤层部分弹性区的支承压力低于远场垂直应力的原因见 17.1 节，即直接顶的局部翘曲。

图 17-6 中已用线段标明了煤层破碎区与弹性区的交界位置。表 17-5 给出了不同 L 时工作面煤壁前方和开切眼后方的煤层破碎区尺寸。由此可以发现：

(1) 在 L 从 6m 增至 78m 的过程中 (图 17-6(a)～(e))，工作面煤壁前方和开切眼后方的部分煤层的变形变得明显；煤层有被挤出的趋势；工作面煤壁前方和开切眼后方的煤层破碎区尺寸均增加，前者从 8m 增至 16m，后者从 8m 增至 22m，上述现象与上文已指出的悬露岩层的长度不断增加有关。

(2) 当 L=82m 时 (图 17-6(f))，工作面煤壁前方和开切眼后方的部分煤层已被挤出；前者的煤层破碎区尺寸减小至为 14m，后者的煤层破碎区尺寸基本保持为 22m，上述现象与上文已指出的悬露岩层的长度与 L-78m 时的相比减小有关。

(3) 在 L 从 88m 增至 132m 的过程中 (图 17-6(g)～(j))，工作面煤壁前方和开切眼后方的煤层被挤出的现象仍然存在；工作面煤壁前方的煤层破碎区尺寸在 14～15m 变化，上述现象悬露岩层的长度变化有关；开切眼后方的煤层破碎区尺寸基本保持为 22m；上述现象与采空区局部发生闭合有关。

综上所述，随着 L 的增加，工作面煤壁前方的煤层破碎区尺寸呈增大-减小-稍有变化的规律；开切眼后方的煤层破碎区尺寸呈先增加后基本不变的规律。

表 17-5　不同 L 时工作面煤壁前方和开切眼后方的煤层破碎区尺寸

L/m	工作面煤壁前方的煤层破碎区尺寸/m	开切眼后方的煤层破碎区尺寸/m
6	8	8
10	12	13
17	13	16
38	14	22
78	16	22
82	14	22
88	15	22
94	14	22
112	15	22
132	14	22

若悬露岩层越长，则工作面煤壁前方的支承压力越大，因而该部分的煤层破碎区尺寸越大；反之，则不然。随着 L 的增加，开切眼后方的煤层破碎区尺寸先增大的原因同上所述；在采空区局部闭合后，开切眼后方的支承压力基本不变，因而该部分的煤层破碎区尺寸后基本不变。

17.3　本章小结

(1)对于简化采场模型，得到了下列结果。开采速度较快时，周期来压次数通常少，初次垮距和周期垮距通常大，周期垮距变化不大；开采速度较慢时，周期来压次数通常多，初次垮距和周期垮距通常小，周期垮距变化较大，周期性不严格。开采速度较快时，上覆岩层向下运动并未充分，直接顶垮落将主要受自身和开采卸荷的影响，造成了周期来压次数少，相关垮距大；而开采速度较慢时，上覆岩层运动将对直接顶垮落有多重复杂的影响，造成了周期来压次数多，相关垮距小，周期性不严格。随着远离工作面，煤层破裂区的支承压力以震荡方式上升，弹性区的支承压力先减小，直至低于远场垂直应力，再上升趋于远场垂直应力。煤层部分弹性区的支承压力低于远场垂直应力的原因是工作面煤壁前方的直接顶上方岩层在最大主应力和最小主应力的共同作用下发生局部翘曲，这将导致直接顶局部翘曲，从而使直接顶局部与煤层的嵌入量下降。

(2)对于真实采场模型，得到了下列结果。随着工作面推进距离的增加，首先，直接顶由下至上开裂，少量岩块落入采空区；远离直接顶的较硬岩层(砂质泥岩层和远离直接顶的细砂岩层)由上至下开裂，采场上覆岩层发生一定程度的弯曲变形、下沉、离层和层间错动；然后，直接顶垮落，其上岩层破断，并发生明显的弯曲变形、下沉、离层和层间错动，煤层被挤出，采空区发生局部闭合。此后，上述过程循环往复。若悬露岩层越长，则工作面煤壁前方的上覆岩层受到的弯矩越大，因而该部分的采动影响范围越大；反之，则不然。在采空区局部闭合后，开切眼后方的上覆岩层受到的弯矩基本不变，因而该部分的采动影响范围基本不变。若悬露岩层越长，则工作面煤壁前方的支承压力越大，因而该部分的煤层破碎区尺寸越大；反之，则不然。在采空区局部闭合后，开切眼后方的支承压力基本不变，因而该部分的煤层破碎区尺寸基本不变。

本章进一步展现了拉格朗日元与离散元耦合连续-非连续方法的突出模拟能力。当然，目前的模拟结果还较为初步，进一步的细致工作仍有待于进一步努力。期待为岩层稳定性控制研究贡献微薄之力。

参 考 文 献

Bažant Z, Chen E P. 1999. 结构破坏的尺度律. 力学进展, 29(3): 383-433.

常庆粮, 周华强, 柏建彪, 等. 2011. 膏体充填开采覆岩稳定性研究与实践. 采矿与安全工程学报, 28(2): 279-282.

常晓林, 胡超, 马刚, 等. 2011. 模拟岩石失效全过程的连续-非连续变形体离散元方法及应用. 岩石力学与工程学报, 30(10): 2004-2011.

常鑫, 程远方, 夏强平, 等. 2015. 一种模拟岩体裂纹扩展的三角单元网格开裂技术. 中国石油大学学报(自然科学版), 39(3): 105-112.

陈陆望, 殷晓曦, 赵瑜. 2009. 圆形地下洞室坚硬脆性围岩岩爆的模拟. 应用基础与工程科学学报, 17(6): 935-942.

陈鹏宇. 2018. PFC^{2D}模拟裂隙岩石裂纹扩展特征的研究现状. 工程地质学报, 26(2): 528-539.

陈文胜, 冯夏庭, 葛修润, 等. 2000. 基于静态松弛的一种广义界面单元方法. 岩石力学与工程学报, 19(1): 24-28.

陈文胜, 王桂尧, 刘辉, 等. 2005. 岩石力学离散单元计算方法中的若干问题探讨. 岩石力学与工程学报, 24(10): 1639-1644.

陈卫忠, 吕森鹏, 郭小红, 等. 2010. 脆性岩石卸围压试验与岩爆机理研究. 岩土工程学报, 32(6): 963-969.

陈小婷, 黄波林. 2018. FEM/DEM法在典型柱状危岩体破坏过程数值分析中的应用. 水文地质工程地质, 45(4): 137-141.

陈兴, 马刚, 周伟, 等. 2018. 无序性对脆性材料冲击破碎的影响. 物理学报, 67(7): 146102.

陈亚雄, 张振南. 2013. 基于单元劈裂法的岩石黏结型结构面数值模拟. 岩土力学, 34(增2): 443-447.

代树红. 2013. 基于数字图像相关方法的断层破裂扩展实验研究. 北京: 中国地震局地质研究所.

代树红, 王召, 马胜利, 等. 2014. 裂纹在层状岩石中扩展特征的研究. 煤炭学报, 39(2): 315-321.

邓华锋, 李建林, 朱敏, 等. 2012. 圆盘厚径比对岩石劈裂抗拉强度影响的试验研究. 岩石力学与工程学报, 31(4): 792-798.

邓璇璇, 马刚, 周伟, 等. 2018. 局部约束模式对单颗粒破碎强度的影响. 浙江大学学报(工学版), 52(7): 1329-1337.

丁星, 彭小芹, 万朝均. 1998. 混凝土紧凑拉伸试样断裂稳定性分析. 重庆建筑大学学报, 20(1): 87-91.

邓博团, 马宗源. 2016. 冲击荷载作用下深埋洞室稳定性分析. 应用力学学报, 33(4): 646-651.

董春亮, 赵光明, 李英明, 等. 2017. 深部圆形巷道开挖卸荷的围岩力学特征及破坏机理. 采矿与安全工程学报, 34(3): 511-526.

方杰, 秦小军, 蔡永建, 等. 2016. 基于DDA和FEM的砌体结构震动分析. 大地测量与地球动力学, 36(6): 520-524.

方修君, 金峰, 王进廷. 2007a. 基于扩展有限元法的粘聚裂纹模型. 清华大学学报, 47(3): 344-347.

方修君, 金峰, 王进廷. 2007b. 用扩展有限元方法模拟混凝土的复合型开裂过程. 工程力学, 24(增1): 46-52.

方恩才, 邓润义, 李守好, 等. 2017. 深埋弱粘结煤层综放工作面矿压显现特征研究. 煤矿现代化, 141: 63-66.

丰彪. 2013. 面向对象的界面元方法及其与有限元的时域耦合分析模型. 国际地震动态, 4: 42-43.

冯春, 李世海, 姚再兴. 2010. 基于连续介质力学的块体单元离散弹簧法研究. 岩石力学与工程学报, 29(增1): 2690-2704.

冯春, 李世海, 郝卫红, 等. 2017. 基于CDEM的钻地弹侵彻爆炸全过程数值模拟研究. 振动与冲击, 36(13): 11-18.

冯春, 李世海, 郑炳旭, 等. 2019. 基于CDEM的露天矿三维台阶爆破全过程数值模拟. 爆炸与冲击, 39(2): 110-120.

冯帆, 李夕兵, 李地元, 等. 2017. 基于有限元/离散元耦合分析方法的含预制裂隙圆形孔洞试样破坏特性数值分析. 岩土力学, 38(增2): 336-348.

冯国瑞, 闫旭, 王鲜霞, 等. 2009. 上行开采层间岩层控制的关键位置判定. 岩石力学与工程学报, 28(增2): 3721-3726.

付晓东, 盛谦, 张勇慧. 2012. 开挖及动荷载作用下边坡响应的 DDA 方法研究. 岩石力学与工程学报, 31(增1): 2612-2617.

甘建军, 黄润秋, 李前银, 等. 2010. 都江堰-汶川公路汶川地震次生地质灾害主要特征和形成机理. 地质力学学报, 16(2): 146-158.

葛德治. 1999. 岩爆行为之不连续数值模拟. 岩石力学与工程学报, 18(增): 936-944.

耿智园, 冯春, 郭汝坤, 等. 2017. 露天矿地下采空区爆破崩落法治理效果的数值模拟研究. 爆破, 34(4): 57-65.

弓培林, 靳钟铭. 2008. 大采高综采场顶板控制力学模型研究. 岩石力学与工程学报, 27(1): 193-198.

谷新保, 周小平, 徐潇, 等. 2016. 高速运动裂纹扩展和分叉现象的近场动力学数值模拟. 应用数学和力学, 37(7): 729-739.

顾鑫, 章青, 黄丹. 2016. 基于近场动力学方法的混凝土板侵彻问题研究. 振动与冲击, 35(6): 52-58.

郭汝坤, 冯春, 李战军, 等. 2016. 岩体强度对牙轮单齿作用下破碎坑的体积及形态影响研究. 岩土力学, 37(10): 2971-2978.

郭双, 武鑫, 甯尤军. 2018. 地应力条件下爆破载荷破岩的 DDA 模拟研究. 工程爆破, 24(5): 8-14.

郭晓菲, 马念杰, 赵希栋, 等. 2016. 圆形巷道围岩塑性区的一般形态及其判定准则. 煤炭学报, 41(8): 1871-1877.

郭翔, 王学滨, 白雪元, 等. 2017. 加载方式及抗拉强度对巴西圆盘试验影响的连续-非连续方法数值模拟. 岩土力学, 38(1): 214-220.

韩永臣, 刘晓宇, 李世海. 2010. 模拟岩石材料脆性破裂过程的三维离散元模型. 力学与实践, 32(3): 50-56.

韩强. 2013. 常村煤矿 S6-7 综放工作面支承压力分布规律研究. 煤, 165: 9-11.

何传永, 孙平. 2009. 非连续变形分析方法程序与工程应用. 北京: 中国水利水电出版社.

侯艳丽, 周元德, 张楚汉. 2006. 用非连续介质力学模型研究混凝土的 I 型断裂. 清华大学学报(自然科学版), 46(3): 346-354.

侯艳丽, 张楚汉. 2007. 用三维离散元实现混凝土 I 型断裂模拟. 工程力学, 24(1): 37-43.

胡英国, 卢文波, 陈明, 等. 2015. SPH-FEM 耦合爆破损伤分析方法的实现与验证. 岩石力学与工程学报, 34(增1): 2740-2748.

黄丹, 章青, 乔丕忠, 等. 2010. 近场动力学方法及其应用. 力学进展, 40(4): 448-459.

黄丹, 卢广达, 章青. 2016. 准静态变形破坏的近场动力学分析. 计算力学学报, 33(5): 657-662.

黄恺, 张振南. 2010. 三维单元劈裂法与压剪裂纹数值模拟. 工程力学, 27(12): 51-58.

黄醒春, 陶连金, 曹文贵. 2005. 岩石力学. 北京: 高等教育出版社.

黄绪武, 周伟, 马刚, 等. 2017. 考虑摩擦系数和颗粒强度劣化效应的堆石体湿化细观数值模拟. 中国农村水利水电, (9): 125-131.

黄耀光, 王连国, 陈家瑞, 等. 2015. 平台巴西劈裂试验确定岩石抗拉强度的理论分析. 岩土力学, 36(3): 739-748.

霍中艳, 郑东健. 2010. 基于扩展有限元法的黏聚性裂缝模型的混凝土梁断裂过程模拟. 计算机辅助工程, 19(4): 29-33.

姜福兴, 魏全德, 王存文, 等. 2014. 巨厚砾岩与逆冲断层控制型特厚煤层冲击地压机理分析. 煤炭学报, 39(7): 1191-1196.

焦玉勇, 张秀丽, 刘泉声, 等. 2007. 用非连续变形分析方法模拟岩石裂纹扩展. 岩石力学与工程学报, 26(4): 682-691.

琚宏昌, 陈国荣. 2008. 混凝土梁裂纹扩展的内聚区模型数值模拟. 郑州大学学报(工学版), 29(3): 10-14.

黎崇金, 李夕兵, 李地元. 2017. 含孔洞大理岩破坏特性的颗粒流分析. 工程科学学报, 39(12): 1791-1801.

李地元, 李夕兵, Charlie L C. 2010. 2种岩石直接拉压作用下的力学性能试验研究. 岩石力学与工程学报, 29(3): 624-632.

李浩, 杨为民, 黄晓, 等. 2016. 天水市麦积区稅湾地震黄土滑坡特征及其形成机制. 地质力学学报, 22(1): 12-24.

李俊峰, 张小趁, 刘红岩, 等. 2016. 突发地质灾害中应急数值模拟技术应用浅析. 工程地质学报, 24(4): 569-577.

李世海, 汪远年. 2004. 三维离散元计算参数选取方法研究. 岩石力学与工程学报, 23(21): 3642-3651.

李世海, 周东, 王杰, 等. 2013. 水电能源开发中的关键工程地质体力学问题. 中国科学: 物理学 力学 天文学, 43(12): 1602-1616.

李天一, 章青, 夏晓舟. 2018. 考虑混凝土材料非均质特性的近场动力学模型. 应用数学和力学, 39(8): 913-924.

李锡夔, Cescoto S. 1996. 梯度塑性的有限元分析及应变局部化模拟. 力学学报, 28(5): 64-73.

李向阳, 李俊平, 周创兵, 等. 2005. 采空场覆岩变形数值模拟与相似模拟比较研究. 岩土力学, 26(12): 1907-1912.

李志刚, 冯春, 李世海. 2015. 不同加载方式下土石混合体抗压强度的规律性研究. 水运工程, 504(6): 10-16.

李志雄, 陈文胜, 黄生文. 2009. 静态松弛界面单元法及其应用. 公路与汽运, (3): 156-159.

李守好, 陈苗虎, 付宝杰. 2017. 弱粘结遇水软化顶板煤巷锚索支护技术. 山东煤炭科技, 9: 74-79.

刘宝琛, 张家生, 杜奇中, 等. 1998. 岩石抗压强度的尺寸效应. 岩石力学与工程学报, 17(6): 611-614.

刘郴玲, 常晓林, 唐龙文, 等. 2018. 基于重力增加法的边坡失稳破坏全过程模拟. 长江科学院院报, 35(9): 133-138.

刘传奇, 薛世峰, 孙其诚. 2016. 水力压裂中裂纹扩展的数值模拟. 计算力学学报, 33(5): 760-766.

刘海燕, 伍法权, 李增学, 等. 2006. 兖州煤田主采煤层顶板稳定性特征分析. 岩石力学与工程学报, 25(7): 1450-1456.

刘建功, 赵家巍, 李蒙蒙, 等. 2016. 煤矿充填开采连续曲形梁形成与岩层控制理论. 煤炭学报, 41(2): 383-391.

刘金辉. 2011. 双层岩梁组合结构研究. 西安: 西安科技大学.

刘泉声, 蒋亚龙, 何军. 2017. 非连续变形分析的精度改进方法及研究趋势. 岩土力学, 38(6): 1746-1761.

刘结高. 2019. 弱粘结厚煤层综放开采及矿压显现特征研究. 陕西煤炭, 3: 6-9.

刘祥鑫, 梁正召, 张艳博, 等. 2016. 卸荷诱发巷道模型岩爆的发生机理实验研究. 工程地质学报, 24(5): 967-975.

刘学生, 谭云亮, 宁建国, 等. 2016. 采动支承压力引起应变型冲击地压能量判据研究. 岩土力学, 37(10): 2929-2936.

罗滔, Ooi E T, Chan A H C, 等. 2017. 一种模拟堆石料颗粒破碎的离散元-比例边界有限元结合法. 岩土力学, 38(5): 1463-1471.

陆家佑, 王昌明. 1994. 根据岩爆反分析岩体应力研究. 长江科学院院报, (3): 27-30.

马刚, 周创兵, 常晓林, 等. 2011. 岩石破坏全过程的连续-离散耦合分析方法. 岩石力学与工程学报, 30(12): 2444-2455.

马刚, 常晓林, 刘嘉英, 等. 2015. 颗粒物质在等比例应变加载下的分散性失稳模式. 岩土力学, 36(增1): 181-186.

马江锋, 张秀丽, 焦玉勇, 等. 2015. 用非连续变形分析方法模拟冲击荷载作用下巴西圆盘的破坏过程. 岩石力学与工程学报, 34(9): 1805-1814.

马瑾, 郭彦双. 2014. 失稳前断层加速协同化的实验室证据和地震实例. 地震地质, 36(3): 547-561.

买买提明·艾尼, 热合买提江·依明. 2014. 现代数值模拟方法与工程实际应用. 工程力学, 31(4): 11-18.

孟京京, 曹平, 张科, 等. 2013. 基于颗粒流的平台圆盘巴西劈裂和岩石抗拉强度. 中南大学学报(自然科学版), 44(6): 2449-2454.

倪克松, 甯尤军. 2014. DDA子块体开裂模拟算法的优化与验证. 地下空间与工程学报, 10(5): 1017-1022, 1100.

宁建国, 王成, 马天宝. 2010. 爆炸与冲击动力学. 北京: 国防工业出版社.

甯尤军, 江成, 康歌. 2015. 爆炸应力波作用下的凿岩爆破破岩模拟. 北京理工大学学报, 35(增2): 33-36.

甯尤军, 江成, 杨正. 2016. 爆炸应力波作用下岩石双孔爆破的数值模拟. 黑龙江科技大学学报, 26(6): 704-709.

潘俊锋, 齐庆新, 史元伟. 2007. 综放开采顶板岩层垮断特征的 3DEC 模拟研究. 煤矿开采, 12(1): 4-7.

潘鹏飞, 孙厚广, 韩忠和, 等. 2016. 爆破开采诱发周边岩体损伤破裂的数值模拟研究. 金属矿山, 480(6): 1-7.

潘鹏志, 冯夏庭, 周辉. 2009. 脆性岩石破裂演化过程的三维细胞自动机模拟. 岩土力学, 30(5): 1471-1476.

潘鹏志, 冯夏庭, 吴红晓. 2011. 水压致裂过程的弹塑性细胞自动机模拟. 上海交通大学学报, 45(5): 722-727.

庞海燕, 李明, 温茂萍, 等. 2011. PBX 巴西试验与直接拉伸试验的比较. 火炸药学报, 34(1): 42-44.

裴向军, 黄润秋, 李正兵, 等. 2011. 锦屏一级水电站左岸卸荷拉裂松弛岩体灌浆加固研究. 岩石力学与工程学报, 30(2): 284-288.

彭赐灯. 2015. 矿山压力与岩层控制研究热点最新进展评述. 中国矿业大学学报, 44(1): 1-8.

戚靖骅, 张振南, 葛修润, 等. 2010. 无厚度三节点节理单元在裂纹扩展模拟中的应用. 岩石力学与工程学报, 29(9): 1799-1806.

齐庆新, 陈尚本, 王怀新, 等. 2003. 冲击地压、岩爆、矿震的关系及其数值模拟研究. 岩石力学与工程学报, 22(11): 1852-1858.

钱剑, 姜冬菊, 龚庆, 等. 2018. 动载作用下复合型裂纹扩展的近场动力学模拟. 计算力学学报, 35(5): 597-602.

钱鸣高, 石平五. 2003. 矿山压力与岩层控制. 徐州: 中国矿业大学出出版社.

钱鸣高, 石平五, 许家林. 2010. 矿山压力与岩层控制. 徐州: 中国矿业大学出版社: 182-185.

乔兰, 王双红, 蔡美峰. 2000. 某地下矿岩层及地表移动规律的有限元模拟研究. 金属矿山, (4): 23-25.

秦洪远, 韩志腾, 黄丹. 2017a. 含初始裂纹巴西圆盘劈裂问题的非局部近场动力学建模. 固体力学学报, 38(6): 483-491.

秦洪远, 黄丹, 刘一鸣, 等. 2017c. 基于改进型近场动力学方法的多裂纹扩展分析. 工程力学, 34(12): 31-38.

秦洪远, 黄丹, 章青. 2017b. 混凝土复合型裂纹扩展的非局部近场动力学建模分析. 计算力学学报, 34(3): 274-279.

邱流潮. 2009. 基于联合有限-离散元法的混凝土重力坝地震破坏过程仿真. 水力发电, 35(5): 36-38.

任雅琼, 刘培洵, 马瑾, 等. 2013. 亚失稳阶段雁列断层热场演化的实验研究. 地球物理学报, 56(7): 348-357.

茹忠亮, 朱传锐, 张友良, 等. 2011. 断裂问题的扩展有限元法研究. 岩土力学, 32(7): 2171-2176.

申振东, 许栋, 白玉川, 等. 2017. 基于联合有限元-离散元的混凝土重力坝破坏三维仿真模拟. 计算力学学报, 34(4): 49-56.

史红, 姜福兴. 2005. 采场上覆岩层结构理论及其新进展. 山东科技大学学报(自然科学版), 24(1): 21-25.

宋春燕, 马瑾, 王海涛, 等. 2018. 强震前断裂亚失稳阶段及失稳部位的特征研究——以新疆南天山西段为例. 地球物理学报, 61(2): 604-615.

宋义敏, 潘一山, 章梦涛, 等. 2010. 洞室围岩三种破坏形式的试验研究. 岩石力学与工程学报, 29(增 1): 2741-2745.

宋振骐, 蒋金泉. 1996. 煤矿岩层控制的研究重点与方向. 岩石力学与工程学报, 15(2): 128-134.

孙明伟, 盛建龙, 程爱平. 2011. 基于 PFC^{2D} 的采场覆盖层厚度研究. 矿业研究与开发, 31(6): 11-13.

孙翔, 刘传奇, 薛世峰. 2013. 有限元与离散元混合法在裂纹扩展中的应用. 中国石油大学学报(自然科学版), 37(3): 126-130, 136.

孙晓光, 周华强, 王光伟. 2007. 固体废物膏体充填岩层控制的数值模拟研究. 采矿与安全工程学报, 16(1): 117-121.

孙晓涵, 彭建兵, 崔向美, 等. 2016. 山西太原盆地地裂缝与地下水开采地面沉降关系分析. 中国地质灾害与防治学报, 27(2): 91-98.

谭以安. 1989. 岩爆形成机理研究. 水文地质工程地质, (1): 34-38.

唐春安. 2014. 加强重大岩体工程灾害模拟、软件及预警方法基础研究. 第十三次全国岩石力学与工程学术大会论文集——资源、能源与环境协调发展.

唐春安, 陈峰, 孙晓明, 等. 2018. 恒阻锚杆支护机理数值分析. 岩土工程学报, 40(12): 2281-2288.

田振农, 李世海, 刘晓宇, 等. 2008. 三维块体离散元可变形计算方法研究. 岩石力学与工程学报, 27(增1): 2832-2840.

田振农, 李世海. 2007. 三维离散元不同尺度结构面计算方法及其在岩土爆破中的应用. 岩石力学与工程学报, 26(增1): 3009-3016.

王崇革, 王莉莉, 宋振骐, 等. 2004. 浅埋煤层开采三维相似材料模拟实验研究. 岩石力学与工程学报, 23(增1): 4926-4929.

王德咏, 张振南, 葛修润. 2012. 应用单元劈裂法模拟三维内嵌裂纹扩展. 岩石力学与工程学报, 31(10): 2082-2087.

王涵, 黄丹, 徐业鹏, 等. 2018. 非常规态型近场动力学热黏塑性模型及其应用. 力学学报, 50(4): 810-819.

王杰, 李世海, 周东, 等. 2013. 模拟岩石破裂过程的块体单元离散弹簧模型. 岩土力学, 34(8): 2355-2362.

王杰, 李世海, 张青波. 2015. 基于单元破裂的岩石裂纹扩展模拟方法. 力学学报, 47(1): 105-118.

王凯, 张振南, 秦爱芳. 2014. 考虑微观莫尔-库仑准则的拓展虚内键本构模型. 岩土工程学报, 36(5): 880-885.

王来贵, 赵娜, 刘建军, 等. 2011. 岩石(土)类材料拉张破坏有限元法分析. 北京: 北京师范大学出版社.

王礼立. 2005. 应力波基础. 2版. 北京: 国防工业出版社.

王理想, 李世海, 马照松, 等. 2015. 一种中心型有限体积孔隙-裂隙渗流求解方法及其OpenMP并行化. 岩石力学与工程学报, 34(5): 865-875.

王启智, 贾学明. 2002. 用平台巴西圆盘试样确定脆性岩石的弹性模量、拉伸强度和断裂韧度——第一部分: 解析和数值结果. 岩石力学与工程学报, 21(9): 1285-1289.

王启智, 吴礼舟. 2004. 用平台巴西圆盘试样确定脆性岩石的弹性模量、拉伸强度和断裂韧度——第二部分: 试验结果. 岩石力学与工程学报, 23(2): 199-204.

王青海, 李晓红, 艾吉人, 等. 2003. 通渝隧道围岩变形和岩爆的数值模拟. 地下空间与工程学报, 23(3): 291-295.

王士民, 朱合华, 蔡永昌. 2010. 非连续字母块体理论模型研究: 基本理论. 岩土力学, 31(7): 2088-2094.

王学滨, 潘一山, 陶帅. 2009. 不同尺寸的圆形隧洞剪切应变局部化过程模拟. 中国地质灾害与防治学报, 20(4): 101-108.

王学滨, 陶帅, 潘一山, 等. 2012a. 基于非线性屈服准则及主应力判据的圆形巷道围岩岩爆过程的数值模拟. 防灾减灾工程学报, 32(2): 131-137.

王学滨, 伍小林, 潘一山. 2012b. 圆形巷道围岩层裂或板裂化的等效连续介质模型及侧压系数的影响. 岩土力学, 33(8): 2395-2402.

王学滨, 顾路, 马冰, 等. 2013. 断层系统中危险断层识别的频次-能量方法及数值模拟. 地球物理学进展, 28(5): 2739-2747.

王学滨, 顾路, 马冰, 等. 2014a. 两类雁列构造雁列区贯通过程中位移反向现象模拟. 大地测量与地球动力学, 34(2): 45-50.

王学滨, 吕家庆, 马冰, 等. 2014b. 断层间距对拉张雁列构造破坏过程及能量释放影响的模拟. 地球物理学进展, 29(1): 406-411.

王学滨, 马冰, 吕家庆. 2014c. 实验室尺度典型断层系统破坏、前兆及粘滑过程数值模拟. 地震地质, 36(3): 845-861.

王学滨, 伍小林, 潘一山. 2014d. 圆形巷道围岩剪切带形成过程的能量释放模拟. 地下空间与工程学报, 10(1): 43-50.

王学滨. 2015. 拉格朗日元方法、变形体离散元方法及虚拟裂纹模型耦合的连续-非连续介质力学分析方法. 北京: 中国矿业大学(北京).

王学滨. 2017. 实验室尺度典型断层系统力学行为数值模拟. 北京: 科学出版社.

王学滨, 马冰, 潘一山, 等. 2017. 巷道围岩卸荷应力波传播及垮塌过程模拟. 中国矿业大学学报, 46(3): 1259-1266.

王学滨, 潘一山. 2018. 岩石局部化破坏及结构稳定性理论研究. 北京: 科学出版社.

王学滨, 白雪元, 侯文腾, 等. 2018a. 开采与均布载荷条件下无粘结双层叠梁变形-开裂-垮落的数值模拟. 应用力学学报, 35(6): 1326-1332.

王学滨, 郭翔, 芦伟男, 等. 2018b. 单层采动诱发长采壁开采水平岩层开裂、冒落过程模拟——基于连续-非连续方法. 防灾减灾工程学报, 38(1): 1-6.

王耀辉, 陈莉雯, 沈峰. 2008. 岩爆破坏过程能量释放的数值模拟. 岩土力学, 29(3): 790-794.

王叶, 周伟, 马刚, 等. 2017. 堰塞体形成全过程的连续离散耦合数值模拟. 中国农村水利水电, (9): 156-163.

王鹰, 蔡扬, 魏有仪, 等. 2016. 引汉济渭工程秦岭隧洞岩爆数值模拟与岩爆预测研究. 西藏大学学报(自然科学版), 31(1): 89-96, 112.

王永亮, 鞠杨, 陈佳亮, 等. 2018. 自适应有限元-离散元算法、ELFEN软件及页岩体积压裂应用. 工程力学, 35(9): 17-25.

王泳嘉, 邢纪波. 1995. 离散单元法同拉格朗日法及其在岩石力学中的应用. 岩土力学, 16(2): 1-14.

王妍, 姚多喜, 鲁海峰, 等. 2019. 两端固支各向同性叠合岩梁受均布荷载的弹性力学解. 应用力学学报, 36(2): 431-437.

王燚钊, 崔振东, 李明, 等. 2018. 三点弯曲条件下薄层状岩体单层厚度对裂纹扩展路径的影响. 工程地质学报, 26(5): 1326-1335.

魏锦平, 靳钟铭, 杨彦凤, 等. 2002. 坚硬顶板控制的数值模拟. 岩石力学与工程学报, 21(增2): 2488-2491.

魏巍, 覃燕林, 曹鹏, 等. 2014. 粒状材料颗粒破碎过程分析. 南水北调与水利科技, 12(6): 98-102.

吴兴杰, 靖洪文, 苏海健, 等. 2016. 煤系地层砂岩抗拉强度及其矿物粒径效应. 煤矿安全, 47(7): 47-50.

伍小林, 王学滨, 潘一山. 2011. 基于两种颗粒体模型的巷道围岩应力、应变分布的研究. 中国地质灾害与防治学报, 22(4): 56-62.

伍小林, 王学滨, 潘一山. 2014. 粒径及洞室形状对围岩应力-应变影响的模拟. 地下空间与工程学报, 10(2): 322-328, 379.

夏才初, 许崇帮. 2010. 非连续变形分析(DDA)中断续节理扩展的模拟方法研究和试验验证. 岩石力学与工程学报, 29(10): 2027-2033.

谢广祥, 常聚才, 华心祝. 2007. 开采速度对综放面围岩力学特征影响研究. 岩土工程学报, 29(7): 963-967.

谢耀社, 赵阳升. 2008. 振动条件下顶煤放出规律数值模拟研究. 采矿与安全工程学报, 25(2): 188-191.

徐殿富. 2014. 加载作用下层状岩板失稳破坏特征分析. 秦皇岛: 燕山大学.

徐根, 陈枫, 肖建清. 2006. 载荷接触条件对岩石抗拉强度的影响. 岩石力学与工程学报, 25(1): 168-173.

徐奴文, 唐春安, 周济芳, 等. 2009. 锦屏二级水电站施工排水洞岩爆数值模拟. 山东大学学报, 39(4): 134-139.

徐爽, 朱浮声, 张俊. 2013. 离散元法及其耦合算法的研究综述. 力学与实践, 35(1): 8-14, 19.

许家林, 钱鸣高, 金宏伟. 2004. 岩层移动离层演化规律及其应用研究. 岩土工程学报, 26(5): 632-636.

严成增, 孙冠华, 郑宏, 等. 2014a. 基于局部单元劈裂的FEM/DEM自适应分析方法. 岩土力学, 35(7): 2064-2070.

严成增, 郑宏, 孙冠华, 等. 2014b. 基于OpenMP的二维有限元-离散元并行分析方法. 岩土力学, 35(9): 2717-2724.

严成增, 孙冠华, 郑宏, 等. 2015. 爆炸气体驱动下岩体破裂的有限元-离散元模拟. 岩土力学, 36(8): 2419-2425.

严成增, 郑宏, 孙冠华, 等. 2016. 基于FDEM-flow研究地应力对水力压裂的影响. 岩土力学, 37(1): 237-246.

严成增, 郑宏. 2016. 基于 FDEM-flow 的多孔水力压裂模拟. 长江科学院院报, 33(7): 63-67.

严成增. 2018. FDEM-TM 方法模拟岩石热破裂. 岩土工程学报, 40(7): 1198-1204.

严红, 张吉雄, 王思贵, 等. 2014. 特厚煤层巷道顶板离层关键影响因素模拟研究. 采矿与安全工程学报, 31(5): 681-686.

颜天佑, 李同春, 赵兰浩. 2009. 循环加载条件下混凝土Ⅰ型裂缝扩展模拟的接触算法. 固体力学学报, 30(5): 515-521.

杨帆, 张振南. 2012. 包含摩尔-库仑准则的单元劈裂法模拟围压下节理扩展. 上海大学学报, 18(1): 104-110.

杨建林, 王来贵, 张鹏, 等. 2015. 泥岩试件改性前后拉破坏实验研究. 煤炭学报, 40(12): 2812-2819.

杨觅, 门玉明, 袁立群, 等. 2016. 地裂缝环境下不同隧道型式的地铁振动响应数值分析. 防灾减灾工程学报, 36(2): 188-195.

杨庆生. 2007. 现代计算固体力学. 北京: 科学出版社.

杨洵, 王挺, 王兵. 2000. 北京地铁王府井——东单区间无拉分析. 兰州铁道学院学报(自然科学版), 19(3): 18-21.

杨永涛, 徐栋栋, 郑宏. 2014. 动载下裂纹应力强度因子计算的数值流形元法. 力学学报, 46(5): 730-738.

姚远, 张振南. 2016. 冲击荷载下多裂纹混凝土梁破坏模拟. 低温建筑技术, 5: 57-59.

尤明庆, 邹友峰. 2000. 关于岩石非均质性与强度尺寸效应的讨论. 岩石力学与工程学报, 19(3): 391-395.

尤明庆, 苏承东. 2004. 平台圆盘劈裂的理论和试验. 岩石力学与工程学报, 23(1): 170-174.

余德运, 刘殿书, 王庆斌, 等. 2016. 基于流固耦合加载技术的 DDA 方法. 爆破, 33(1): 6-11.

余天堂. 2010. 模拟三维裂纹问题的扩展有限元法. 岩土力学, 31(10): 3280-3294.

于健洋, 李元辉, 于适维, 等. 2018. 初次来压前综采工作面前方应力影响区范围. 东北大学学报(自然科学版), 39(4): 558-563.

殷志强, 李夕兵, 金解放, 等. 2011. 围压卸载速度对岩石动力强度与破碎特性的影响. 岩土工程学报, 33(8): 1296-1301.

虞松, 朱维申. 2015. 地震载荷作用下地下厂房围岩稳定性分析. 地下空间与工程学报, 11(1): 266-270.

袁进科, 裴向军. 2015. 汶川地震震裂山体裂缝变形特征与动力机制研究. 防灾减灾工程学报, 35(6): 848-855.

翟新献. 2002. 放顶煤工作面顶板岩层移动相似模拟研究. 岩石力学与工程学报, 21(11): 1667-1671.

张百胜, 康立勋, 杨双锁. 2006. 大断面全煤巷道层状顶板离层变形模拟研究. 采矿与安全工程学报, 23(3): 264-267.

张楚汉, 金峰, 侯艳丽, 等. 2008. 岩石和混凝土离散-接触-断裂分析. 北京: 清华大学出版社.

张春生, 刘宁, 褚卫江, 等. 2015. 锦屏二级深埋隧洞构造型岩爆诱发机制与案例解析. 岩石力学与工程学报, 34(11): 2242-2250.

张纯旺, 宋选民, 王伟, 等. 2017. 双向不等压圆形巷道围岩塑性区理论分析及数值模拟. 煤矿安全, 48(11): 217-221.

张德海, 朱浮声, 邢纪波, 等. 2005. 岩石类非均质脆性材料破坏过程的数值模拟. 岩石力学与工程学报, 24(4): 570-574.

张铎, 刘洋, 吴顺川, 等. 2014. 基于离散-连续耦合的尾矿坝边坡破坏机理分析. 岩土工程学报, 36(8): 1473-1482.

张芳, 王淑鹏, 张国锋, 等. 2016. 基于 FDEM 的隧道衬砌裂缝开裂过程数值分析. 岩土工程学报, 38(1): 83-90.

张耿城, 贾建军, 孙继延, 等. 2018. 炮孔密集系数对破碎效果的影响. 金属矿山, (11): 63-66.

张健萍, 周东. 2018. 基于概率统计的土石混合体边坡可靠度分析方法. 中国安全科学学报, 28(5): 141-146.

张明, 卢裕杰, 介玉新. 2011. 不同加载条件下岩石强度尺寸效应的数值模拟. 水力发电学报, 30(4): 147-154.

张青波, 李世海, 冯春. 2013. 基于 SEM 的可变形块体离散元法研究. 岩土力学, 34(8): 2385-2392.

张鑫, 乔伟, 雷利剑, 等. 2016. 综放开采覆岩离层形成机理. 煤炭学报, 41(增2): 342-349.

张秀丽. 2007. 断续节理岩体破坏过程的数值分析方法研究. 北京: 中国力学院研究生院.

张文举, 卢文波, 杨建华, 等. 2013. 深埋隧洞开挖卸荷引起的围岩开裂特征及影响因素. 岩土力学, 34(9): 2690-2698.

张倚逾, 邢博瑞, 宋成科. 2014. 福建梅花山隧道岩爆机理的数值模拟分析研究. 现代隧道技术, 51(1): 97-104.

张振南, 葛修润. 2007. 多维虚内键模型(VMIB)及其在岩体数值模拟中的应用. 中国科学, 37(5): 605-612.

张振南, 葛修润, 张孟喜. 2008. 基于 VMIB 的岩石围压破坏二维多尺度数值模拟. 岩土力学, 29(1): 219-224.

张振南, 陈永泉. 2009. 一种模拟节理岩体破坏的新方法: 单元劈裂法. 岩土工程学报, 31(12): 1858-1865.

张振南, 葛修润. 2012. 一种新的岩石多尺度本构模型: 增强虚内键模型及其应用. 岩石力学与工程学报, 31(10): 2031-2041.

张振南, 郑宏, 葛修润. 2013. 考虑裂尖点的三角单元劈裂法. 中国科学, 43(10): 1136-1143.

张志强, 李宁, 陈方方, 等. 2007. 不同分布距离的软弱夹层对洞室稳定性的影响研究. 岩土力学, 28(7): 1363-1368.

张广霖. 2013. 动压共用尾巷合理布置层位分析. 煤矿安全, 165: 183-185.

赵安平, 冯春, 郭汝坤, 等. 2018. 节理特性对应力波传播及爆破效果的影响规律研究. 岩石力学与工程学报, 37(9): 2027-2036.

赵兵, 何汪洋, 王毓杰, 等. 2018. 基于离散虚内键(DVIB)的岩石粘弹性模拟初探. 河北工程大学学报(自然科学版), 35(2): 53-57.

赵团芝, 李文平, 李小琴, 等. 2009. 叠加开采应力及覆岩离层动态变化数值模拟. 采矿与安全工程学报, 26(1): 118-122.

赵瑜, 张春文, 刘新荣, 等. 2011. 高应力岩石局部化变形与隧道围岩灾变破坏过程. 重庆大学学报, 34(4): 100-106.

郑炳旭, 冯春, 宋锦泉, 等. 2015. 炸药单耗对赤铁矿爆破块度的影响规律数值模拟研究. 爆破, 32(3): 62-69.

周健, 邓益兵, 贾敏才, 等. 2010. 基于颗粒单元接触的二维离散-连续耦合分析方法. 岩土工程学报, 32(10): 1479-1484.

周宗红, 侯克鹏, 任凤玉. 2012. 分段空场崩落采矿法顶板稳定性分析. 采矿与安全工程学报, 29(4): 538-542.

朱建明, 徐秉业, 朱峰, 等. 2000. FLAC 有限差分程序及其在矿山工程中的应用. 中国矿业, 9(4): 78-81.

朱拴成, 尹希文. 2009. 寺河矿采场覆岩结构及运动规律数值模拟研究. 煤炭工程, (1): 80-83.

朱万成, 唐春安, 黄志平, 等. 2005. 静态和动态载荷作用下岩石劈裂破坏模式的数值模拟. 岩石力学与工程学报, 24(1): 1-7.

庄茁, 柳占立, 成斌斌, 等. 2012. 扩展有限单元法. 北京: 清华大学出版社.

邹广平, 沈昕慧, 赵伟玲, 等. 2015. SHTB 加载紧凑拉伸试样断裂韧性测试仿真. 哈尔滨工程大学学报, 36(7): 917-921.

Amadei B, Lin C T, Sture S, et al. 1994. Modeling fracture of rock masses with the DDA method//American Rock Mechanics Association. 1st North American Rock Mechanics Symposium. Austin: 580-590.

Amadei B, Lin C, Jerry D. 1996. Recent extensions to the DDA method//Proceedings of the First International Forum on Discontinuous Deformation Analysis(DDA) and Simulations of Discontinuous Media. Albuquerque: TSI Press.

An H M, Liu H Y, Han H Y, et al. 2017. Hybrid finite-discrete element modelling of dynamic fracture and resultant fragment casting and muck-piling by rock blast. Computers & Geotechnics, 81: 322-345.

Antolini F, Barla M, Gigli G, et al. 2016. Combined finite-discrete numerical modeling of runout of the torgiovannetto di Assisi rockslide in central Italy. International Journal of Geomechanics, 16(6): 1-16.

Bagherzadeh-Khalkakhali A, Mirghasemi A A, Mohammadi S. 2011. Numerical simulation of particle breakage of angular particles using combined DEM and FEM. Powder Technology, 205 (1-3) : 15-29.

Barbot S, Lapusta N, Avouac J P. 2012. Under the hood of the earthquake machine: Toward predictive modeling of the seismic cycle. Science, 336 (6082) : 707-710.

Bazǎnt Z P, Oh B H. 1983. Crack band theory for fracture of concrete. Materials and Structures, 16 (3) : 155-177.

Belytschko T, Möes N, Usui S, et al. 2001. Arbitrary discontinuities in finite elements. International Journal for Numerical Methods in Engineering, 50 (4) :993-1013.

Block G, Rubin M B, Morris J, et al. 2007. Simulations of dynamic crack propagation in brittle materials using nodal cohesive forces and continuum damage mechanics in the distinct element code LDEC. International Journal of Fracture, 144 (3) : 131-147.

Cai M. 2008. Influence of intermediate principal stress on rock fracturing and strength near excavation boundaries——Insight form numerical modeling. International Journal of Rock Mechanics & Mining Sciences, 45 (5) : 763-772.

Camacho G T, Ortiz M. 1996. Computational modeling of impact damage in brittle materials. International Journal of Solids and Structures, 33 (20-22) : 2899-2938.

Carpinteri A, Ingraffea A R. 1984. Fracture Mechanics of Concrete: Material Characterization and Testing. Leiden: Martinus Nijhoff.

Carter B J, Lajtai E Z, Yuan Y G. 1992. Tensile fracture from circular cavities loaded in compression. International Journal of Fracture, 57 (3) : 221-236.

Chen G Q, Yuzo O. 1999. A non-linear model for discontinuities in DDA//Proceedings of the 3rd International Forum on Discontinuous Deformation Analysis (DDA) and Simulations of Discontinuous Media. Colorado: ARMA: 57-64.

Cundall P A. 1989. Numerical experiments on localization in frictional materials. Ingenieur-Archiv, 59 (2) : 148-159.

Cundall P A, Hart R D. 1992. Numerical modelling of discontinua. Engineering Computations, 9 (2) : 101-113.

D'Albano S, Gonzalo G. 2014. Computational and algorithmic solutions for large scale combined finite-discrete elements simulations. London: University of London.

Elmo D. 2006. Evaluation of a hybrid FEM/DEM approach for determination of rock mass strength using a combination of discontinuity mapping and fracture mechanics modelling, with particular emphasis on modeling of jointed pillars. Exeter: University of Exeter.

Elmo D, Stead D, Eberhardt E, et al. 2013. Applications of finite/discrete element modeling to rock engineering problems. International Journal of Geomechanics, 13 (5) : 565-580.

Fakhimi A, Lanari M. 2014. DEM-SPH simulation of rock blasting. Computers & Geotechnics, 55: 158-164.

Fang Z, Harrison J P. 2002. Development of a local degradation approach to the modeling of brittle fracture in heterogeneous rocks. International Journal of Rock Mechanics & Mining Science, 39 (4) : 443-457.

Farahmand K. 2017. Characterization of rock mass properties and excavation damage zone (EDZ) using a synthetic rock mass (SRM) approach. Kingston: Queen's University.

Feng X T, Pan P Z, Zhou H. 2006. Simulation of rock microfracturing process under uniaxial compression using elasto-plastic cellular automata. International Journal of Rock Mechanics & Mining Sciences, 43 (5) : 1091-1108.

Feng C, Li S H, Liu X Y, et al. 2014. A semi-spring and semi-edge combined contact model in CDEM and its application to analysis of Jiweishan landslide. Journal of Rock Mechanics and Geotechnical Engineering, 6 (1) : 26-35.

Gao H J, Klein P. 1998. Numerical simulation of crack growth in an isotropic solid with randomized internal cohesive bond. Journal of the Mechanics and Physics of Solids, 46 (2) : 187-218.

Geomechanica Inc. 2016. Irazu software, version 2.0 Tutorial Manual.

Hamdi P, Stead D, Elmo D. 2014. Damage characterization during laboratory strength testing: A 3D-finite-discrete element approach. Computers & Geotechnics, 60(7): 33-46.

Havaej M, Stead D, Eberhardt E, et al. 2014. Characterization of bi-planar and ploughing failure mechanisms in footwall slopes using numerical modelling. Engineering Geology, 178(16): 109-120.

Hillerborg A. 1985. Numerical methods to simulate softening and fracture of concrete//Fracture Mechanics of Concrete: Structural Application and Numerical Calculation. Berlin: Springer Netherlands: 141-170.

Huang D, Lu G D, Wang C W, et al. 2015a. An extended peridynamic approach for deformation and fracture analysis. Engineering Fracture Mechanics, 141: 196-211.

Huang D, Lu G D, Qiao P Z. 2015b. An improved peridynamic approach for quasi-static elastic deformation and brittle fracture analysis. International Journal of Mechanical Sciences, 94-95: 111-122.

Jiao Y Y, Zhang X L, Zhao J. 2012. Two-dimensional DDA contact constitutive model for simulating rock fragmentation. Journal of Engineering Mechanics, 138(2): 199-209.

Jing L, Hudson J A. 2002. Numerical methods in rock mechanics. International Journal of Rock Mechanics and Mining Science, 39: 402-427.

Jing L, Stephansson O. 2007. Fundamentals of Discrete Element Methods for Rock Engineering: Theory and Applications. Amsterdam, Netherlands: Elsevier.

Karekal S, Das R, Mosse L, et al. 2011. Application of a mesh free continuum method for simulation of rock caving processes. International Journal of Rock Mechanics & Mining Sciences, 48(5): 703-711.

Ke T C, Goodman R E. 1994. Discontinuous deformation analysis and the artificial joint concept//Proceedings of 1st North American Rock Mechanics Symposium. Austin: Balkema, 599-646.

Klein P, Gao H. 1998. Crack nucleation and growth as strain localization in a virtual-bond continuum. Engineering Fracture Mechanics, 61(1): 21-48.

Klerck P A. 2000. The finite element modelling of discrete fracture in quasi-brittle materials. Swansea: University of Wales Swansea.

Latham J P, Xiang J, Harrison J P, et al. 2010. Development of virtual geoscience simulation tools, VGeST using the combined finite discrete element method, FEMDEM//Proceedings of the 5th International Conference on Discrete Element Methods, London: 25-26.

Lei Z, Rougier E, Knight E, et al. 2014. A framework for grand scale parallelization of the combined finite discrete element method in 2D. Computational Particle Mechanics, 1(3): 307-319.

Lei Q, Latham J P, Xiang J, et al. 2015. Polyaxial stressinduced variable aperture model for persistent 3D fracture networks. Geomechanics for Energy and the Environment, 1: 34-47.

Li S H, Zhang Y N, Feng C. 2010. A spring system equivalent to continuum model//Proceedings of the 5th International Conference on Discrete Element Methods. London: 75-85.

Lin C T, Amadei B, Jung J, et al. 1996. Extensions of discontinuous deformation analysis for jointed rock masses. International Journal of Rock Mechanics & Mining Sciences, 33(7): 671-694.

Lisjak A, Figi D, Grasselli G. 2014a. Fracture development around deep underground excavations: Insights from FDEM modeling. Journal of Rock Mechanics and Geotechnical Engineering, 6(6): 493-505.

Lisjak A, Tatone B S A, Grasselli G, et al. 2014b. Numerical modelling of the anisotropic mechanical behaviour of opalinus clay at the laboratory-scale using FEM/DEM. Rock Mechanics and Rock Engineering, 47(1): 187-206.

Lisjak A, Grasselli G. 2014. A review of discrete modeling techniques for fracturing processes in discontinuous rock masses. Journal of Rock Mechanics and Geotechnical Engineering, 6(4): 301-314.

Lisjak A, Tatone B S A, Mahabadi O, et al. 2016. Hybrid finite-discrete element simulation of the EDZ formation and mechanical sealing process around a microtunnel in opalinus clay. Rock Mechanics and Rock Engineering, 49(5): 1849-1873.

Lisjak A, Kaifosh P, He L, et al. 2017. A 2D, fully-coupled, hydro-mechanical, FDEM formulation for modelling fracturing processes in discontinuous porous rock masses. Computers & Geotechnics, 81: 1-18.

Liu H Y, Kang Y M, Lin P. 2015a. Hybrid finite-discrete element modelling of geomaterials fracture and fragment muck-piling. International Journal of Geotechnical Engineering, 9(2): 115-131.

Liu H Y, An H M, Gao J. 2015b. Hybrid finite-discrete element modelling of asperity shearing and gouge arching in rock joint fracturing//Jiaozuo: Proceedings of the 34th International Conference on Ground Control in Mining: 159-165.

Liu H Y, Han H, An H M, et al. 2016. Hybrid finite-discrete element modelling of asperity degradation and gouge grinding during direct shearing of rough rock joints. International Journal of Coal Science & Technology, 3(3): 295-310.

Liu C, Li H, Jiang D, et al. 2017. Numerical simulation study on the relationship between mining heights and shield resistance in longwall panel. International Journal of Mining Science and Technology, 27(2): 293-297.

Liu H Y, Kou S Q, Lindqvist P A, et al. 2004. Numerical studies on the failure process and associated microseismicity in rock under triaxial compression. Tectonophysics, 384(1-4): 149-174.

Liu H Y. 2013. Hybrid finite-discrete element modelling of dynamic fracture of rocks with various geometries. Applied Mechanics and Materials, 256-259: 183-186.

Lollino P, Andriani G F. 2017. Role of brittle behaviour of soft calcarenites under low confinement: Laboratory observations and numerical investigation. Rock Mechanics and Rock Engineering, 50(7): 1863-1882.

Lukas T, Schiava D'Albano G G, Munjiza A. 2014. Space decomposition based parallelization solutions for the combined finite-discrete element method in 2D. Journal of Mechanics and Geotechnical Engineering, 6(6): 607-615.

Ma G, Zhou W, Chang X L, et al. 2016. A hybrid approach for modeling of breakable granular materials using combined finite-discrete element method. Granular Matter, 18(6): 1-17.

Ma G, Zhou W, Zhang Y D, et al. 2018. Fractal behavior and shape characteristics of fragments produced by the impact of quasi-brittle spheres. Powder Technology, 325: 498-509.

Ma J, Sherman S I, Guo Y S. 2012. Identification of meta-instable stress state based on experimental study of evolution of the temperature field during stick-slip instability on a 5° bending fault. Science China Earth Sciences, 55(6): 869-881.

Mahabadi O K. 2012. Investigating the influence of micro-scale heterogeneity and microstructure on the failure and mechanical behaviour of geomaterials. Toronto: University of Toronto.

Mahabadi O, Lisjak A, Munjiza A, et al. 2012. Y-Geo: New combined finite-discrete element numerical code for geomechanical applications. International Journal of Geomechanics, 12(6): 676-688.

Mahabadi O K, Kaifosh P, Marschall P, et al. 2014. Three-dimensional FDEM numerical simulation of failure processes observed in Opalinus Clay laboratory samples. Journal of Rock Mechanics and Geotechnical Engineering, 6(6): 591-606.

Mitelman A, Elmo D. 2014. Modelling of blast-induced damage in tunnels using hybrid finite-discrete numerical approach. Journal of Rock Mechanics and Geotechnical Engineering, 6(6): 565-573.

Mohammadnejad M, Liu H Y, Chan A, et al. 2018. An overview on advances in computational fracture mechanics of rock. Geosystem Engineering, 1-24.

Morris J P, Rubin M B, Block G I, et al. 2006. Simulations of fracture and fragmentation of geologic materials using combined FEM/DEM analysis. International Journal of Impact Engineering, 33(1-12): 463-473.

Morris J P, Johnson S. 2009. Dynamic simulations of geological materials using combined FEM/DEM/SPH analysis. Geomechanics and Geoengineering, 4(1): 91-101.

Mortazavi A, Katsabanis P D. 2001. Modelling burden size and strata dip effects on the surface blasting process. International Journal of Rock Mechanics & Mining Sciences, 38(4): 481-498.

Munjiza A, Andrews K R F, White J K. 1999. Combined single and smeared crack model in combined finite-discrete element analysis. International Journal for Numerical Methods in Engineering, 44(1): 41-57.

Munjiza A, Andrews K R F. 2000. Discretised penalty function method in combined finite-discrete element analysis. International Journal for Numerical Methods in Engineering, 49(11): 1495-1520.

Munjiza A. 2004. The Combined Finite-Discrete Element Method. London: Wiley.

Munjiza A, Knight E E, Rougier E. 2012. Computational Mechanics of Discontinua. New York: Wiley.

Ning Y J, Yang J, An X M, et al. 2010. Modelling rock fracturing and blast-induced rock mass failure via advanced discretization within the discontinuous deformation analysis framework. Computers & Geotechnics, 38(1): 40-49.

Ning Y J, Yang J, Ma G W, et al. 2011. Modeling rock blasting considering explosion gas penetration using discontinuous deformation analysis. Rock Mechanics and Rock Engineering, 44(4): 483-490.

Noda H, Lapusta N. 2013. Stable creeping fault segments can become destructive as a result of dynamic weakening. Nature, 493: 518-521.

Owen D R J, Feng Y T, Neto D S, et al. 2004. The modelling of multi-fracturing solids and particulate media. International Journal for Numerical Methods in Engineering, 60(1): 317-339.

Pamin J, de Borst R. 1995. A gradient plasticity approach to finite element predictions of soil instability. Archives of Mechanics, 47(2): 353-377.

Pan P Z, Feng X T, Zhou H. 2006. Simulation of rock fracturing in an H M coupling environment using a cellular automation//The 2nd International Conference on Coupled T-H-M-C Processes in Geo-systems. Nanjing: Science Press: 503-508.

Pan P Z, Feng X T, Hudson J A. 2009. Study of failure and scale effects in rocks under uniaxial compression using 3D cellular automata. International Journal of Rock Mechanics & Mining Sciences, 46(4): 674-685.

Pan P Z, Yan F, Feng X T, et al. 2012. Modeling the cracking process of rocks from continuity to discontinuity using a cellular automation. Computers & Geosciences, 42: 87-99.

Peiró J, Sherwin S. 2005. Finite difference, finite element and finite volume methods for partial differential equations//Yip S. Handbook of Materials Modeling. Dordrecht: Springer: 2415-2446.

Potyondy D O, Cundall P A. 2004. A bonded-particle model for rock. International Journal of Rock Mechanics & Mining Sciences, 41(8): 1329-1364.

Profit M, Dutko M, Yu J, et al. 2016. Complementary hydro-mechanical coupled finite/discrete element and microseismic modelling to predict hydraulic fracture propagation in tight shale reservoirs. Computational Particle Mechanics, 3(2): 229-248.

Ren Y, Ma J, Liu P X, et al. 2018. Experimental study of thermal field evolution in the short-impending stage before earthquakes. Pure and Applied Geophysics, 175(7): 2527-2539.

Rockfield. 2007. ELFEN User's Manual. Swansea: Rockfield Software Ltd.

Rougier E, Munjiza A. 2010. MRCK_3D contact detection algorithm//Proceedings of 5th International Conference on Discrete Element Methods, London.

Shi G H. 1996. Manifold method//Salami M R, Banks D. Proceedings of the First International Forum on Discontinuous Defor-mation Analysis(DDA) and Simulation of Discontinuous Media. California: Berkeley: 52-204.

Shibazaki B, Obara K, Matsuzawa T, et al. 2012. Modeling of slow slip events along the deep subduction zone in the Kii Peninsula and Tokai regions, southwest Japan. Journal of Geophysical Research Solid Earth, 117(B6): B06311.

Shyu K. 1993. Nodal-based discontinuous deformation analysis. Berkeley: University of California at Berkeley.

Silling S A. 2000. Reformulation of elasticity theory for discontinuities and long-range forces. Journal of the Mechanics and Physics of Solids, 48(1): 175-209.

Steer P, Cattina R, Lave J, et al. 2011. Surface Lagrangian remeshing: A new tool for studying long term evolution of continental lithosphere from 2D numerical modelling. Computers & Geosciences, 37(8): 1067-1074.

Tang C A. 1997. Numerical simulation of progressive rock failure and associated seismicity. International Journal of Rock Mechanics & Mining Sciences, 34(2): 249-261.

Tang C A, Kaiser P K. 1998. Numerical simulation of cumulative damage and seismic energy release in unstable failure of brittle Rock-part I. Fundamentals. International Journal of Rock Mechanics & Mining Sciences, 35(2): 113-121.

Tang C A, Kou S Q. 1998. Crack propagation and coalescence in brittle materials under compression. Engineering Fracture Mechanics, 61(3): 311-324.

Tang C A, Lu H Y. 2013. The DDD method based on combination of RFPA and DDA//Proceedings of the 11th International Conference on Analysis of Discontinuous Deformation. Taylor & Francis Group: 105-112.

Tian Q, Zhao Z Y, Sun J P, et al. 2013. Application of the NDDA method in the slope stability analysis//Proceedings of the 11th International Conference Analysis of Discontinuous Deformation. UK: Taylor & Francis Group: 250-255.

Vardoulakis I, Sulem J, Guenot A. 1988. Borehole instabilities as bifurcation phenomena. International Journal of Rock Mechanics & Mining Sciences & Geomechanics Abstracts, 25(3): 159-170.

Vazaios I, Farahmand K, Vlachopoulos N, et al. 2018. Effects of confinement on rock mass modulus: A synthetic rock mass modelling(SRM) study. Journal of Mechanics and Geotechnical Engineering, 10(1): 436-456.

Vyazmensky A, Stead D, Elmo D, et al. 2010. Numerical analysis of block caving-induced instability in large open pit slopes: A finite element/discrete element approach. Rock Mechanics and Rock Engineering, 43(1): 21-39.

Wang X B, Ma J, Liu L Q. 2012. A comparison of mechanical behavior and frequency-energy relations for two kinds of echelon fault structures through numerical simulation. Pure and Applied Geophysics, 169(11): 1927-1945.

Wang X B, Ma J, Liu L Q. 2013a. Numerical simulation of large shear strain drops during jog failure for echelon faults based on a heterogeneous and strain-softening model. Tectonophysics, 608(6): 667-684.

Wang X B, Ma J, Pan Y S. 2013b. Numerical simulation of stick-slip behaviours of typical faults in biaxial compression based on a frictional-hardening and frictional-softening model. Geophysical Journal International, 194(2): 1023-1041.

Wang X, Pan Y, Wu X. 2013c. A continuum grain-interface-matrix model for slabbing and zonal disintegration of the circular tunnel surrounding rock. Journal of Mining Science, 49(2): 220-232.

Wang X, Pan Y, Zhang Z. 2013d. A spatial strain localization mechanism of zonal disintegration through numerical simulation. Journal of Mining Science, 49(3): 357-367.

Wang S R, Xu D F, Hagan P, et al. 2014. Fracture characteristics analysis of double-layer rock plates with both ends fixed condition. Journal of Engineering Science and Technology Review, 7(2): 60-65.

Wang X B, Ma B, Pan Y S. 2016. Numerical simulation of stress wave propagation, cracking and collapsing for models containing circular and rectangular tunnels under excavation and displacement-controlled loading//Proceedings of 35th International Conference on Ground Control in Mining. Beijing: China Coal Industry Publishing House: 99-107.

Wells G N, Sluys L J. 2001. A new method for modeling cohesive cracks using finite elements. International Journal for Numerical Methods in Engineering, 50(12): 2667-2682.

Xiang J, Munjiza A, Latham J P. 2009. Finite strain, finite rotation quadratic tetrahedral element for the combined finite-discrete element method. International Journal for Numerical Methods in Engineering, 79(8): 946-978.

Xu D, Kaliviotis E, Munjiza A, et al. 2013. Large scale simulation of red blood cell aggregation in shear flows. Journal of Biomechanics, 46(11): 1810-1817.

Yan C Z, Zheng H, Sun G, et al. 2016. Combined finite-discrete element method for simulation of hydraulic fracturing. Rock Mechanics and Rock Engineering, 49(4): 1389-1410.

Yan C Z, Zheng H. 2016. A two-dimensional coupled hydro-mechanical finite-discrete model considering porous media flow for simulating hydraulic fracturing. International Journal of Rock Mechanics & Mining Sciences, 88(10): 115-128.

Yan C Z, Zheng H. 2017a. A coupled thermo-mechanical model based on the combined finite-discrete element method for simulating thermal cracking of rock. International Journal of Rock Mechanics & Mining Sciences, 91: 170-178.

Yan C Z, Zheng H. 2017b. Three-dimensional hydromechanical model of hydraulic fracturing with arbitrarily discrete fracture networks using finite-discrete element method. International Journal of Geomechanics, 17(6): 04016133.

Yan C Z, Zheng H. 2017c. FDEM-flow3D: A 3D hydro-mechanical coupled model considering the pore seepage of rock matrix for simulating three-dimensional hydraulic fracturing. Computers & Geotechnics, 81: 212-228.

Yan C Z, Jiao Y Y, Yang S Q. 2019a. A 2D coupled hydro-thermal model for the combined finite-discrete element method. Acta Geotechnica, 14(2): 403-416.

Yan F, Pan P Z, Feng X T, et al. 2018. The continuous-discontinuous cellular automation method for elastodynamic crack problems. Engineering Fracture Mechanics, 204: 482-496.

Yan F, Feng X T, Pan P Z, et al. 2013. A continuous-discontinuous cellular automaton method for regular frictional contact problems. Archive of Applied Mechanics, 83(8): 1239-1255.

Yan F, Feng X T, Pan P Z, et al. 2014a. Discontinuous cellular automation method for crack growth analysis without remeshing. Applied Mathematical Modelling, 38(1): 291-307.

Yan F, Feng X T, Pan P Z, et al. 2014b. A continuous-discontinuous cellular automation method for cracks growth and coalescence in brittle material. Acta Mechanica Sinica, 30(1): 73-83.

Yan F, Pan P Z, Feng X T, et al. 2017. An adaptive cellular updating scheme for the continuous-discontinuous cellular automation method. Applied Mathematical Modelling, 46: 1-15.

Yan F, Pan P Z, Feng X T, et al. 2019b. A novel fast over relaxation updating method for continuous-discontinuous cellular automation. Applied Mathematical Modelling, 66: 156-174.

Zheng Z, Kemeny J, Cook N G W. 1989. Analysis of borehole breakouts. Journal of Geophysical Research Solid Earth, 94(B6): 7171-7182.

Zhang L, Quigley S F, Chan A H C. 2013a. A fast scalable implementation of two-dimensional triangular discrete element method GPU platform. Advances in Engineering Software, 60-61: 70-80.

Zhang Z N, Wang D Y, Ge X R. 2013b. A novel triangular finite element partition method for fracture simulation without enrichment of interpolation. International Journal of Computational Methods, 10(4): 1-25.

Zhang X L, Jiao Y Y, Zhao J. 2008. Simulation of failure process of jointed rock. Journal of Central South University, 15(6): 888-894.

Zhang Z N, Ge X R. 2005. A new quasi-continuum constitutive model for crack growth in an isotropic solid. European Journal of Mechanics-A/Solids, 24(2): 243-252.

Zhang Z N, Chen Y Q. 2009. Simulation of fracture propagation subjected to compressive and shear stress field using virtual multidimensional internal bonds. International Journal of Rock Mechanics & Minging Sciences, 46(6): 1010-1022.

Zhang Z N, Chen Y. 2014. Modeling nonlinear elastic soild with correlated lattice bond cell for dynamic fracture simulation. Computer Methods in Applied Mechanics and Engineering, 279(1): 325-347.

Zhang Z N, Yao Y, Mao X B. 2015a. Modeling wave propagation induced fracture in rock with correlated lattice bond cell. International Journal of Rock Mechanics & Mining Sciences, 78: 262-270.

Zhang Z N, Ding J F, Ghassemi A, et al. 2015b. A hyperelastic-bilinear potential for lattice model with fracture energy conservation. Engineering Fracture Mechanics, 142: 220-235.

Zhang Z, Gao H. 2012. Simulating fracture propagation in rock and concrete by an augmented virtual internal bond method. International Journal for Numercial and Ananlytical Methods in Geomechanics, 36(4): 459-482.

Zhao Z Y, Zhang Y, Bao H R. 2011. Tunnel blasting simulations by the discontinuous deformation analysis. International Journal of Computational Methods, 8(2): 277-292.

Zhao Q, Lisjak A, Mahabadi O K, et al. 2014. Numerical simulation of hydraulic fracturing and associated microseismicity using finite-discrete element method. Journal of Rock Mechanics and Geotechnical Engineering, 6(6): 574-581.

Zhuo Y Q, Guo Y S, Ji Y T, et al. 2013. Slip synergism of planar strike-slip fault during meta-instable state: Experimental research based on digital image correlation analysis. Science China Earth Sciences, 56(11): 1881-1887.

Zhuo Y Q, Ma J, Guo Y S, et al. 2015. Identification of the meta-instability stage via synergy of fault displacement: An experimental study based on the digital image correlation method. Physics and Chemistry of the Earth Parts A/B/C, 85-86: 216-224.

Zhuo Y Q, Liu P X, Chen S Y, et al. 2018. Laboratory observations of tremor-like events generated during preslip. Geophysical Research Letters, 45(14): 6926-6934.